中置压环索承网格结构设计分析与应用

徐晓明　著

上海科学技术出版社

图书在版编目（CIP）数据
中置压环索承网格结构设计分析与应用 / 徐晓明著.
上海 : 上海科学技术出版社, 2024. 7. -- ISBN 978-7
-5478-6684-9
Ⅰ. TU311
中国国家版本馆CIP数据核字第2024RS7561号

内容提要

中置压环索承网格结构适用于体育场、足球场和体育馆等大跨度建筑屋盖。本书介绍了索承网格结构的发展、分类和研究现状，并以上海浦东足球场（现名上汽浦东足球场）项目为工程背景，对中置压环索承网格结构找力、静动力性能、整体稳定、关键节点、施工精细化模拟、误差影响等进行了系统分析。希望本书可为大跨空间结构的设计、研究、施工提供借鉴。

中置压环索承网格结构设计分析与应用
徐晓明　著

上海世纪出版（集团）有限公司
上 海 科 学 技 术 出 版 社　出版、发行
（上海市闵行区号景路 159 弄 A 座 9F-10F）
邮政编码 201101　www. sstp. cn
上海光扬印务有限公司印刷
开本 787 × 1092　1/16　印张 10
字数 200 千字
2024 年 7 月第 1 版　2024 年 7 月第 1 次印刷
ISBN 978-7-5478-6684-9/TU · 353
定价：120.00 元

序

在岁月的长河中，体育以其独特的魅力，始终承载着人类对健康、美好生活的向往与追求。习近平总书记指出，体育是提高人民健康水平的重要途径，是满足人民群众对美好生活向往、促进人的全面发展的重要手段，是促进经济社会发展的重要动力，是展示国家文化软实力的重要平台。它如同一座桥梁，连接着每一个渴望运动、热爱生活的灵魂，将人们对美好生活的向往转化为实实在在的行动。

体育建筑，作为体育活动的载体，不仅是弘扬体育精神、引领大众健身的场所，更是丰富民众文化生活、推动体育事业发展的重要阵地。其宏伟的体量和宽广的跨度，不仅为城市增添了独特的风景线，更对城市的整体风貌、交通布局乃至城市形象产生了深远的影响。随着体育赛事的蓬勃发展，体育建筑更是成为了城市面貌和建设水平的重要体现，让每一个到访者都能感受到城市的活力与魅力。体育建筑不仅是城市发展的代言人，更是体育国际化的象征，它体现了城市对体育文化的重视和对国际交流的开放态度。

上海建筑设计研究院有限公司（简称上海院），历经七十余载的风雨历程，在体育建筑设计领域精耕细作，留下了众多令人瞩目的杰作。如上海体育场、上海东方体育中心、上海国际赛车场、上海旗忠森林网球中心、沈阳奥林匹克体育中心、武汉体育中心体育场、苏州奥林匹克体育中心、雄安体育中心等，这些建筑不仅见证了上海乃至中国体育事业的蓬勃发展，更展现了上海院在体育建筑设计领域的卓越才华与不懈追求。同时，上海院也将中国智慧和中国力量带到了世界各地，为越南国家体育场、牙买加板球场等国际体育项目注入了新的活力。这不仅推动了中国体育建筑的发展，也促进了国际体育建筑文化的交流与融合，更展现了中国设计的国际影响力。

上海院的几代建筑师和工程师在体育建筑设计领域中，不断追求卓越与创新，凝聚成了以“上海体育建筑之父”魏敦山院士为代表的杰出设计师团队，以其精湛的专业技能和不懈的探索精神，为体育建筑事业作出了突出贡献，赢得了世界的赞誉。本书作者徐晓明先生，作为一位资深的建筑结构设计专家，也在这一领域留下了熠熠生辉的印记。他从事建筑结构设计工作三十余年，先后主持了五十余项国内外具有影响力的标志性项目结构设计，包括苏州奥林匹克体育中心、上海浦东足球场（现名上汽浦东足球场）、上海体育场整体改造、西安国际足球中心等地标建筑。本书以国际首个中置压环索承网格结构体系——上海浦东足球场为工程背景，对中置压环索承网格结构找力、静动力性能、整体稳定、关键节点、施工精细化模拟、误差影响进行了系统分析，体现了先进的大跨空间结构设计理念和技术，为广大结构设计工作者提供了宝贵的专业知识和实践指导，更为我国体育建筑结构的设计实践与技术创新注入了新的活力。

我们期待，通过本书的出版，能够为我国体育建筑结构的设计实践与技术创新提供新的思路与方向，为推动我国体育事业的持续发展贡献一份力量。

2024 年 6 月

姚军，上海建筑设计研究院有限公司党委书记、董事长。

前　言

近年来，我国大跨空间结构的形式不断创新，科研成果和工程应用不断涌现。索承网格结构是基于轮辐式张拉体系原理衍生而来的刚柔相济的空间结构，按照索承网格结构径向索的水平拉力平衡方式，可以将其分为三种：①由上层网格平衡径向索索力；②由外压环平衡径向索索力；③由中置压环平衡径向索索力。前两种结构形式在国内外工程中已有广泛实践经验。

创新的中置压环索承网格结构体系，在矩形屋盖的内外边界线之间设置一个与内拉环几何相似的椭圆形中置压环，由中置压环平衡径向索索力，通过合理找形，完成态下压环弯矩所产生的应力仅为轴力产生总应力的万分之一，主要受力构件径向索、内环索、中置压环均为轴心受力，结构效率大为提升。创新结构体系巧妙地适应了矩形建筑轮廓，改善了结构性能，为索承网格结构增添了活力，扩大了索承网格结构的应用范围。

中置压环索承网格结构体系在上海浦东足球场（现名上汽浦东足球场）工程中得到成功应用。上海浦东足球场位于上海市浦东新区，是集竞技、健身、商业、娱乐为一体的多功能、生态型体育中心，其总建筑面积约 14 万 m^2，固定座席约 3.4 万个。该项目已于 2020 年 9 月投入使用，是国内首个满足国际足联 A 级比赛要求的专业足球场，是中国足球文化的新地标，是上海助力我国建设体育强国的重要举措。上海浦东足球场目前是上海海港俱乐部的主场，并于 2020 年 10 月成功举办英雄联盟全球总决赛。

本书介绍了索承网格结构的发展、分类和研究现状，并以上海浦东足球场项目为工程背景，对中置压环索承网格结构找力、静动力性能、整体稳定、关键节点、施工精细化模拟、误差影响等进行了系统分析。

参与项目研究和本书编写工作的人员有上海建筑设计研究院有限公司史炜洲、高峰、张士昌、叶伟、侯双军、潘钦、倪萍、万瑜和东南大学罗斌、阮杨捷、刘海霞、张旻权等。上海浦东足球场项目的方案设计由德国 hpp 公司和 sbp 公司完成，书中屋盖关节轴承、球铰支座节点试验研究由同济大学赵宪忠教授团队完成，环索索夹极限承载力试验研究由同济大学童乐为教授团队完成，风洞试验和风振响应分析由华建科技崔家春团队、汕头大学王钦华团队合作完成。对以上团队和专家的贡献，特此表示衷心的感谢！

中置压环索承网格结构首次投入工程应用，尚有不少问题在深入研究阶段，由于作者认识上的局限性，本书疏漏和不当之处在所难免，恳请广大同行不吝赐教。

徐晓明

2024 年 6 月

目 录

第1章 绪论

索承网格结构可以看作由轮辐式张力结构和张弦梁结构衍生而来。轮辐式张力结构设计理念源自自行车轮，其主要由内拉环、外压环以及两者之间的径向索或索桁架组成，属于典型的柔性体系，如图 1–1 所示。轮辐式张力结构的一个早期经典案例是 1988 年德国 sbp 事务所设计的位于西班牙萨拉戈萨的托罗斯广场，如图 1–2 所示。克努·戈柏形容该体系为“屋盖由体育场外围的一个压环和球场上方‘悬浮’着的一个拉环之间的应力带提供支撑。这就像每个设有辐条的自行车车轮一样，尽管质量很轻，但却拥有极强的稳定性”。轮辐式张力结构形式根据拉环与压环个数的不同组合，有单层和双层之分。轮辐式结构体系以轴心受力构件为主形成大跨度无柱空间，结构轻盈，传力路径明确、结构效率高，属于预应力自平衡体系。

张弦梁是刚柔杂交结构，由刚性梁、下弦拉索和连接两者的撑杆组成，形成自平衡的受力体系。其拉索的主要作用是通过刚性撑杆给刚性梁提供弹性支撑，减少刚性梁的弯矩峰值，从而起到增加刚度的作用，如图 1–3 所示。明确提出张弦梁概念的是日本结构大师斋藤公男，并将张弦梁结构运用到了法拉第理工馆（1978 年）、酒田市纪念体育馆（1991 年）、出云穹顶（1992 年）等项目中。刚性梁、撑杆及拉索的不同组合可以生成各种建筑形态的张弦梁结构，按其在空间中的布置形式可以分为平面张弦梁和空间张弦梁。空间张弦梁结构一般仍以平面张弦梁结构作为基本单元，通过不同的空间布置形成以空间受力为主的张弦梁结构体系。常见的表现形式有双向张弦梁结构、多向张弦梁结构和

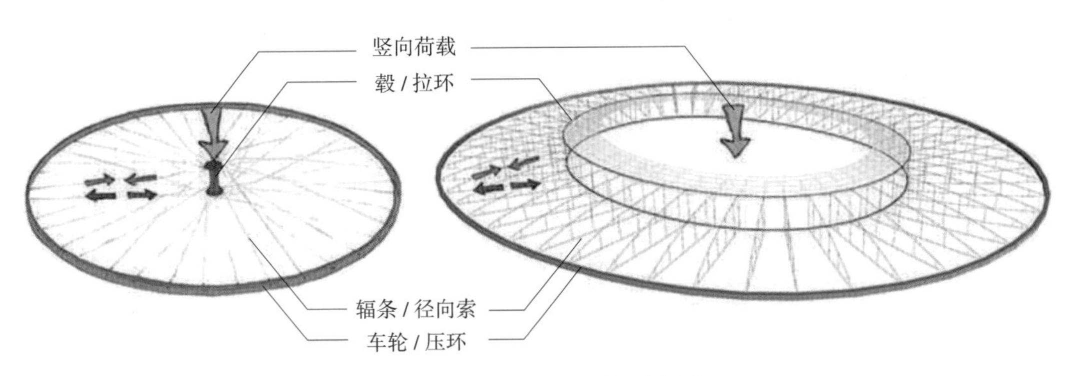

图 1–1　轮辐式张力结构受力原理

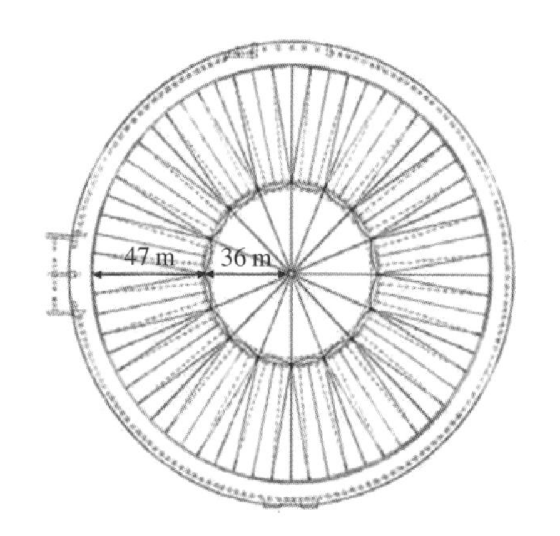

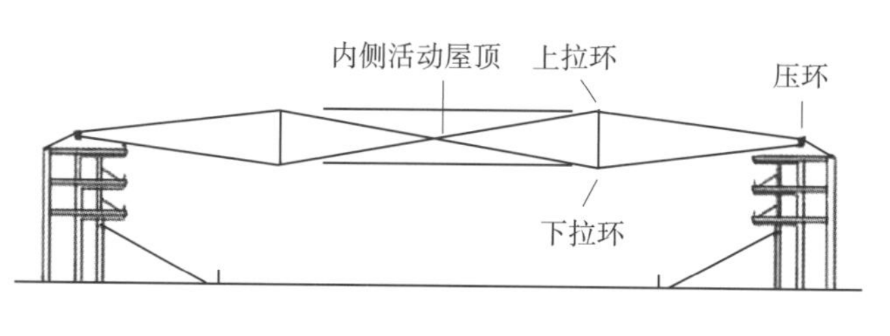

图 1-2　西班牙萨拉戈萨托罗斯广场

轮辐式张弦梁结构。轮辐式张弦梁结构需要在中央放置刚性环，上弦梁或上弦桁架按轮辐状布置且与刚性中央环连接，如图 1-4 所示。下弦索直接连接在中央刚性环下侧与外环梁之间，并通过撑杆对上弦刚性构件提供支承作用。轮辐式张弦梁结构具有传力途径直接和刚度大的优点，主要适用于平面投影为圆形或椭圆形的屋盖。目前国内已建成的典型轮辐式张弦梁结构有北京大学体育馆、东南大学九龙湖校区体育馆等。

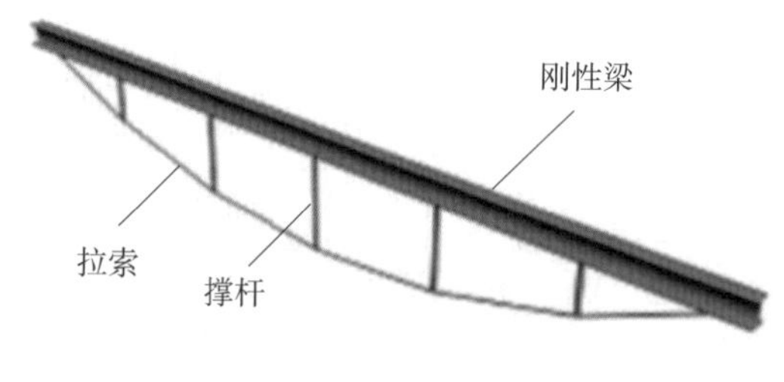

图 1-3　平面张弦梁结构

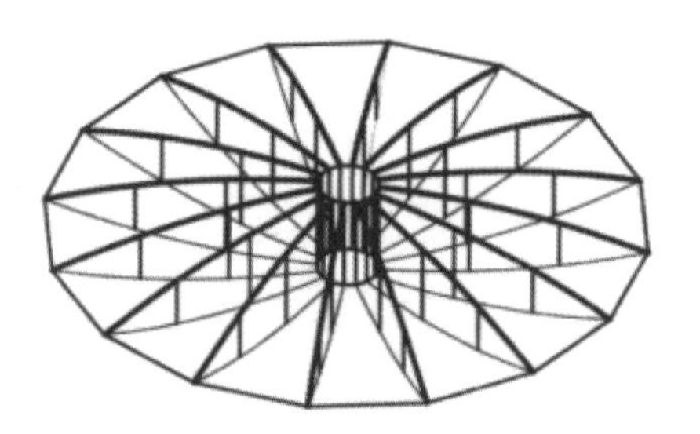

图 1-4　轮辐式张弦梁结构

索承网格结构多用于体育场足球场等大跨度屋盖，一般由上层刚性网格、径向索、内环索、撑杆等组成，如图 1-5 所示。通过张拉柔性拉索，下部索杆体系成为上层刚性网格的弹性支撑，充分发挥了单层网格和索杆张力结构的优势。一方面，上部刚性网格提高了结构整体刚度，便于刚性屋面如直立锁边屋面的安装；另一方面，由于张拉整体思想的引入，较大地提高了结构的跨越能力和承载能力，充分发挥了材料强度，结构受力效率高，建筑效果简洁轻盈。

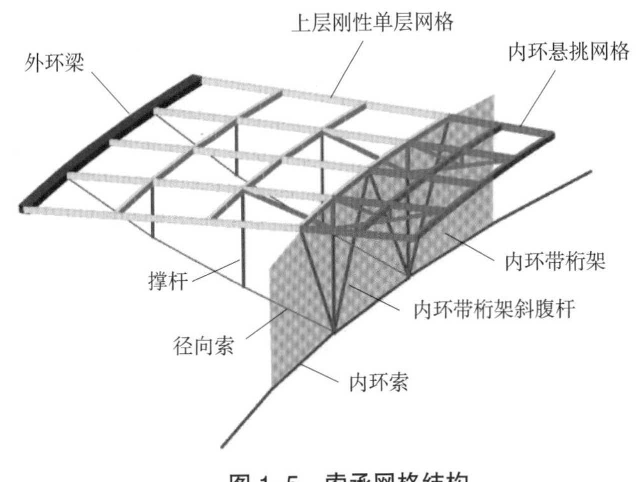

图 1-5　索承网格结构

索承网格结构需要施加预应力提供几何刚度来保证结构稳定性，存在零状态、初始态、荷载态三种工作状态。零状态是指结构无应力时的安装位形状态，对应的拉索长度是索的零应力长度；从零状态对索进行张拉，达到设计预应力值和几何位形，就得到初始态；结构在初始态的基础上承受恒载及其他荷载作用后，所具有的几何位形和内力分布状态成为荷载态。

初始预应力越大，柔性索单元提供的几何刚度越大。张拉过程中，通过索杆体系的不断运动，结构不断发生位移，预应力平衡状态时刻改变，最后达到成型状态。

1.1　索承网格结构的分类及工程实例

按照索承网格结构的径向索水平拉力的平衡方式不同，可以将其分为三种：①由上层网格平衡径向索索力；②由外压环平衡径向索索力；③由中置压环平衡径向索索力。由于径向索水平力的平衡方式不同，结构在受力方式上有所差异。

1.1.1　由上层网格平衡径向索索力

1）受力特点

当采用上层网格平衡径向索索力时，通常上层刚性网格各截面刚度相差不大。通过

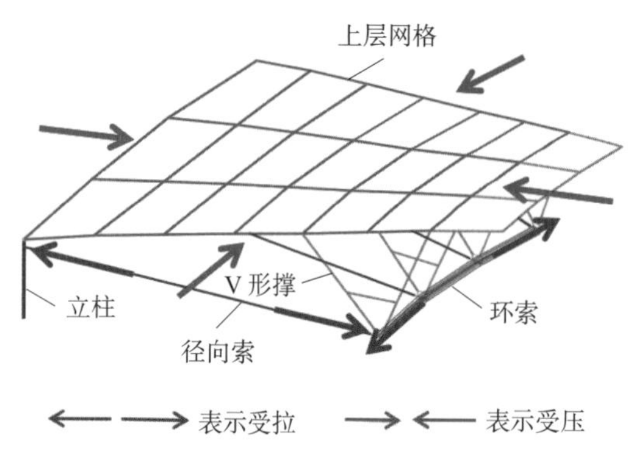

图 1–6　上层网格平衡径向索索力示意图

张拉径向索，径向索的水平分力由上层网格结构均匀承受，即整个上部刚性网格受压，相当于宽度很大的压环。下弦索杆体系成为上层刚性网格的弹性支撑，减小了网格悬挑跨度，径向梁截面得以减小。立柱与上层网格结构铰接，整个屋盖的自重由立柱传至下层看台，直至基础。如图 1–6 所示。

该体系受力的关键是需在整个上层网格中建立压力以保证结构体系的有效性。索网的张拉施工过程也是上层网格所受压力逐渐增大的过程，因此须注意由此带来的上层网格整体稳定性问题。

2）**工程应用**

郑州奥体中心屋盖采用索承网格结构，结构短轴为 291.5 m，长轴为 311.6 m，屋盖最大悬挑长度为 54.1 m，如图 1–7 所示。该结构平面为近圆形，上弦网格用以平衡径向索水平力，相当于巨大的压环。为满足采光要求，内环悬挑网格上铺透明屋面材料，其环箍作用进一步加强了结构刚度和整体性。内环桁架对内环悬挑网格形成支撑，同时增加了结构刚度，弥补了中部大开口对结构的不利影响。索杆系由径向索、环索和撑杆构成，其中径向索共有 42 榀（单索 28 榀，双索 14 榀），成折线形布置，类似半跨张弦梁；环索由 8 根 Φ130 拉索并列构成，成空间曲线。下弦索杆系与上部单层网格构成自平衡体系，张拉索网后，由上部网格平衡径向索索力；撑杆支承在径向索上，成为上部网格的弹性支撑，从而减小网格构件截面。

1.1.2　由外压环平衡径向索索力

1）**受力特点**

当索承网格结构的平面投影为近圆形或椭圆形时，在外围立柱柱顶设置外压环是常用的方式，如图 1–8 所示。通过张拉径向索，外压环受压形成环箍来平衡径向索的水平力。相较于上层网格平衡拉索水平力的方式，此时上层网格结构不承受拉索张拉带来的压力，除外压环外一般杆件不存在稳定问题，因此可以采用较小的网格截面。下部索杆体系将屋盖荷载传至外围立柱。受力合理、传力途径简洁，对于环形索承网格结构来说，压环的曲率越大，施加预应力后结构刚度越高、工作效率越高。

2）**工程应用**

作为 2022 年足球世界杯场馆的卡塔尔教育城体育场屋盖结构采用了由外压环平衡径向索索力的索承网格结构，结构平面尺寸约为 196 m × 225 m，最大悬挑长度为 55 m，如

（a）三维效果图

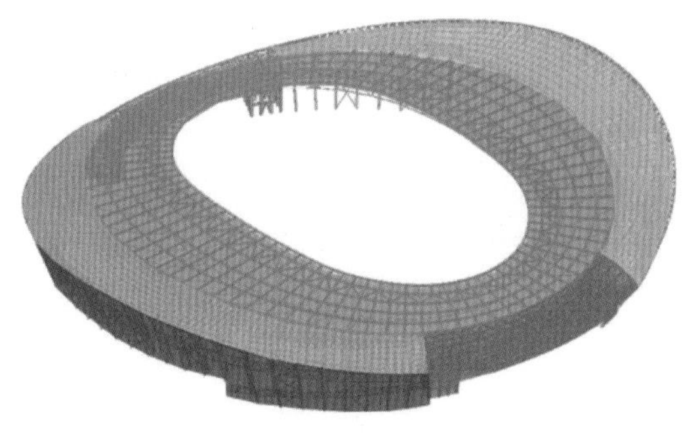
（b）三维模型

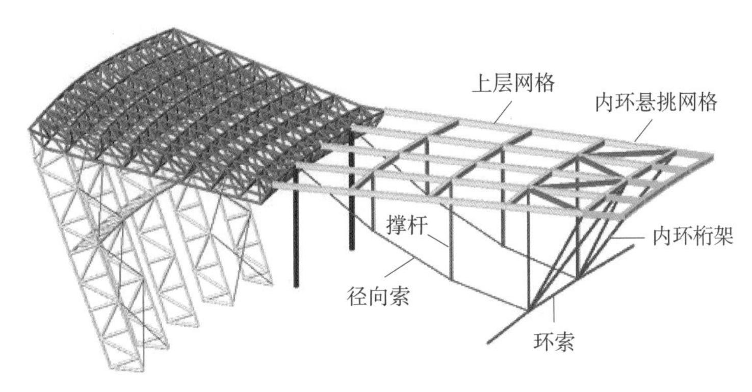

（c）典型单元构成

图 1-7 郑州奥体中心

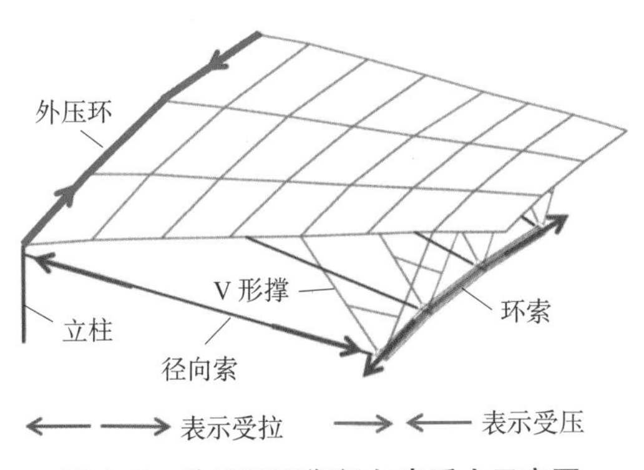

图 1-8 外压环平衡径向索受力示意图

图 1-9 所示。屋盖平面投影为类椭圆形，整个结构包括以下几个部分：结构柱、外压环梁、索杆系以及屋盖网格。其中索杆系包括径向索、环索和撑杆，径向索为一段直线布置，共有 56 榀；环索为平面投影成环的空间曲线。通过在径向索和环索中施加预应力，平衡上部网格的重量，拉索索力的水平分力将由外压环梁承担。

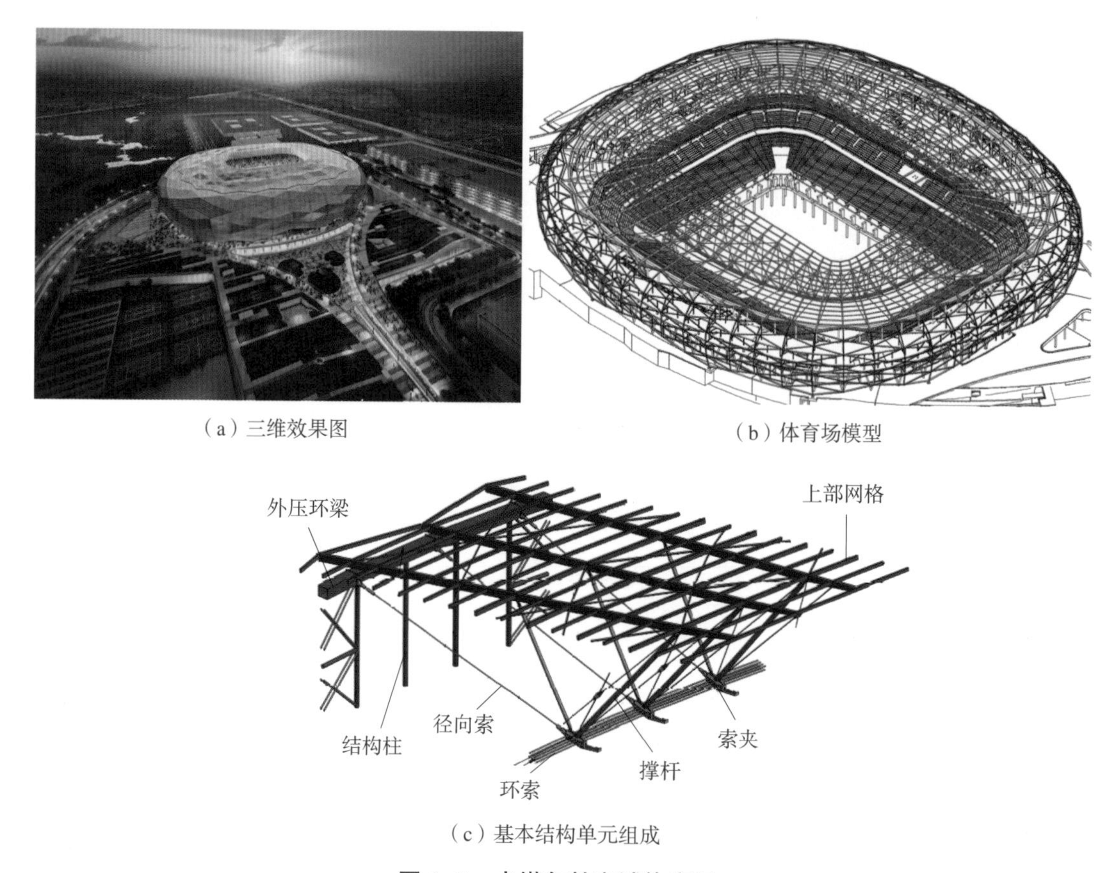

（a）三维效果图 （b）体育场模型

（c）基本结构单元组成

图 1-9　卡塔尔教育城体育场

1.1.3　由中置压环平衡径向索索力

1）受力特点

对于索承网格结构来说，其压环平面投影越接近于圆，压环截面中轴力所占比重越大，结构体系的工作效率越高。但专业足球场由于没有跑道，内场为矩形平面，屋盖也常采用矩形建筑外轮廓，外轮廓不能满足外压环对曲率的要求。

为使结构受力更加合理，将置于屋盖外缘的压环移至结构中部，形成具有一定曲率的中置压环，如图 1-10 所示。除中置压环之外的圈梁在拉索张拉之后再闭合，将径向索的水平分力通过径向梁传递至中置压环，径向主梁和中置压环承受压力，如图 1-11 所示。各圈梁相当于径向主梁的侧向支撑，保证其稳定性，压环内侧的悬挑网格作为附属结构用于延伸屋面悬挑。

2）工程应用

上海浦东足球场（现名上汽浦东足球场）屋盖为国际首个采用中置压环索承网格的大跨空间结构，本书以该项目作为工程背景，对中置压环索承网格结构的设计与施工关键技术进行了系统研究。

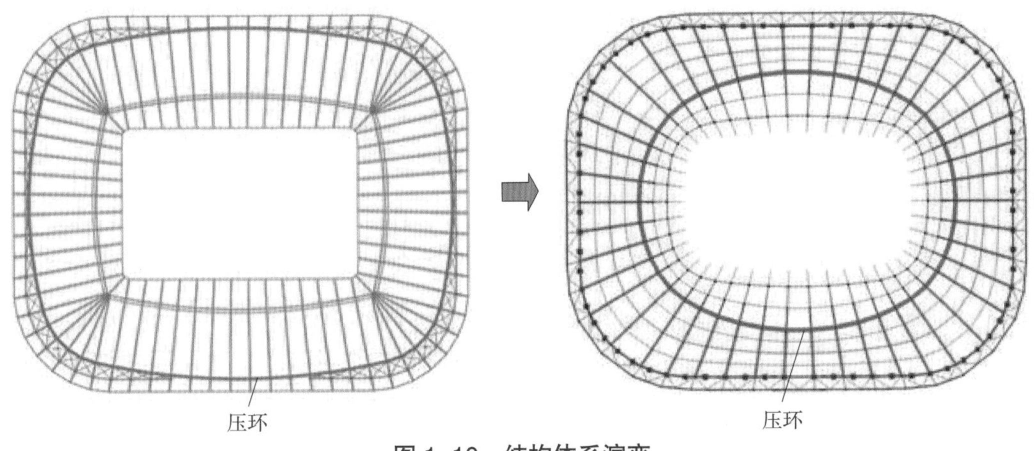

图 1-10　结构体系演变

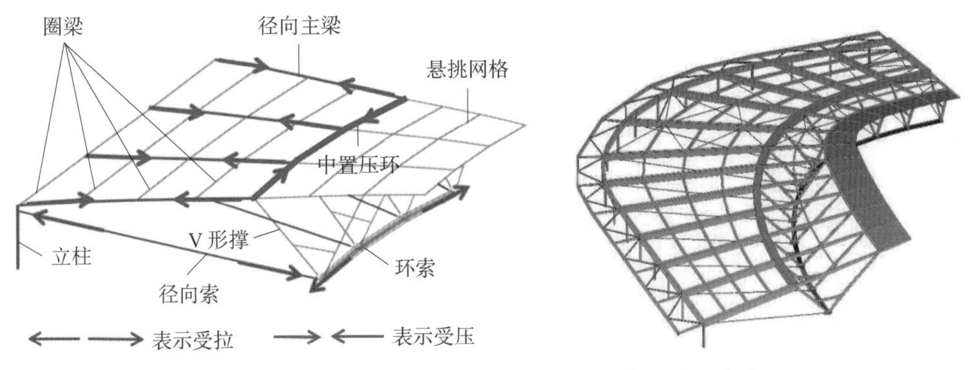

图 1-11　中置压环平衡径向索索力示意图（局部）

1.2　研究现状

1.2.1　形态分析研究

作为一种典型的大跨空间索结构，索承网格结构的几何外形以非线性的方式与外荷载及结构内应力相互影响，确定结构满足最佳力流路径的几何形状涉及形态分析。对于“形”和“力”这两种未知因素，形态分析在实际分析中演化出两种思路：确定初始位形的找形分析（form-finding）和确定初始预应力的找力分析（force-finding）。

1.2.1.1　找形分析研究

索承网格结构的找形分析一般是指给出拉索想要达到的预应力值，以及结构边界点坐标，计算结构内部节点的位形坐标。此外，由于在施工过程中索承网格结构经历较大变形，发生结构体系的改变，确定非预应力构件的拼装位形和杆件长度、模拟拉索分级张拉过程等也涉及找形分析。索承网格结构的找形分析与索网结构原理相同，早期的索

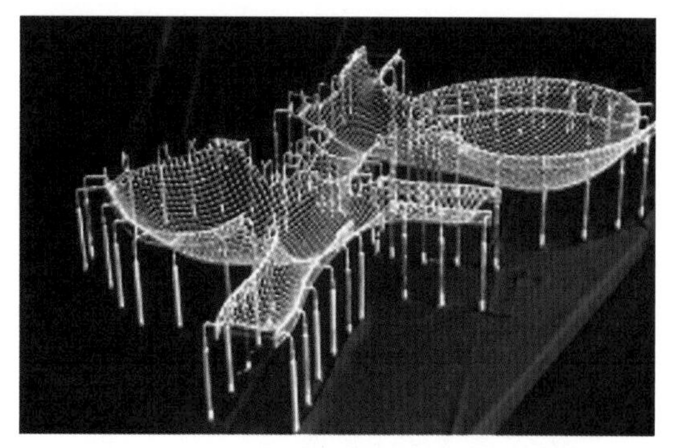

图 1-12 德国慕尼黑体育馆找形模型

网结构找形主要是通过模型试验来完成的，如图 1-12 所示。由于该方法操作复杂，费事费力，随着时间的推移逐渐被数值找形方法所替代。

经过国内外学者几十年的分析研究，目前常用的数值找形方法有动力松弛法、力密度法和非线性静力有限元法。

英国工程师 Day 在研究潮汐问题时提出最早动力松弛法（Dynamic Relaxation Methed）的概念，1965 年 Day 和 Otter 将其运用在结构静力学分析中，1970 年 Day 和 Bunce 首次将其运用到索网分析中。此后，由 Barnes 等将这一方法用到索承网格结构找形中。该方法将结构单元质量集中于节点并附以阻尼，跟踪节点在不平衡力作用下的运动轨迹，结构达到动能峰值时速度置零，不断迭代使节点上的不平衡力最终近似为零为止。动力松弛法的创新之处在于用动力的方法解决静力问题，无须形成结构总刚度矩阵，便于引入和修改边界条件，但在处理复杂问题时可能出现收敛性较差。国内学者单建、叶继红、李爱群等提出一种应用于悬索结构、索穹顶结构的改进方法，通过关联集中质量与节点最大刚度，有效提高计算效率和收敛精度。

力密度法最早由 Linkwitz 及 Schek 等提出，力密度即索段中的张力与索段长度的比值。该方法的基本思路是将力密度值代入结构平衡方程中，求解与力密度值对应的结构位形。力密度法将非线性问题转化为求解线性方程组，不断迭代以获得满足要求的结构位形，避免了计算的收敛性问题。国内学者陈志华、刘锡良等对力密度法的基本公式修正，将其用于张拉整体结构。董石麟、向新岸等借鉴有限元法的思想，提出了多坐标系力密度法，用以解决具有复杂斜边界的张力结构找形问题。冯远对该方法进行改进，将应用到索承网格结构找形中，保证了找形后撑杆的竖直度。

有限元法起源于 20 世纪 50 年代航空工程，1960 年被推广用来求解弹性力学问题。1973 年，J. H. Argyris 等提出了一种基于 Newton-Raphson 非线性迭代的有限元法。非线性有限元法的基本原理是建立有限元平衡方程，迭代计算使各个节点不平衡力为零，最终结构处于平衡态。根据具体工程实际，非线性有限元法衍生出一些近似方法：支座位移法和节点平衡法。东南大学罗斌提出了一种基于非线性动力有限元法和迭代方法的索杆体系找形方法，可用于索杆系结构的施工过程找形问题。

1.2.1.2 找力分析研究

对于索承网格结构来说，找力分析一般指从确定的几何位形出发，确定能够满足这一位形的预应力分布。此外，当通过找形方法得到的结构形态不能满足设计要求时，可以通过找力分析对预应力进行调整，得到最终满足要求的成型态。目前索承网格结构常用的找力分析方法主要有平衡矩阵理论和有限元逆迭代法。

平衡矩阵理论最早由 S. Pellegrino 和 C. R. Calladine 提出，其基本思想与力密度法恰好相反，是基于张力结构“形”与“力”的高度统一，以位形为已知量求解结构内力。平衡矩阵理论与力密度法相似，也采用线性分析求解索承网格结构的静力平衡方程，计算效率较高。通过列主元高斯消元法求解节点力平衡方程，获得结构自应力模态和机构位移模态，但是高斯消元法受预先设定的精度值影响较大。1993 年，S. Pellegrino 提出奇异值分解法替代高斯消去法求解自应力模态，提高了分析结果可靠度。国内曹喜、刘锡良等基于线性规划理论，提出一种多自应力模态的张拉整体结构预应力优化设计方法。罗尧治、董石麟采用奇异值分解法求解索杆张力结构自应力模态，通过利用广义逆矩阵来确定独立自应力模态的线性组合系数，从而确定初始预应力分布。董智力等从结构的相容性方程入手，根据结构自应力模态数和预应力基向量对结构进行预应力优化。蔺军、董石麟等基于环形索桁张力结构提出了目标选择法，实现了多自应力模态索杆张力结构的预应力分布求解。

逆迭代法基于相似性原理，当结构边界约束和位形与设计越接近，则该位形对应的预应力分布与设计位形对应的预应力分布也越接近。通过不断提高位形之间的相似性，最终可以获得设计位形对应的预应力分布。

此外，国内学者在不同的张力结构体系中总结出一系列简化的找力分析方法。冯全敢等提出对索承网格结构找力分析的复位平衡法；阚远、叶继红提出不平衡力迭代法用于索穹顶结构的找力分析；张爱林提出整体顶升法用于索杆张力结构找力分析；向新岸等对索穹顶结构初始预应力分布的确定进行了研究，提出预载回弹法，该方法采用首先在结构上预加荷载，获得结构内力分布，撤除荷载后结构回弹，通过迭代计算获得索穹顶的可行预应力分布。

1.2.2　力学性能分析研究

随着有限元法的成熟和通用有限元软件的出现，计算机编程使得空间索结构的刚度矩阵、荷载矩阵集成及非线性分析计算变得简便。国内外学者对常见的索结构屋盖设计进行研究，P. Krishnal 针对常见的轮辐式结构总结了屋盖挠度的相关影响因素；德国工程师 Jörg Schlaich 是过去三十年来轮辐式体系创新与改进的先驱；Bergermann 和 Göppert 研究表明当内环与外环的中心重合且形状相同时，椭圆形平面不会带来额外的弯曲应力等问题，并且对韩国釜山穹顶所需材料质量与内外环形状之间的关系进行探究，总结出当内环为椭圆形时将导致转角处的拉索截面增大；冯庆兴对不同内外环形状（内外环均为圆形、内环圆形外环椭圆形、内外环均为椭圆形）的轮辐式索桁结构进行非线性分析，着重研究撑杆高度、内外环高差、预应力水平等对结构静力性能的影响；王昆、田广宇、郭彦林等基于宝安体育场对该体系的体型进行研究，提出设计理论并详细研究了张拉模拟分施工关键技术；冯远、向新岸等基于徐州奥体中心，对采用索承网格结构的基本构建及受力机制进行研究，通过弹塑性非线性全过程分析，研究了索杆张力、撑杆刚度、环索平面形状等因素对轮辐式索承网格结构静力性能的影响。

作为本书研究背景的上海浦东足球场屋盖采用中置压环索承网格结构，尚没有详尽的力学性能分析研究。

1.2.3 施工方法和成型技术研究

作为一种典型的索结构，索承网格结构属于预应力自平衡体系，闭合的应力回路使结构不需要额外结构进行锚固。当径向索水平力平衡方式不同时，力流的传递方式也不同。张力结构施加预应力成型的过程即是施工过程，结构施工成型态与张拉方法、施工步骤密切相关，“形”与“力”密不可分。索承网格结构成型经历零状态、初始态和最终的荷载态，在对结构受力特点不了解的情况下进行张拉，可能会带来严重的后果，达不到设计要求，甚至会直接影响结构安全性。因此在拉索施工前，应详尽分析结构受力性能，全面展开施工过程分析。

目前索承网格结构常用的施工方法有两种：

1）常规胎架拼装法

如图 1-13 所示，常规胎架拼装法施工步骤为：地面搭设拼装胎架，拼装上部网格→提升径向索与环索→张拉径向索→卸除胎架→安装屋面、马道等。

该方法在国内索承网格结构中应用较广，适用于由上部网格结构或外压环平衡径向索索力的索承网格结构。如图 1-14 所示为郑州奥体中心现场施工图。

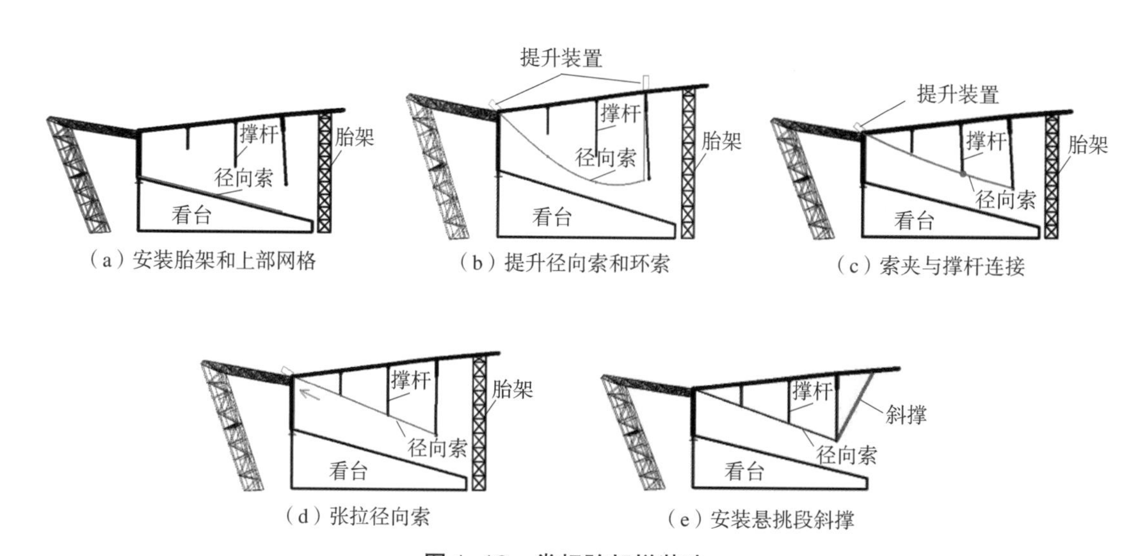

图 1-13 常规胎架拼装法

图 1–14　郑州奥体中心现场施工照片

2）无支架施工法

如图 1-15 所示，无支架施工法施工步骤为：安装立柱及压环→地面铺设索网→提升索网→安装并张拉下拉索→卸除工装下拉索，安装上部钢结构→安装悬挑段。

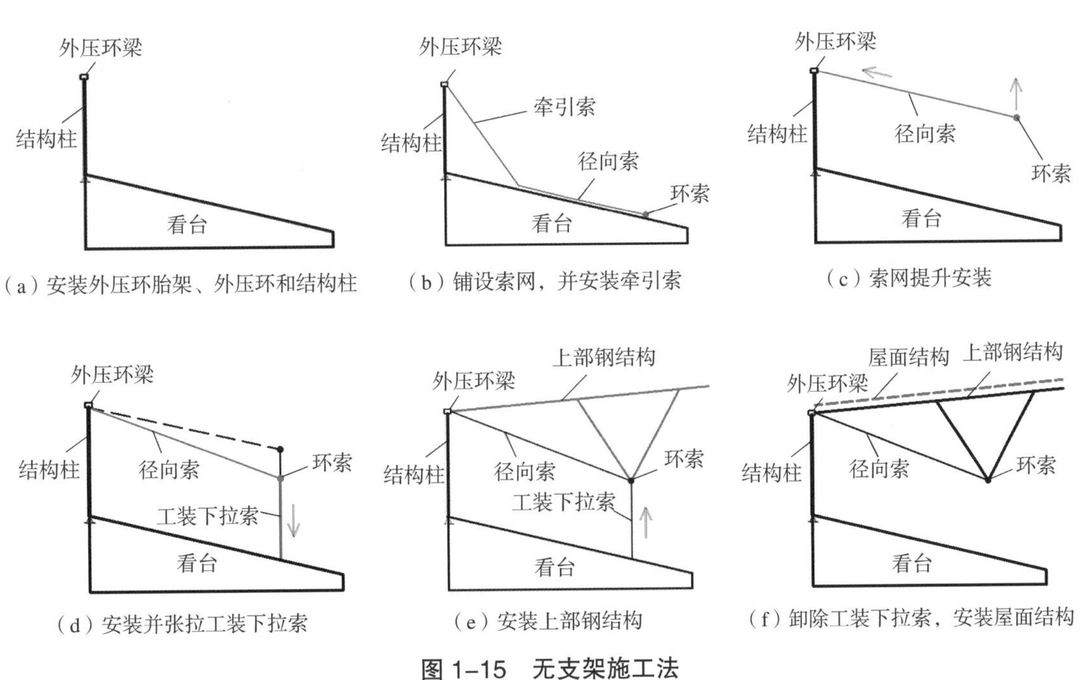

图 1–15　无支架施工法

该方法无须搭设胎架，节省工期和成本，如图 1-16 所示为卡塔尔教育城体育场施工图。无支架施工法适用于由外压环平衡径向索索力的索承网格结构。

中置压环索承网格结构其受力机制与上层网格及外压环索承网格结构有很大差别，因此有必要对其受力性能和成型方法进行深入研究，结合结构特点提出最佳施工方法，降低施工难度、节约施工成本。

图 1–16　卡塔尔教育城体育场施工图

1.3　主要研究内容

目前国内外对采用上层网格及外压环平衡径向索索力的索承网格结构的力学性能及施工方法有了比较系统的研究，且在大型体育场馆、会展中心中得到了广泛的应用。但中置压环索承网格结构的力学性能目前尚缺少系统的理论研究，施工阶段分析及施工方法的研究目前尚没有先例。本书以上海浦东足球场项目为背景，对中置压环索承网格结构进行全面的力学性能和施工全过程仿真分析，主要研究工作包括：

（1）根据中置压环索承网格结构的受力特点、基本施工思路及施工成型目标，提出一种基于全结构施工过程的整体自平衡预应力找力分析方法。

（2）对中置压环索承网格结构进行静力分析，研究预应力水平对结构力学性能的影响，研究正常使用极限状态和承载力极限状态下的结构性能。

（3）进行结构动力性能分析，对比钢结构＋看台整体模型和钢结构单体模型的动力特性，分析下部看台结构对上部屋盖结构的地震放大效应。

（4）进行结构整体稳定分析，包括特征值屈曲分析和材料＋几何非线性整体稳定分析，保证结构的整体稳定性能。

（5）对径向索与环索等关键节点进行设计和计算分析；开展索夹抗滑移性能试验研究，确定高强螺栓紧固力平均衰减量、索夹极限抗滑移承载力及其综合摩擦系数。

（6）进行索网施工精细化分析，基于 NDFEM 找形分析法和各提升工况下的控制目标，提出环索提升分析方法；确定合理的径向索张拉方案，保证张拉过程中结构的稳定性，为实际施工提供理论依据。

（7）阐述施工误差影响分析的基本方法及理论并进行施工误差影响分析，主要包括独立误差影响分析和耦合误差影响分析，确定结构制索和外围钢结构安装的合理精度要求。

1.4 研究意义

中置压环索承网格结构体系是对传统索承网格结构的一项重要突破，通过引入椭圆形中置压环来平衡径向索索力，显著降低了压环的弯矩应力，极大地提升了结构的整体受力效率，不仅减少了用钢量，还通过优化结构受力提高了结构的稳定性和安全性。对中置压环索承网格结构进行全面的力学性能和施工全过程仿真分析，并进行工程实践，对该高效结构体系的推广、对大跨度空间结构向着轻型化方向发展具有重要意义。

第2章　工程概况与分析模型

本章主要分析轮辐式索承网格结构的受力特点，介绍上海浦东足球场屋盖中置压环索承网屋盖结构的设计思路、结构特点、材料规格等；介绍常用的索单元模拟方法、等效预张力模拟方法及非线性分析方法的基本理论；介绍有限元软件 ANSYS 屋盖结构整体模型所采用的单元类型、材料力学参数、荷载条件、边界条件等，该模型将用于后续成型态找力分析、使用阶段荷载分析及施工全过程分析。

2.1　工程概况

上海浦东足球场（上汽浦东足球场）位于上海市浦东新区，是集竞技、健身、商业、娱乐为一体的多功能、生态型体育中心。该项目总建筑面积约 14 万 m^2，其中地上建筑面积约 6.5 万 m^2，设计固定座席 33 765 个，于 2021 年正式揭幕，建成图如图 2-1 所示。

足球场建筑形态简洁大方，造型概念源自中国传统瓷器，看台背面和屋面包裹光滑的白色金属材料，呈现出白瓷般光滑圆润的独特建筑效果。

图 2-1　上海浦东足球场建成图

2.1.1　设计思路

索承网格结构是由自行车车轮受力体系演变来的高效自平衡预应力结构体系，通过对径向索施加预应力将拉环和压环联系起来，形成刚度很好的空间形体。对于索承网格结构，当结构外边界和中部大开口均为圆形时，能最有效地发挥轮辐式结构的优势。

为了适应体育场建筑边界要求、扩大索承网格结构的应用范围，椭圆形平面在设计中逐渐被利用。一般来说，拉环与压环采用相同的圆心且拉环、压环形状相同时，径向索与拉、压环之间的角度相等，避免额外弯曲应力。若内外环形状不同，则会增加拉索索力，降低设计效率。Bergermann 和 Göppert 研究了韩国釜山穹顶内环形状及所需材料的关系，当内外环均为圆形时，材料用量最少；随着内环椭圆长宽比的增加，结构所需钢材及索材均明显增加，如图 2-2 所示。

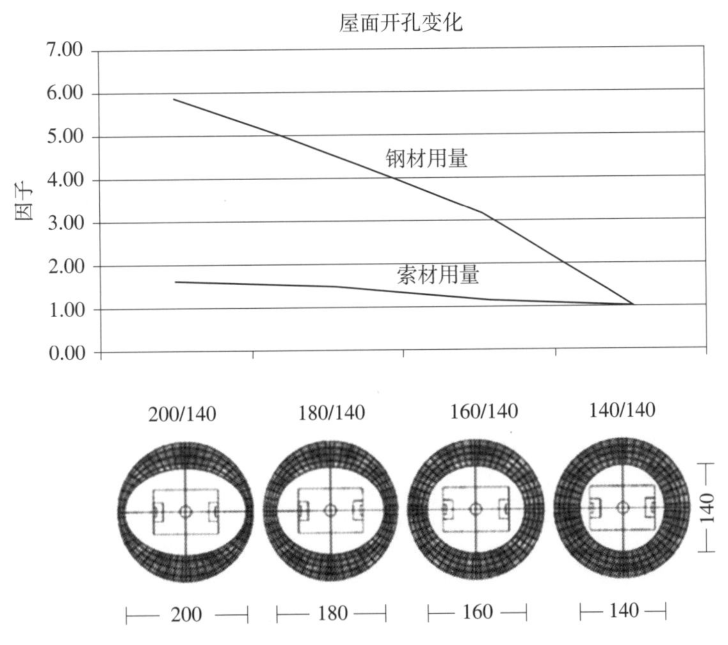

图 2-2　韩国釜山穹顶内环形状及所需材料的关系

实际工程应用中，索承网格结构更多地采用由多段圆弧组成的类椭圆形平面，如图 2-3 所示。假设不同弧段处拉环与压环中的力 N 与 F 大小相等，由力的平衡知，径向索拉力 $T=2N\times\cos\alpha=2F\times\cos\alpha$。长短轴与角部对应弧段的曲率半径大小关系为：$R_1>R_2>R_3$，则 $\alpha_1>\alpha_2>\alpha_3$，$\cos\alpha_1<\cos\alpha_2<\cos\alpha_3$，可得径向索索力 $T_3>T_2>T_1$。体育场四个角部圆弧曲率半径小，径向索索力越大；长短轴曲率半径大，径向索中建立的预应力较小。换言之，荷载主要由角部径向索承担，角部竖向刚度大、荷载传递效率高。此外，不同曲率的弧段交汇区域，径向索受力也较大。径向索索力不均匀将影响结构整体竖向刚度，为获得与圆形平面相当的结构刚度，意味着需要更大的拉索截面和张拉力。

为减小结构角部受力的不利影响，如图 2-4 所示，在结构设计中可使环索 45° 角处 *a* 点的标高稍高于长短轴处 *b* 点和 *c* 点的标高，使环索呈空间曲线。四个角部索夹两侧环索拉力的合力 F_0 与相连的径向索不在同一直线上。其分力 F_1 由径向索索力平衡，分力 F_2 由与之相连的撑杆平衡，此时撑杆受拉。此方法在一定程度上可以减小结构角部径向索索力，但是效果有限。

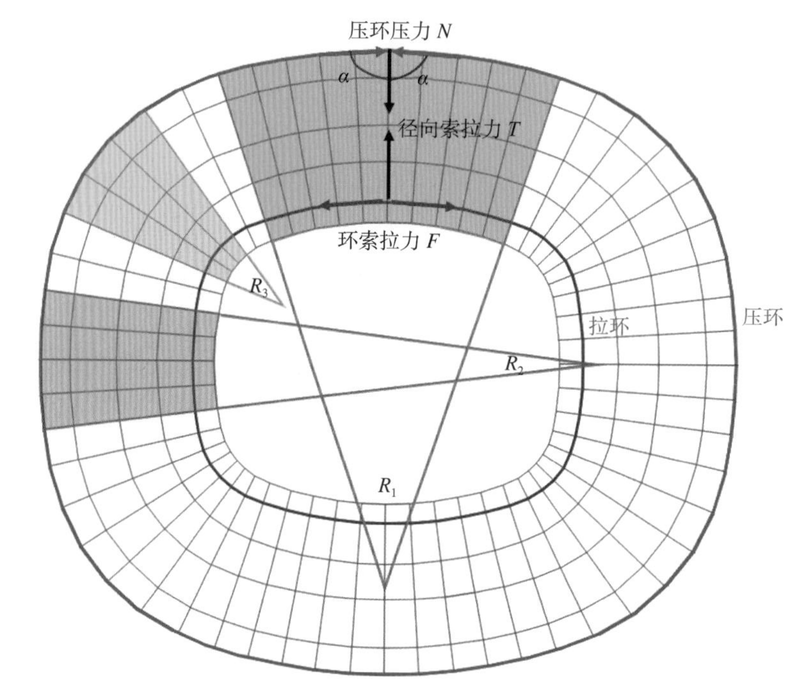

图 2-3　索力与拉、压环曲率半径的关系

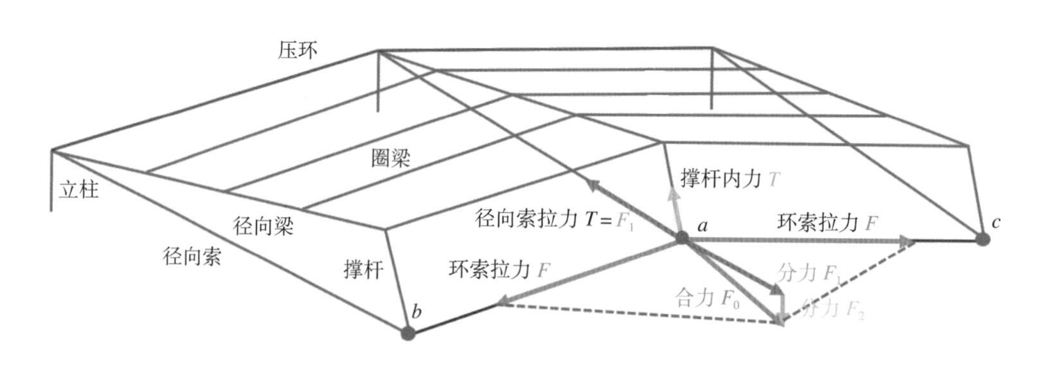

图 2-4　拉环标高不等时的杆件内力

专业足球场由于没有跑道，内场为矩形平面，屋盖也多采用矩形建筑外轮廓，若采用索承网格结构且设置外压环，由于结构存在直边段，此处曲率为 0，截面内力以弯矩为主，压力传递效率低。直边界与四个角部的曲率半径相差甚远，意味着角部径向索受力

更不利。德国汉堡 Volkspark 体育场（图 2–5）为解决此设计难题，在结构四个角部设置多根径向索来满足角部受力，但并没有从根本上解决直边界的不利影响。为缓解结构边界带来的传力效率不利影响，相比常规索承网格结构，上海浦东足球场屋盖结构的设计思路具有明显的创新性：将一般性放置在柱顶的压力环向内移到了 V 形撑上，成为空间的曲线中置压环，巧妙地适应了直线形建筑轮廓，大大改善了结构性能，如图 1–10 所示。这为索承网格结构增添了活力，扩大了索承网格结构的应用范围。

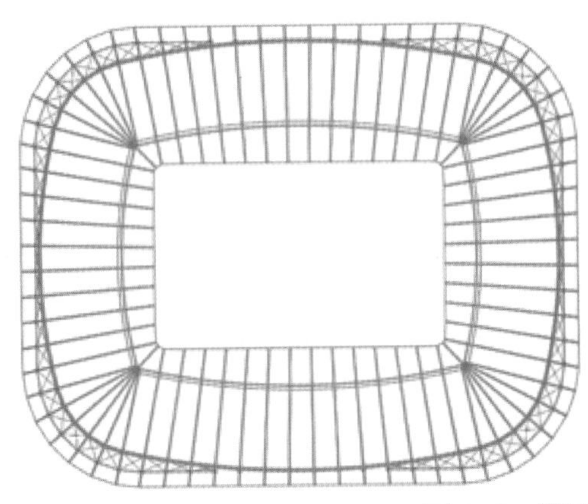

图 2–5　德国汉堡 Volkspark 体育场

2.1.2　结构特点

上海浦东足球场屋盖平面短轴向为 173 m，长轴向为 211 m，看台罩棚短轴向悬挑长度为 50.0 m，长轴向悬挑长度为 48.3 m。根据看台的形式，屋盖钢结构和看台结构形成了轻微的马鞍形，高差为 2.5 m，如图 2–6 所示。根据建筑造型、空间使用功能和视觉美

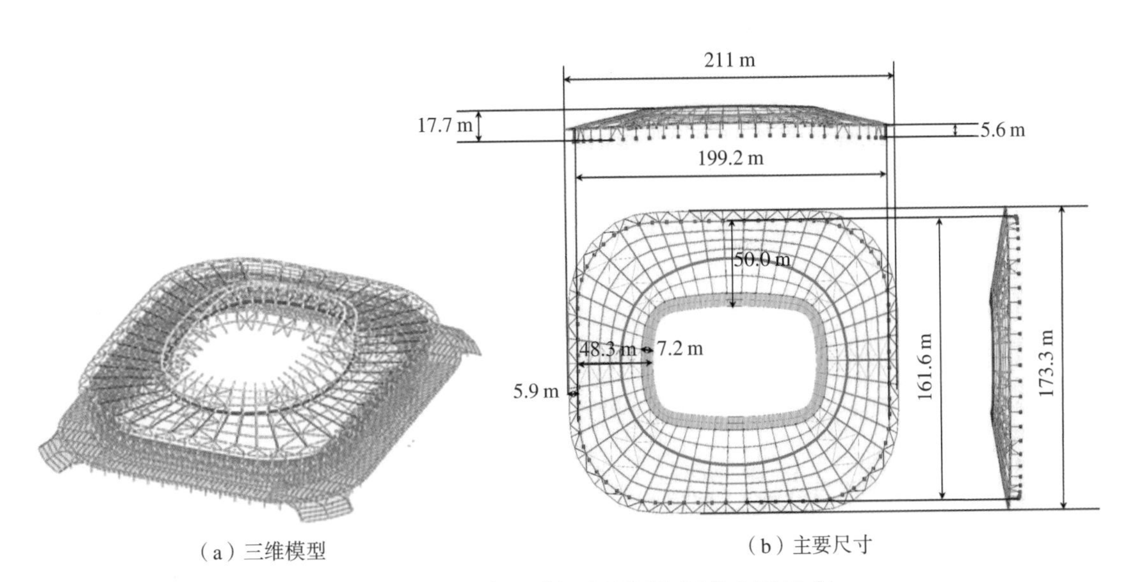

（a）三维模型　（b）主要尺寸

图 2–6　上海浦东足球场立面图和屋盖主要尺寸

观要求，屋盖采用了中置压环索承网格结构，形成近 200 m 的大跨度无柱空间。屋盖由立柱、中置压环、上层网格和索杆系构成，其中索杆系包括径向索、环索和 V 形撑。拉索由高强钢材制成，通过在索网中施加预应力，平衡上部网格的质量。径向索的水平力由中置压环平衡，从而形成了预应力自平衡体系，如图 2-7 所示。径向索为一段直线布置，共有 46 榀；环索成空间曲线，45° 角处标高最高，平面投影呈环形。

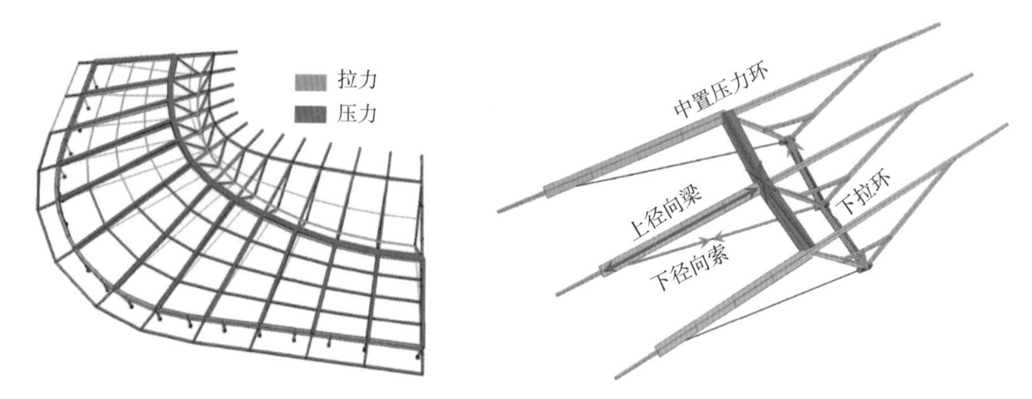

图 2-7 中置压环平衡径向索受力示意图（局部）

基于整体分布的预应力方案，通过主动引导力流传递途径，该工程屋盖结构分为承力主结构、悬挑结构和圈梁支撑次构件、竖向及抗侧力结构四大部分：

（1）承力主结构如图 2-8（a）云线部分所示，包括径向索、环索、径向主梁、中置压环梁和 V 柱外肢，在剖面上形成了稳定的预应力自平衡三角形，即径向索的拉力由径向主梁传递至中置压环上，而中置压环又通过 V 柱外肢支承在索网上，索网受拉，径向主梁、中置压环和 V 柱外肢受压。

（2）悬挑结构如图 2-8（b）红色部分所示，包括径向悬挑梁和 V 柱内肢，该部分的载荷通过 V 柱内肢传递至索网上。V 柱内肢受压，径向悬挑梁受弯。

（3）圈梁支撑次构件如图 2-8（c）红色部分所示，包括柱顶圈梁、柱间支撑、屋面圈梁、屋面支撑［图 2-8（d）红色和紫色部分］、V 柱横梁等，除了将屋面载荷传递至承力主结构和悬挑结构上，还保证了结构的整体稳定性。

（4）竖向及抗侧力结构如图 2-8（e）所示，外圈立柱采用上下铰接的摇摆柱，柱间圈梁在拉索张拉之后再闭合，柱和圈梁在拉索张拉时不受力，在角部设置 8 对人字形防屈曲约束支撑，以提供有效的抗侧力刚度。

中置压环索承网格结构形式简洁、轻盈，层次分明，传力明确，具有空间张力感，既充分发挥拉索高强度，又减小了屋盖网格截面，并通过合理优化拉索的预应力，使结构在预应力和恒载共同作用下受力平衡，达到理想的结构受力和建筑外形。

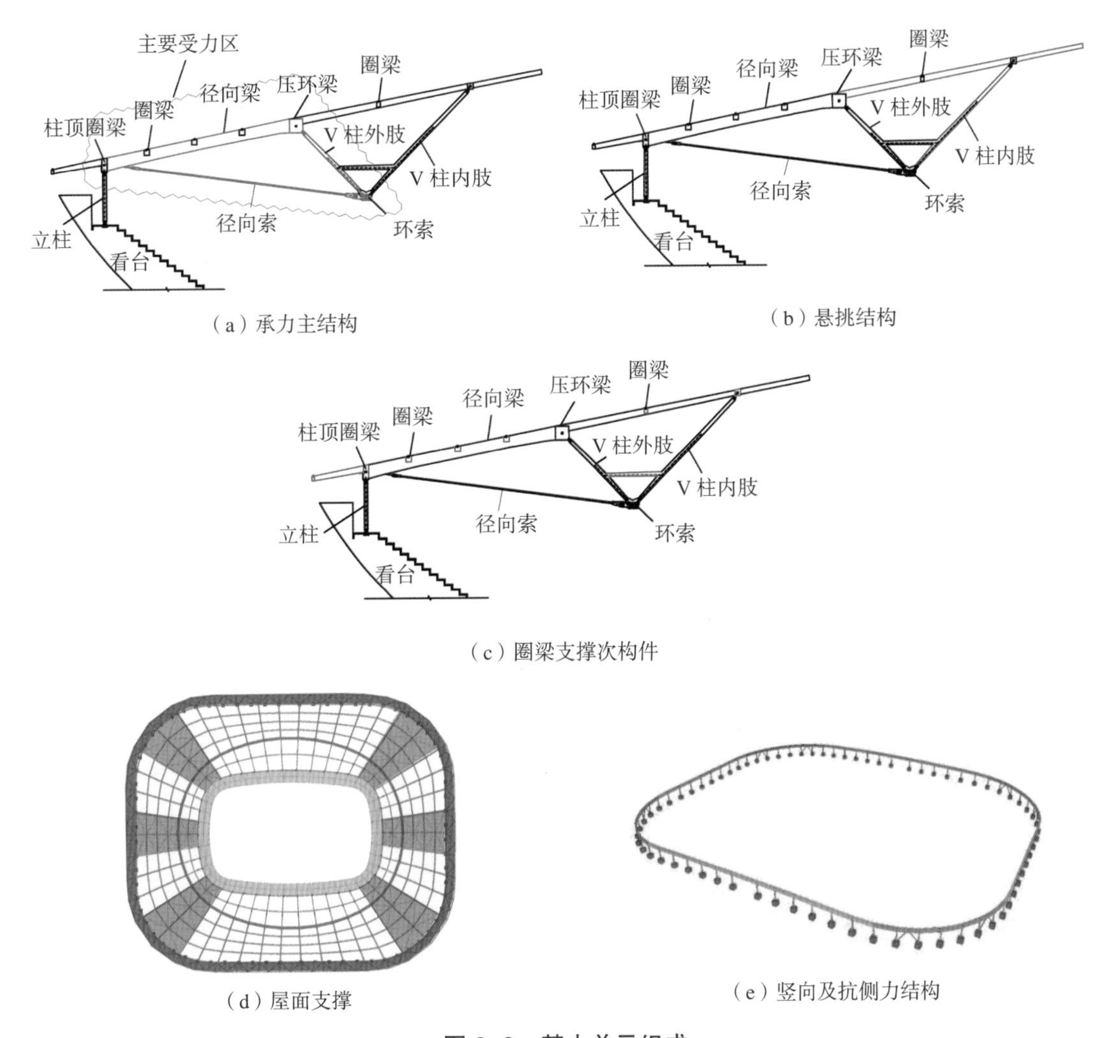

（a）承力主结构

（b）悬挑结构

（c）圈梁支撑次构件

（d）屋面支撑

（e）竖向及抗侧力结构

图 2-8　基本单元组成

2.1.3　材料及规格

2.1.3.1　拉索材料和规格

46 榀径向索分为三种规格：Φ95、Φ110、Φ120，见表 2-1，其中长轴处径向索直径最小，45° 角处径向索直径最大。环索由 8 根首尾相接的拉索并列构成空间曲线，每根拉索规格为 Φ100。索网直径分布示意图如图 2-9 所示。

径向索和环索均采用密封钢绞线索，不设调节量。密封索具有非常好的横向承压能力以及索夹的抗滑移能力，同时有较好的防锈蚀能力和抗疲劳能力。钢丝抗拉强度等级为 1 670 MPa，索头为热铸锚。钢索外层采用锌 -5% 铝 - 混合稀土合金镀层，内层采用热镀锌连同内部填充进行防腐处理。拉索示意图如图 2-10 所示。

表 2-1　拉索索材和规格

拉　索	级别 /MPa	规格	索体防护	锚具	连接件	破断力 /kN
环索	1 670	8 × Φ100	GALFAN	热铸锚	叉耳式	8 × 10 100
径向索	1 670	Φ110	GALFAN	热铸锚	叉耳式	12 200
	1 670	Φ120	GALFAN	热铸锚	叉耳式	14 500
	1 670	Φ95	GALFAN	热铸锚	叉耳式	9 110

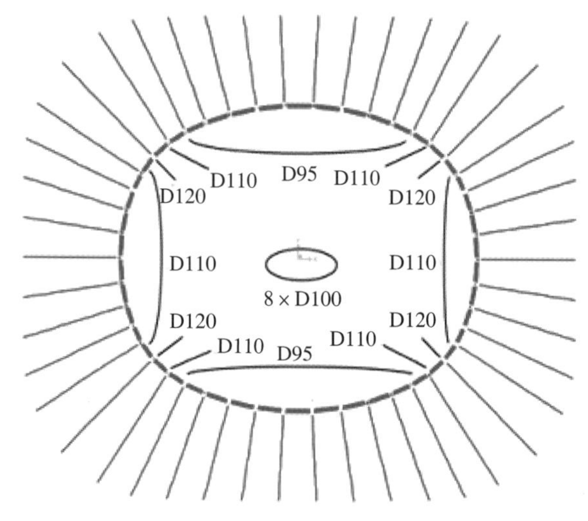

图 2-9　索网直径分布示意图

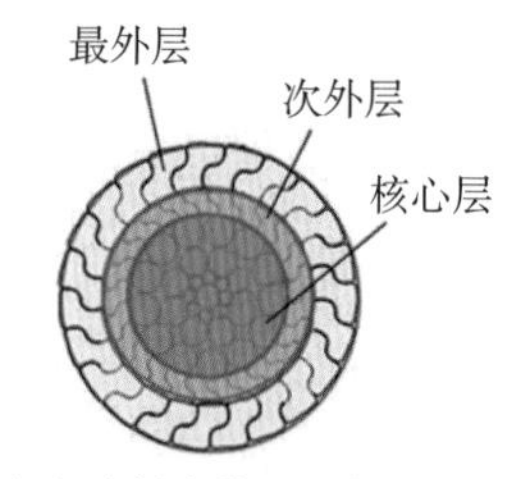

（a）密封索截面示意图

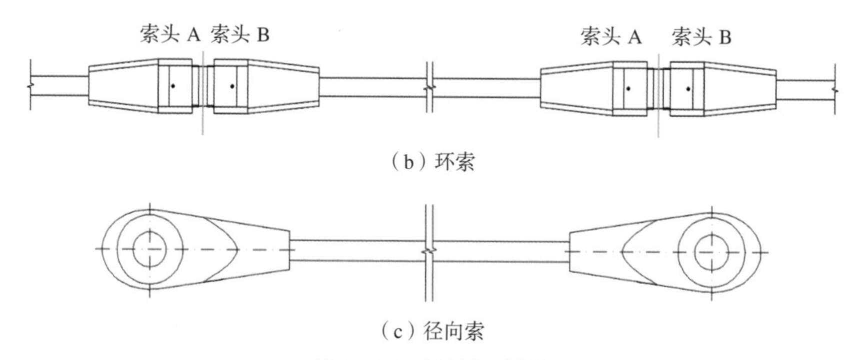

（b）环索

（c）径向索

图 2-10　拉索示意图

2.1.3.2　钢结构

上海浦东足球场屋盖钢结构采用 Q390C 钢材，压环梁、圈梁、径向梁均采用焊接箱型截面，其中压环梁截面为 1 500 mm × 1 500 mm × 50 mm × 50 mm。上径向梁翼缘宽 700 mm、厚 48 mm，腹板高 1 400 mm、厚 10 mm，腹板宽厚比超过规范要求，在箱型截面内增设横向和纵向加劲肋，提高腹板局部稳定性能，如图 2-11 所示。立柱采用热轧无缝钢管，直径 800 mm。屋面支撑采用高强钢拉杆，屈服强度 $f_{yk}=460$ MPa。

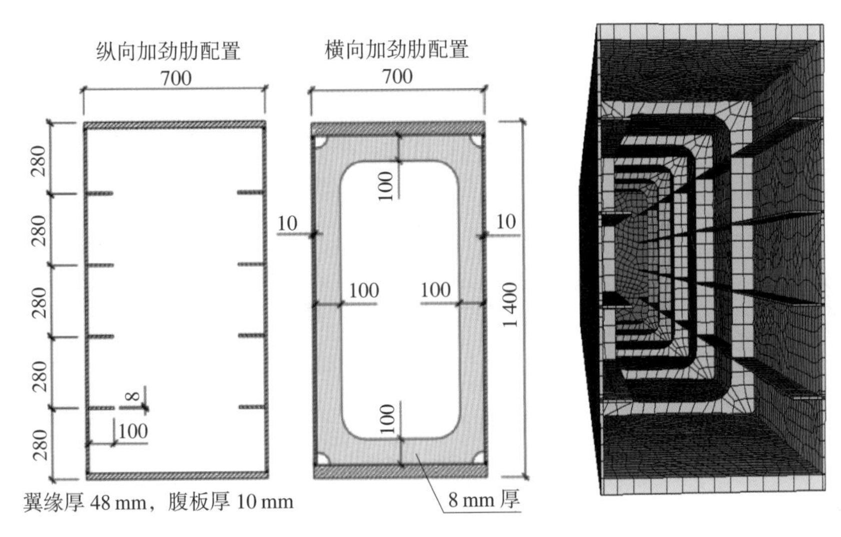

图 2-11　中置压环截面

2.1.3.3　屈曲约束支撑

为提高整体结构的抗震性能，使屋盖主体结构在罕遇地震中基本处于弹性状态，根据结构重要性等级，在结构四个角部设置柱间抗侧力支撑，以增强结构抗侧刚度。由于普通支撑存在压屈及滞回性能差等问题，本工程柱间抗侧力支撑采用人字形屈曲约束支撑（BRB）。BRB 直径 900 mm，屈服力 $F_y=4\,300$ kN。

2.1.3.4　屋面材料

对于大跨结构，结构质量越轻，地震效应越小；但风荷载作用下，屋面又需要有足够的强度和抗风能力，因此对屋面板的选材应满足整体结构安全性和经济性的要求。如图 2-12 所示，本工程采用刚性屋面，屋面材料分为两部分：蜂窝铝板双层屋面系统主要用于覆盖看台部分；透明的聚碳酸酯板用于结构内悬挑段，给予中央草地充足阳光，同时获得通透和轻盈的建筑效果。

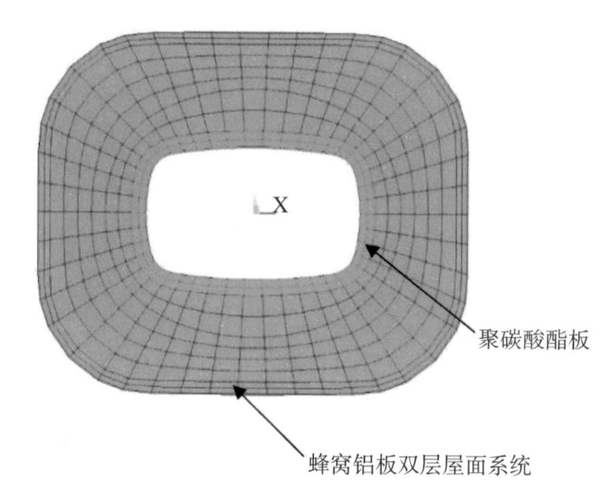

图 2-12 屋面板分区

2.2 有限元分析原理

2.2.1 索单元的模拟

随着非线性有限元理论的发展，索单元的有限元模拟方法不断丰富，目前常用的主要有两节点直杆单元模型、两节点悬链线索单元模型、三节点等参元模型、五节点等参元模型等。

柔性的钢索在自重作用下会产生一定垂度，但是当索自重较小或索段拉力远大于自重作用时，可以将索理想化为直线。两节点直杆单元模型忽略索单元的柔度和自重垂度引起的非线性，适用于刚度较大、预应力水平较高的索结构；两节点悬链线索单元模型考虑了索自重垂度的影响，缺点是表达式复杂、计算工作量大；三节点等参元模型（三节点抛物线模型）采用等参概念避免了局部坐标系与整体坐标系之间的转化，适用于垂度大的索结构；五节点等参元模型适用于模拟垂度大、非线性强的悬索结构，精确度高，但相应计算量也有所增加。各索单元模型如图 2-13 所示。

对于索承网格结构，由于拉索预应力较大、索自重对垂度的影响很小可忽略不计，上海浦东足球场工程采用两节点直杆索单元模型，并假定如下：①索是理想柔性单元，只能承受拉力，不能承受弯矩和剪力；②索端外联节点为理想铰接节点，忽略节点对杆单元转动的影响；③索在施工及使用阶段受力均符合虎克定律，材料始终处于线弹性阶段；④索段呈直线，忽略索垂度的影响，仅受节点荷载作用。

2.2.2 预应力的模拟

结构在等效预张力和重力作用下达到施工成型态，等效预张力 P 是模拟拉索张拉、钢构受压的一种分析手段。等效预张力的模拟通常有三种方法：

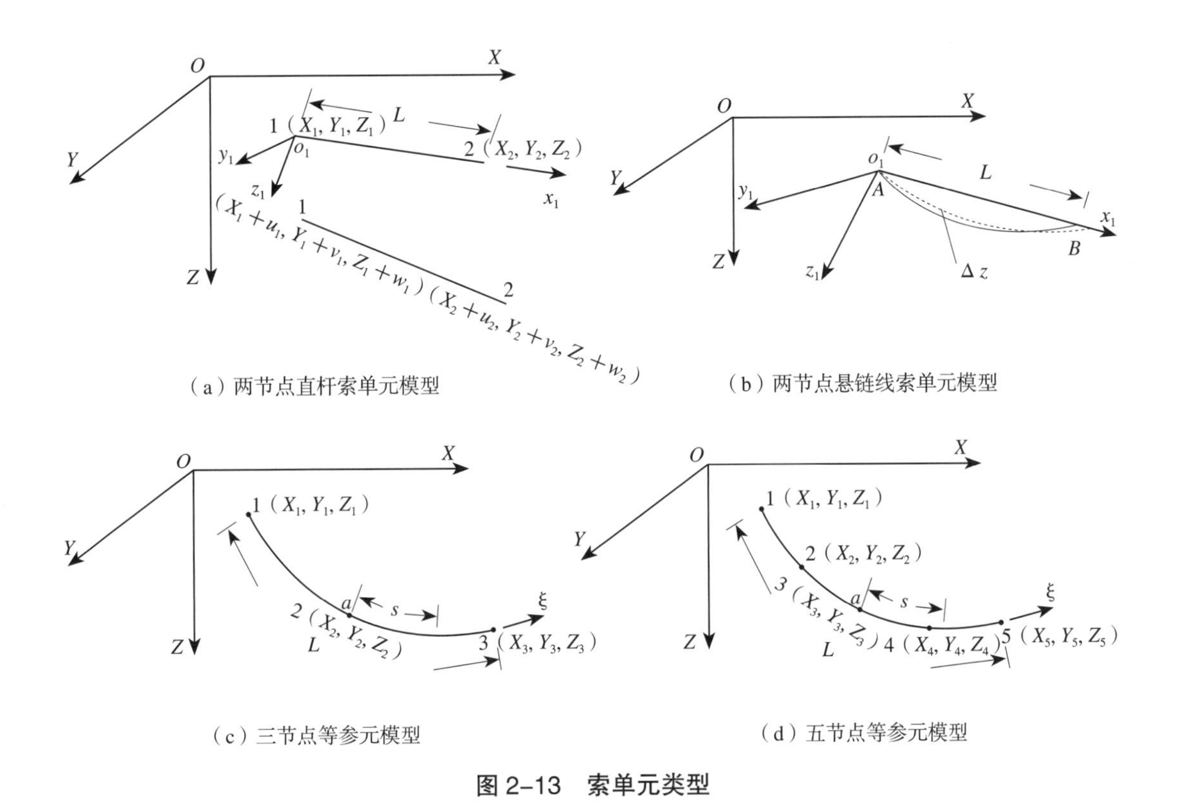

（a）两节点直杆索单元模型　（b）两节点悬链线索单元模型

（c）三节点等参元模型　（d）五节点等参元模型

图 2-13　索单元类型

（1）力模拟法：通过在索段两端施加大小相等、方向相反的力来模拟千斤顶张拉过程。

（2）初应变法：通过在索段上施加初应变来模拟，力学概念清晰、易操作。

（3）等效温差法：利用材料热胀冷缩的性质，根据温度线膨胀系数对拉索施加温度荷载使之收缩模拟张拉过程。

等效预张力 P 与等效温差ΔT_0 与等效初应变$\Delta\varepsilon_0$ 之间的关系为：

$$\Delta T_0 = -P/(EA\alpha),\ \Delta\varepsilon_0 = P/(EA) \tag{2-1}$$

式中，P——等效预张力；α——温度线膨胀系数；E——材料弹性模量；A——构件截面面积；ΔT_0——等效温差；$\Delta\varepsilon_0$——等效初应变。

本工程采用等效温差法模拟结构中拉索预拉力和钢构的预压力。

2.2.3　非线性分析方法

结构非线性包括状态变化、材料非线性和几何非线性，一般而言非线性不是很强的结构完全可以由线性理论进行求解。对于张力结构来说，因结构具有较强几何非线性，必须采用非线性分析。面对复杂的非线性求解问题，目前非线性分析常采用的一个行之有效的方法是利用线性方程逐步逼近非线性解。因此，非线性问题求解的实质是使非线性方程线性化并选择线性近似的策略和算法。

非线性代数方程组的常用求解方法有直接迭代法、全 Newton-Raphson 方法、修正的 Newton-Raphson 方法及荷载增量法等，本工程采用常用的全 N.R. 迭代方法求解。N.R. 法将非线性方程组线性化，每进行一次迭代正切刚度矩阵就修改一次，直到达到计算收敛条件。

对非线性问题，将结构单元进行离散化后得到下列非线性方程组：

$$[k(u)]\boldsymbol{u}=\boldsymbol{f} \tag{2-2}$$

可将上式表达为：

$$\{\Psi(u)\}=[k(u)]\boldsymbol{u}-\boldsymbol{f}=0 \tag{2-3}$$

其中，$\boldsymbol{u}$ 为位移向量，刚度矩阵 $k(u)$ 为关于 $\boldsymbol{u}$ 的 n 阶方阵，$\boldsymbol{f}$ 为荷载向量。

若得到近似解 u^n，为进一步得到近似解 u^{n+1}，可将 $\{\Psi(u)\}$ 在 u^{n+1} 处进行 Taylor 级数展开并只保留线性项，即

$$\{\Psi(u)^{n+1}\}=\{\Psi(u)^n\}+\left[\frac{\mathrm{d}(\Psi)}{\mathrm{d}(u)}\right]_n\cdot\Delta u^n \tag{2-4}$$

式中，$k=\mathrm{d}(\Psi)/\mathrm{d}(u)$表示切线矩阵。

重复上述迭代求解过程至满足迭代收敛条件：$\|\Delta u\|_\infty=\|u^{n+1}-u^n\|_\infty<\varepsilon$，$\varepsilon$ 为无穷小量。其中，$\mathrm{d}(\Psi)/\mathrm{d}(u)$ 的正定性是方程组有解的必要条件。采用 N.R. 法求解单自由度系统的分析过程可以用图 2-14 表示。

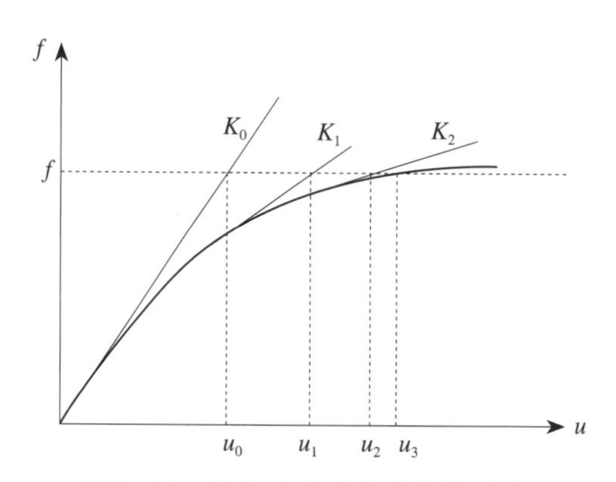

图 2-14　单自由度系统非线性响应

2.3　有限元模型

作为国际流行的大型通用有限元分析软件，ANSYS 软件丰富的单元库可以准确模拟拉索、钢构、胎架等结构和施工临时构件。此外，ANSYS 软件具有强大的非线性分析功能，方便用户二次开发，在大型体育场、会展中心等索结构项目分析中得到广泛应用。利用 ANSYS 的生死单元可以实现施工过程中构件的安装和拆除，跟踪施工过程结构形态和应力的变化：对“杀死”单元的刚度矩阵乘以一个很小的因子，使得最终模型的求解结

果中不包含死单元的质量和能量；“激活”单元时则恢复其刚度、质量和荷载值。

上海浦东足球场工程采用 ANSYS 软件建立屋盖钢结构整体模型，并进行基于施工全过程的整体结构找力分析和施工全过程仿真分析。有限元分析模型包含胎架、立柱、压环梁、环索、径向索、圈梁、V 形撑、柱间支撑、屋面支撑和屋面板等，如图 2-15 所示。

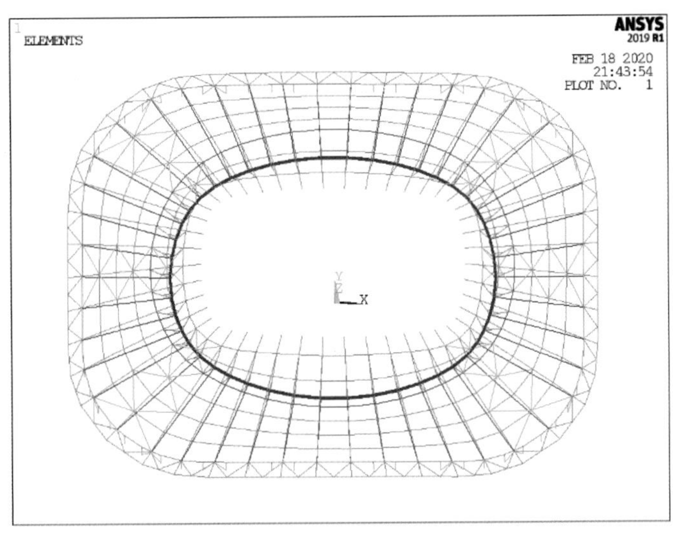

图 2-15　ANSYS 有限元模型

2.3.1　单元类型

2.3.1.1　Link180

ANSYS 新版本中合并了单维拉压的 Link8 和具有双线性刚度矩阵的 Link10 单元，取而代之的是 Link180。Link180 属于 2 节点空间杆单元，每个节点有 3 个平动自由度，杆端无弯矩。具有塑性、徐变、膨胀、应力强化和大变形的特性，可用于模拟两端铰接立柱。通过设置单元属性，Link180 还可用于模拟拉索、钢拉杆等只受拉单元，当构件受压时，刚度立即消失。Link180 单元在本工程 ANSYS 模型中的分布如图 2-16 所示。

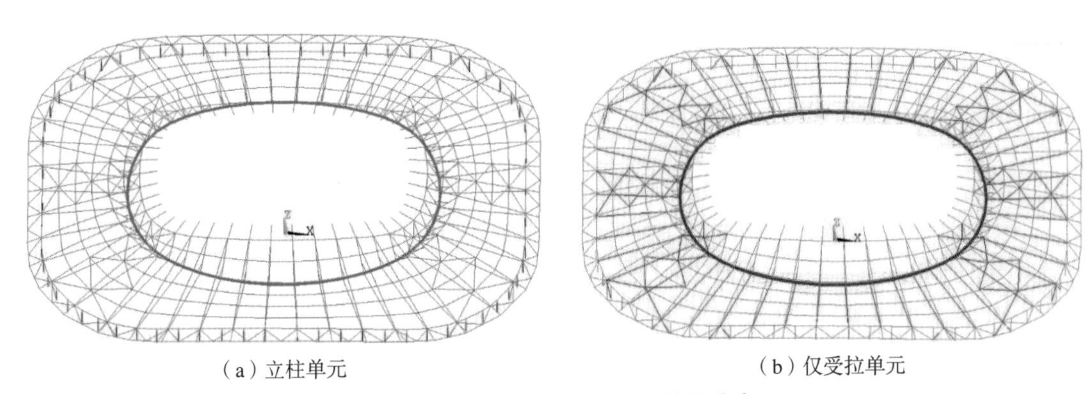

（a）立柱单元　　（b）仅受拉单元

图 2-16　Link180 单元分布

2.3.1.2 Beam188

Beam188 单元属于 3D 梁单元，基于铁摩辛柯梁理论可考虑剪切变形影响，每个节点 6 或 7 个自由度（含扭转自由度），可自定义梁截面。适用于线性、大旋转和大应变非线性分析，可通过 endrelease 命令进行单元自由度的释放。本工程用于模拟上层网格中的径向梁、圈梁、索夹、V 形撑等结构构件。由于 V 形撑与主梁及索夹采用销轴连接，故对释放其平面内旋转自由度。Beam188 单元在本工程 ANSYS 模型中的分布如图 2-17 所示。此外，对于模拟构件截面偏心的刚臂也可采用 Beam188 单元来模拟，如图 2-18 所示，其刚度为无穷大，质量为 0。

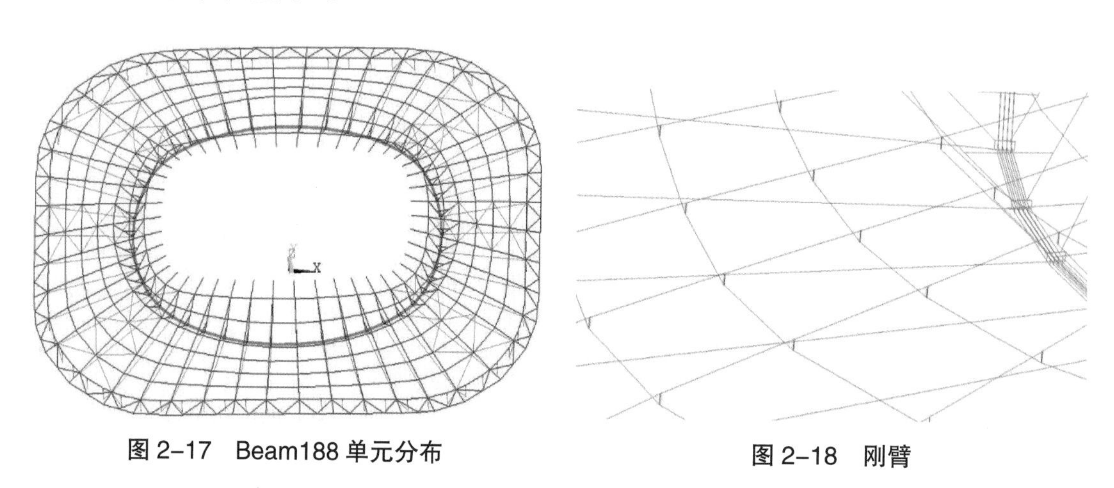

图 2-17　Beam188 单元分布　　　图 2-18　刚臂

2.3.1.3 Mass21

Mass21 单元属于 6 自由度的点元素，可分别定义每个自由度的质量和惯性矩。径向索以及环索的索头均采用高强度铸钢件，体型小而质量较大，不能在结构计算忽略，也不宜通过统一加大结构自重进行考虑，所以在结构计算中采用质量单元的方式来模拟索夹、索头质量。Mass21 单元分布如图 2-19 所示。

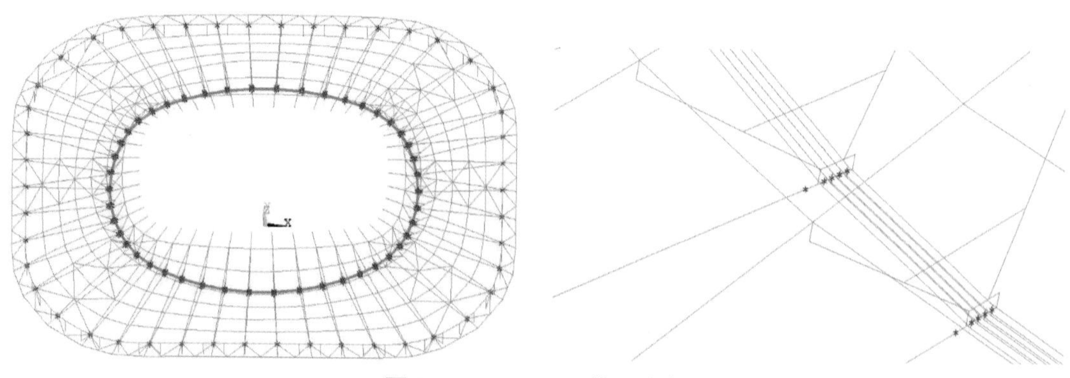

图 2-19　Mass21 单元分布

2.3.1.4　Surf154

Surf154 为 3D 结构表面效应单元，可用于屋面荷载的模拟。通过实常数的输入来模拟屋面自重，图 2-20 中不同颜色分区表示不同的屋面恒载。

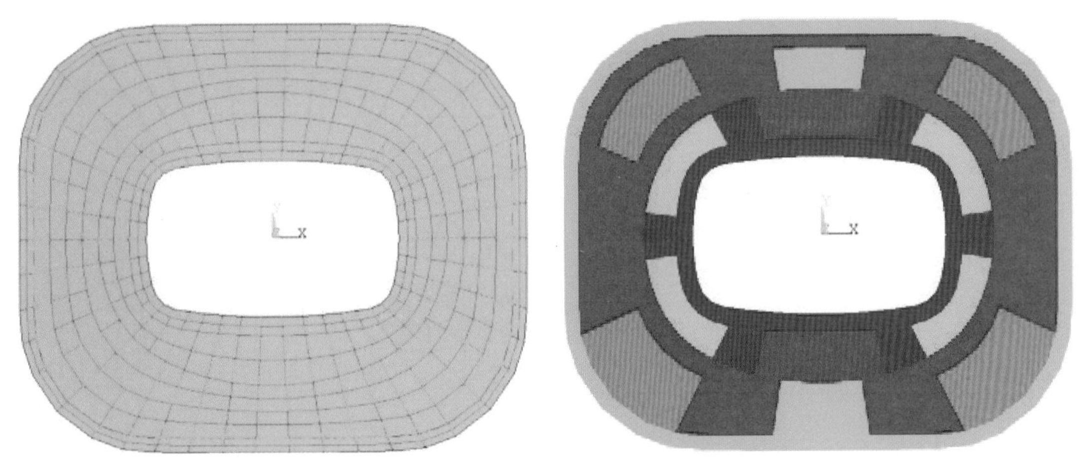

图 2-20　Surf154 单元分布

2.3.1.5　Combin14

Combin14 为带阻尼弹簧单元，该单元没有质量，可用作轴向或扭转阻尼。当作为轴向阻尼时，仅受单轴拉压，每个节点 3 个平动自由度，不考虑弯曲或扭转；当作为扭转阻尼时，仅受纯扭转，每个节点 3 个转动自由度，不考虑弯曲或轴向变形。如图 2-21 所示，本工程结构柱置于悬挑看台上，可用来模拟下部看台刚度对上部钢屋盖位移的影响。柱底 Combin14 单元如图 2-22 所示。

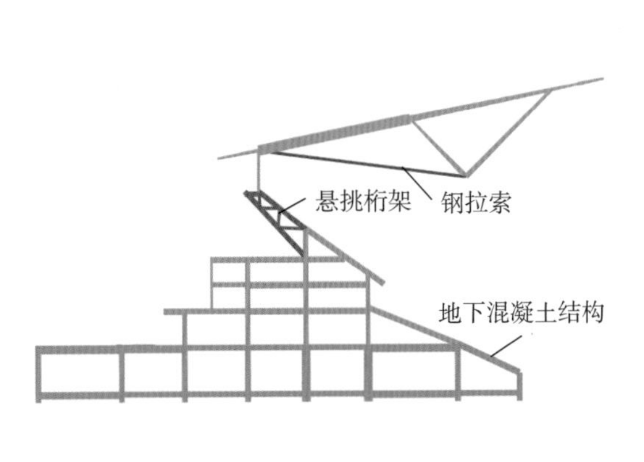

图 2-21　悬挑看台

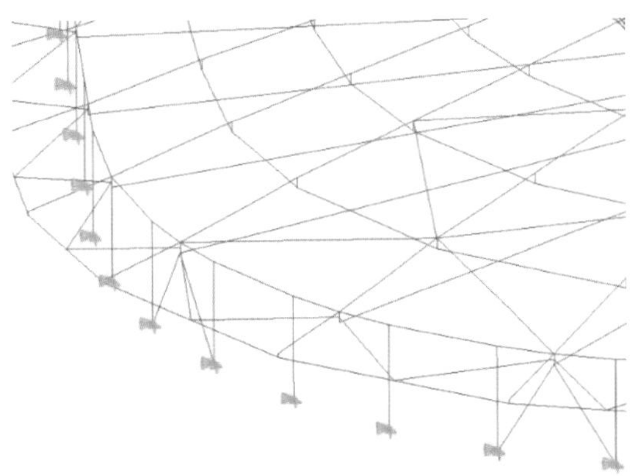

图 2-22　柱底 Combin14 单元

2.3.2 材料力学参数

由于径向索主梁、圈梁和压环梁以受压为主。如图 2–23 所示，其截面尺寸通常由稳定承载力控制，故在箱型截面内部设置相应的加劲肋以增强其稳定性。本模型将设有不同类型加劲肋的梁的质量密度换算成等大箱型截面对应的质量密度，以考虑加劲肋对结构自重的影响。钢构单元和拉索的材料力学参数见表 2–2。

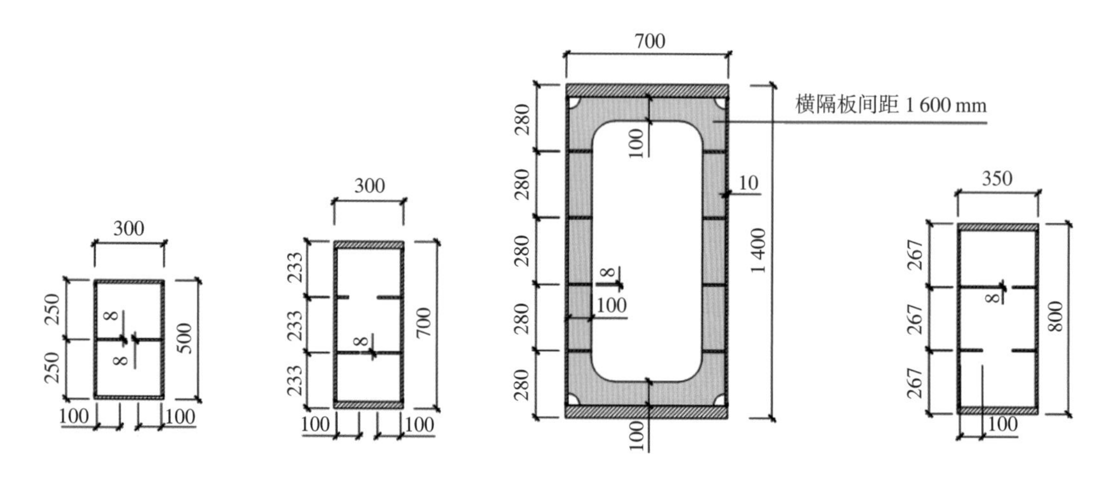

图 2–23 不同截面加劲肋形式

表 2–2 分析模型中材料力学性能

属　　性	钢构单元	拉索单元
E/MPa	2.06×10^{5}	1.60×10^{5}
ρ/（kg/m^{3}）	8 005/8 647/8 800/9 045/9 208/9 361	7 850
α /（1/℃）	1.2×10^{-5}	1.2×10^{-5}

2.3.3 荷载条件

整个屋盖结构在施工阶段荷载主要包括恒载和预应力两部分，其中恒载包括结构自重、屋面灯具及马道荷载等，预应力荷载分为拉索预应力和钢构预应力。拉索预应力分布在径向索和环索上，钢构预应力分布在径向主梁（不含最内 / 外悬挑梁）、压环梁和 V 形撑（内、外肢）上。

2.3.3.1 恒载

（1）结构构件自重：由软件自动计算。

（2）索头及索夹重量：以质量单元形式施加在结构上。

（3）屋面灯具马道等荷载：如图 2-24 所示，马道恒载作用在 V 形撑、V 形撑横梁和屋面上，以集中力荷载的形式施加。

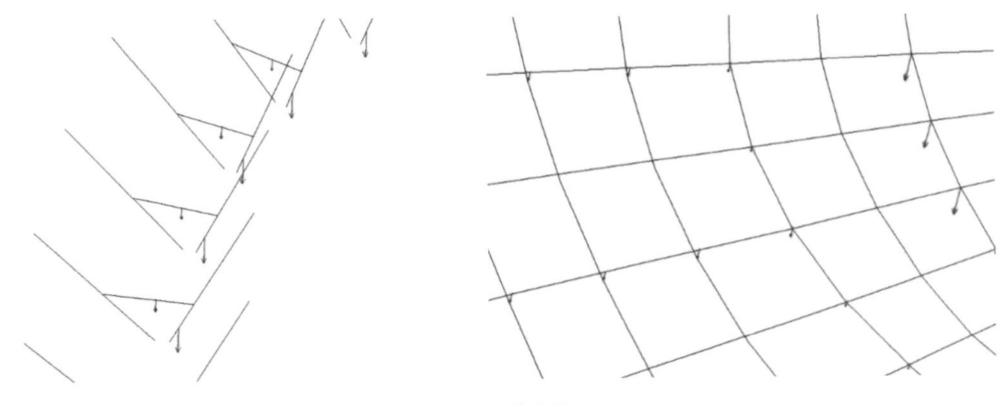

图 2-24　马道荷载

2.3.3.2　**预应力荷载**

预应力荷载的施加通过等效温差来实现，根据力流传递路径，构件的预应力分布如图 2-25、图 2-26 所示。

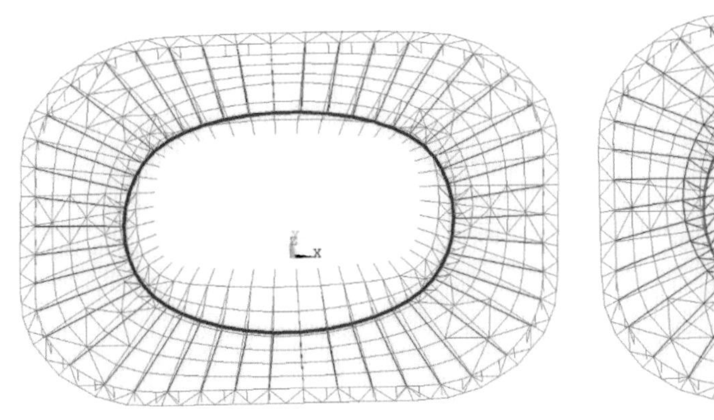

图 2-25　拉索预应力分布

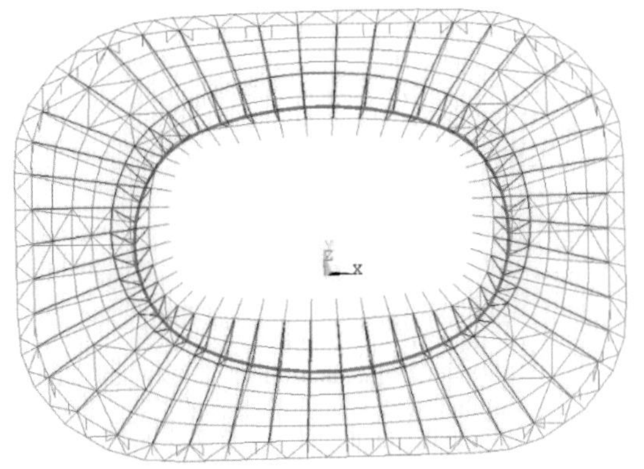

图 2-26　钢构预应力分布

2.3.4　边界条件

节点连接方式如下：①柱顶与圈梁铰接；②压环梁、圈梁与径向梁的连接为刚接，局部圈梁一端铰接；③拉索两端为铰接；④ V 形撑与径向梁、索夹为铰接；⑤内、外屋面支撑与径向梁为铰接。

如图 2-27 所示，为考虑摇摆柱底部悬挑看台竖向刚度对上部屋盖结构的影响，本模型在立柱底部设置弹簧单元、铰接约束，实现对足球场的精准模拟。弹簧标号及竖向刚度如图 2-28、表 2-3 所示。

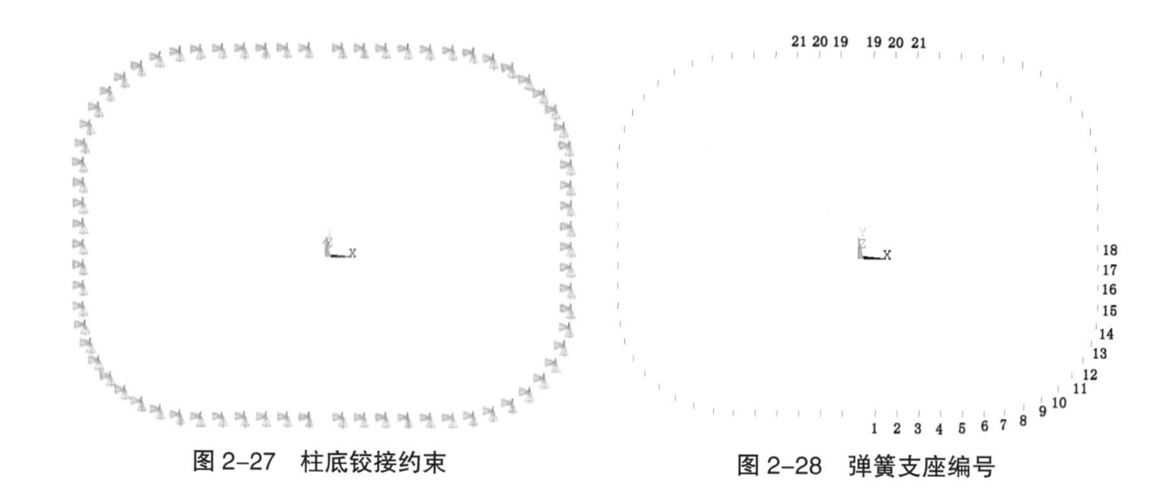

图 2-27　柱底铰接约束

图 2-28　弹簧支座编号

表 2-3　柱底支座竖向弹性刚度

节点编号	1	2	3	4	5	6	7
竖向弹性刚度 /（kN/mm）	67.114	61.996	62.578	64.558	67.705	75.815	84.674
节点编号	8	9	10	11	12	13	14
竖向弹性刚度 /（kN/mm）	89.445	98.522	103.734	110.865	114.548	114.155	114.548
节点编号	15	16	17	18	19	20	21
竖向弹性刚度 /（kN/mm）	111.732	107.759	108.342	108.696	81.699	77.459	78.125

第3章　结构找力分析

本章提出一种基于全结构施工过程的整体自平衡预应力找力分析方法，对该方法的基本流程和关键技术措施进行了介绍。该方法一体化整合成型态找力分析、零状态找形分析和全结构施工过程分析，合理选择预拉构件和预压构件，形成预应力流闭环，实现整体预应力的自平衡，迭代过程中无须更新分析模型的位形，并基于正算法进行施工过程分析，使结构成型态高精度达到目标。

本章提出中置压环索承网格结构合理的施工方法，基于施工流程，对上海浦东足球场屋盖结构进行找力分析，得到满足施工零状态和施工工况的预应力分布，分析了施工全过程结构各阶段响应，包括索力、压环轴力、钢构应力、钢构位移、胎架反力等。计算结果表明，屋盖结构的零状态找形分析及施工全程分析结果合理，满足设计及施工要求，验证了基于全结构施工过程找力分析方法的有效性。

3.1　大跨空间结构不同状态

大跨空间结构施工存在起点和终点两个状态，即零应力状态和受荷成型态。零应力状态（简称零状态）下构件应力为零或者接近零，如在支撑胎架上拼装的钢构件，因此零状态主要用于构件加工制作尺寸和现场拼装位形。在拼装合拢、支座就位、胎架卸载后结构变形达到成型态，因此结构成型态是结构施工完成时的位形和内力状态。

刚性大跨空间结构的变形符合小变形理论，零状态和成型态的结构位形差异较小，其设计分析时，设计图纸和分析模型中的结构位形都处于零状态；施工时，基于零状态位形进行构件加工制作和安装，在重力荷载作用下变形达到成型态。半刚性和柔性大跨空间索结构的变形符合大变形理论，零状态和成型态下结构位形差异较大。为严格控制设计图纸的结构位形为成型态，施工时，需通过零状态找形分析确定构件安装位形，以使施工完成时结构位形与设计图纸一致。如图 3-1 所示，当按照零状态位形（蓝色虚线）进行压环安装时，张拉后结构成型态位形（红色直线）与设计位移一致；若直接基于压环的设计位形（红色直线）进行张拉施工，则压环在拉索索力作用下到达新的平衡位置（黑色点划线），不满足设计位形要求。

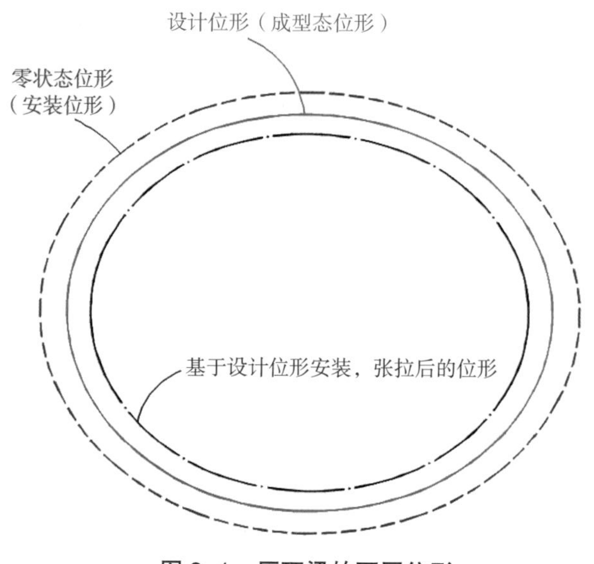

图 3-1　压环梁的不同位形

索结构不仅包含主结构必要的拉索和钢构件，还包含周边支承结构。随着拉索张拉，主结构和周边支承结构都在发生变形。因此，在目标成型位形和施工过程已知的情况下，确定预应力和零状态是索结构施工过程和使用阶段分析的基础。索结构施工时，先按照零状态进行构件加工制作和拼装，通过张拉拉索使结构在重力荷载和预应力共同作用下达到成型态。

3.2　成型态影响因素

影响索结构施工成型态的主要因素包括：零状态位形、施工过程及预应力。

3.2.1　零状态位形

一般受力分析是已知结构未受力位形求解受力状态，零状态找形分析则是已知结构受力状态求解未受力的位形。零状态找形分析分为正算法和反算法，分析过程与施工过程一致的为正算法，相反的为反算法。

如图 3-2 所示，正算法的基本分析流程可归纳如下：初设已知的目标成型态位形为结构零状态，建立分析模型进行施工过程力学分析得到成型态位形，与目标成型态比较，若偏差满足迭代收敛要求则分析结束；若不满足，则将位形偏差反向叠加到分析模型中，迭代分析直至收敛，则最终分析模型的位形为零状态。该方法的不足之处在于：拉索原长随结构分析模型位形的改变而变化，成型态索力也随之改变，而索结构目标成型态包含了力和形两部分内容，上述零状态找形分析过程仅解决了成型态位形达到目标值，高精度分析时后续需要通过找力分析使成型态索力达到目标值。

如图 3-3 所示，反算法根据目标成型态，通过与施工过程相反的逆施工过程分析得到零状态。该方法每一步所拆除的构件必须处于无应力状态，否则会出现理论性错误，得不到结构真实的零状态。

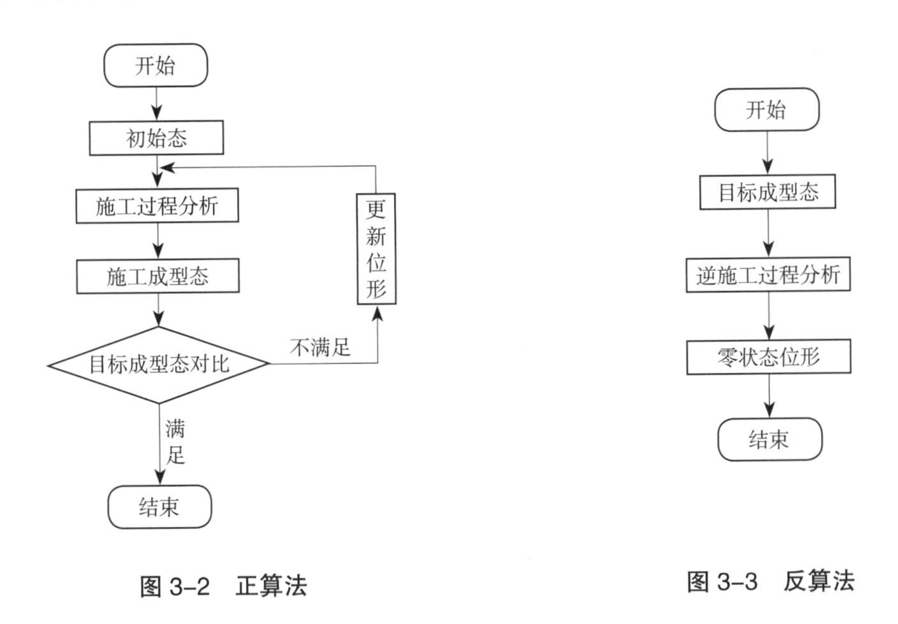

图 3-2　正算法

图 3-3　反算法

3.2.2　施工过程分析

为了保证预应力结构施工的顺利进行，需进行施工全过程和施工精细化分析，保证所采用的施工方法及张拉步骤与理论假设、计算模型一致，否则可能影响结构安装甚至可能带来安全问题。施工过程分析方法一般有非线性静力有限元法、非线性力法以及动力松弛法等。

一般结构随加载过程刚度的变化而随之改变，即使荷载撤去结构也不能恢复到原来的状态，意味着结构体系的刚度变化不可逆，称之为非保守性。在保守过程中，正算法和反算法均能求解施工各阶段结构状态；而在非保守过程中，反算法则不能用于施工过程分析。

3.2.3　预应力

在索结构中构建自平衡的应力回路，施加预应力使预应力不至“流失”，才能给结构提供刚度，一般情况下预应力越大结构刚度相应也越大。找力分析是在既定的位形和外荷载条件下寻求满足平衡条件的结构预应力。索结构分析时一般仅对拉索主动施加预应力，而其他构件则被动产生预应力。找力分析一般采用非线性分析，按照一定的迭代策略调整拉索预应力，使成型态索力满足收敛标准。常用的迭代方法有：增量比值法、定量比值法、补偿法和退化补偿法，其采用的共同假设是不同索单元之间的索力相互影响小。

如图 3-4 所示，假定索完全线弹性，原长为 L 的拉索在外力 F 作用下发生变形，应变为 $\varepsilon_l = \Delta L/L = F/(EA)$（图 3-4b）。若同时对拉索施加初应变 $\varepsilon_0 = F/(EA)$ 或等效温差 $\Delta T = -\varepsilon_0/\alpha$（$\alpha$ 为拉索线膨胀系数），使得 $\varepsilon_0 = \varepsilon_l$，则外力 F 与等效预张力的效应抵消，杆件依然能保持杆长和原位形不变（图 3-4c）。此时，ΔT 或 ε_0 即为寻求的满足设计位形的等效预张力。

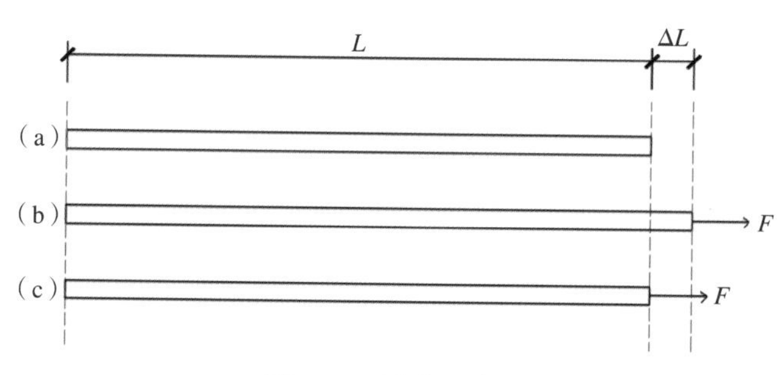

图 3-4 受力示意图

目前，有关索结构的零状态找形分析、施工过程分析和成型态找力分析是分开独立进行的，结构满足设计位形的预应力分布与前两者密切相关，为使结构成型态（内力和位形等）高精度达到目标状态，需综合三者进行分析。

3.3 基于全结构施工过程的整体自平衡找力分析方法

3.3.1 分析目的

索结构的施工成型态位形与拉索等效预张力、零状态位形、施工顺序紧密相关。针对现有分析方法中三者相互独立的分析现状，本文提出一种基于全结构施工过程的整体自平衡预应力找力分析方法，该方法一体化整合成型态找力分析、零状态找形分析和全结构施工过程分析，合理选择预拉构件和预压构件，形成预应力流闭环，实现整体预应力的自平衡，迭代过程中无须更新分析模型的位形，并基于正算法进行施工过程分析，使结构成型态高精度达到目标。

3.3.2 分析方法

基于全结构施工过程的整体自平衡预应力找力分析方法主要内容是根据整体预应力自平衡条件，合理区分预拉构件、预压构件和普通构件；按照目标位形建立包含施工临时构件的全结构分析模型，采用迭代分析，在一次迭代过程中依次连续非线性分析零状态工况和施工过程工况，然后更新预应力，迭代直至成型态满足收敛条件（结构在最终荷载作用下的平衡位形与初始位形一致或初始预应力平衡既定荷载如结构自重或恒载）。该方法大体可分为六步：分析准备；建立结构分析模型；预应力迭代初值；连续工况非线性分析；迭代收敛判断；预应力更新。

1）分析准备

（1）确定索结构成型态目标位形及其对应的外载。

（2）根据整体预应力自平衡条件，合理选择预应力构件，包括预拉构件和预压构件，形成预应力流闭环，其他为普通构件。

（3）确定用于施工过程分析的关键施工步骤。

（4）根据施工步骤，合理选择零状态找形构件，形成零状态结构。为使其中的预应力得到自由释放，零状态结构应静定或尽量接近静定。

2）建立结构分析模型

（1）按照成型态目标位形建立全结构分析模型，其中包含施工所需的临时构件。

（2）施加边界约束条件。

3）预应力迭代初值

对预应力构件赋预应力迭代初值，其中预拉构件赋预拉应力，预压构件赋预压应力。

在进行迭代法找力时，首先对预应力构件施加一组迭代初始值，使得计算更容易收敛。迭代初始预应力值以等效温差或初应变的形式施加。

$$\varepsilon_p^{(0)}=P^{(0)}/(EA) \tag{3-1}$$

$$\Delta T_p^{(0)}=-\varepsilon_p^{(0)}/\alpha=-P^{(0)}/(EA\alpha) \tag{3-2}$$

式中，$\varepsilon_p^{(0)}$、$\Delta T_p^{(0)}$——初次迭代时施加的初应变或等效温差；

$P^{(0)}$——初始预应力值；

E、A、α——分别为弹性模量、横截面积和温度线膨胀系数。

4）连续工况非线性分析

（1）零状态找形分析　激活零状态找形构件，杀死其他构件，得到零状态结构。在无外载条件下，求解零状态结构，其中预应力释放产生结构位移，得到零状态位形。

（2）施工过程分析　采用正算法，根据施工步骤，利用生死单元技术逐步激活或杀死结构构件或临时构件，施加相应的重力荷载和其他外载，直至成型态。

激活构件时分为两种类型，并采取不同的方法：①当激活非预应力的普通构件时，直接激活；②当激活预应力构件时，应再分为两个过程子步：先将预应力构件的外联节点强制约束至初始坐标，然后激活预应力构件并删除强制约束。

5）迭代收敛判断

迭代收敛判定标准有两个：

（1）预应力构件的预应力和成型态下的轴应力的偏差值或偏差比例足够小，满足式（3-3）。

$$\Delta\sigma^{(i)}=\sigma_N^{(i)}-\sigma_P^{(i-1)}<\delta \text{ 或 } \Delta\sigma^{(i)}/\sigma_N^{(i)}<\delta \tag{3-3}$$

式中，$\sigma_N^{(i)}$——第 i 次迭代后构件的轴应力，$\sigma_N^{(i)}=N^{(i)}/A$；

$\sigma_P^{(i-1)}$——第 i 次迭代时构件的预应力，$\sigma_P^{(i-1)}=P^{(i-1)}/A$；

δ——迭代收敛条件，其值视具体情况而定；

N——构件外荷载的合力；

P——预应力构件的预应力。

（2）成型态的位移足够时，即成型态位形与设计态位形基本一致。

$$\Delta U^{(i)}=U^{(i)}-U^{(0)}<\delta \tag{3-4}$$

式中，$U^{(i)}$——第 i 次迭代后，结构的成型态位形；

$U^{(0)}$——结构初始设计态位形。

若成型态收敛条件均满足或满足其中一个，则达到目标状态，退出迭代循环；若不满足，则进行下一步骤。

6）预应力更新

若不满足迭代收敛条件，则更新预应力：将成型态下预应力构件的轴应力作为新的预应力施加在预应力构件上；迭代重复连续工况非线性分析和预应力更新，直至成型态满足收敛条件。

$$\sigma_P^{(i)}=\sigma_N^{(i)} \tag{3-5}$$

式中，$\sigma_P^{(i)}$——第 $i+1$ 次迭代时，施加给预应力构件的预应力；

$\sigma_N^{(i)}$——第 i 次迭代后，构件的轴应力。

根据上述原理和流程，基于有限元分析软件 ANSYS 编制找力分析的 APDL 程序，具体计算程序如图 3-5 所示。

3.3.3 关键技术措施

3.3.3.1 合理选择预应力构件

对于索结构，结构自身几乎不存在自然刚度。结构成为一个预应力自平衡系统，在结构中构造一个应力回路使应力不至于流失，这样预应力才能提供有效的几何刚度。此时，受拉的索单元和受压的杆件成互锁状态，结构不会因为变形而释放张力，保证刚度的有效性。

根据是否主动施加预应力，将结构构件分为预应力构件和非预应力构件，其中预应力构件再分为预拉构件和预压构件；预拉构件和预压构件构成的预应力流途径应是闭环。

3.3.3.2 连续工况非线性分析

本章找力流程中采用正算法，零状态找形分析和施工过程分析为连续工况非线性分析。零状态找形的对象一般具有较强的非线性，模拟的是结构构件工厂加工长度和胎架安装位形，受力状态为仅有预应力作用。零状态结构应静定或尽量接近静定，使其中预

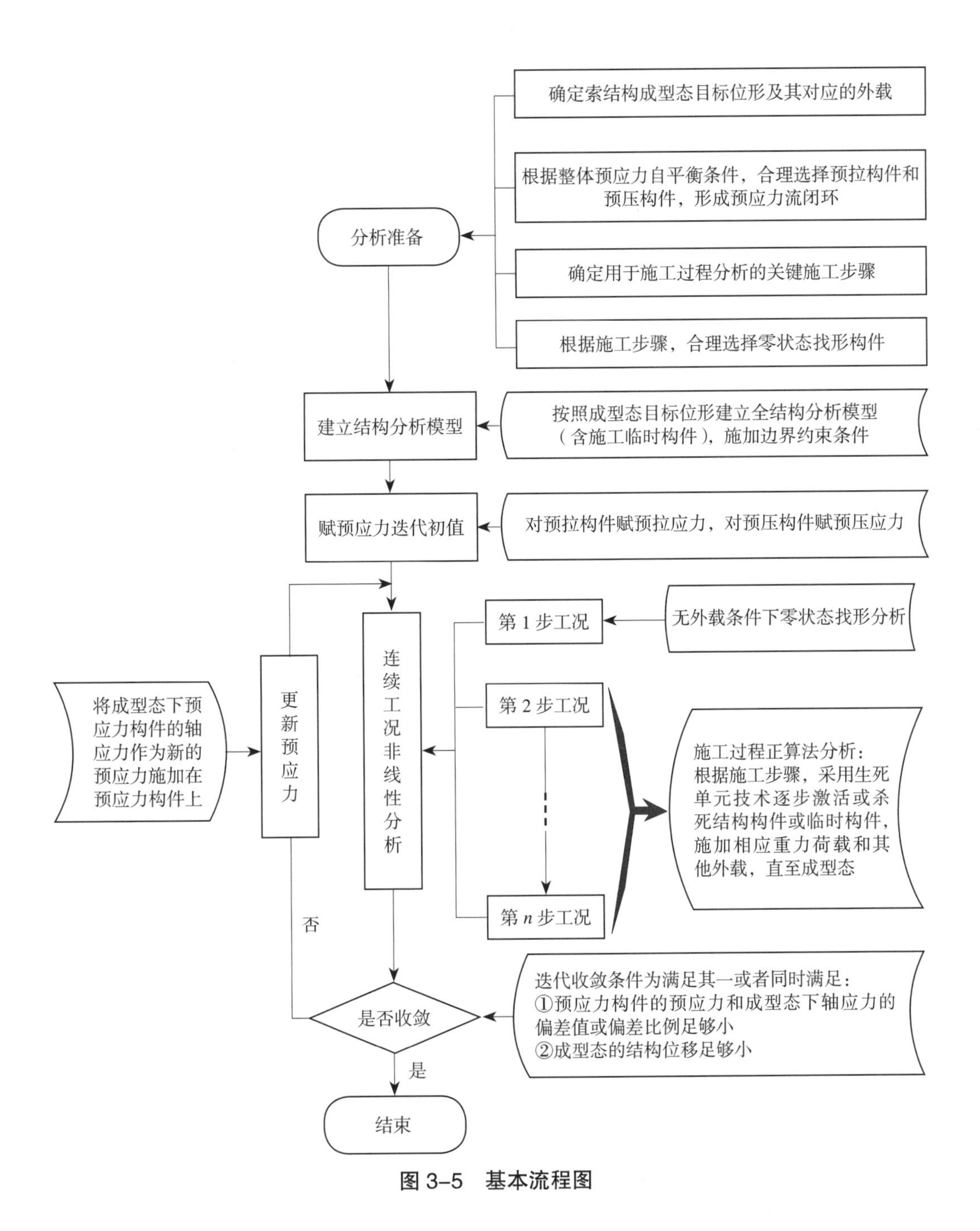

图 3–5　基本流程图

应力能尽量自由释放。变形后的结构应力应为零或足够小至可忽略不计，否则说明与结构实际安装时受力不符，应重新选择零状态找形构件。

3.3.3.3　激活构件的原则

随着施工步骤的进行，应根据构件类型，采用不同的方法激活或杀死相应的构件：

（1）对于非预应力构件，直接激活即可。

（2）对于预应力构件来说，其预应力与杆长密切相关，在施工过程中应保证其无应力长度不变。以图 3-6 为例，该结构零状态找形时激活的单元有立柱和外压环。对于径向索，其与压环的交点 b 属于“生”单元上的“活”节点，故跟随压环的外扩运动到了 b' 点。而径向索与环索及索夹的交点 a 仍处于“杀死”状态，故点 a 仍在设计位置。在下一施工步进行张拉模拟时，对于径向索来说，其无应力长度由 $L+(-\Delta T\cdot\alpha)$ 变为 $L+\Delta L+(-\Delta T\cdot\alpha)$。若直接激活径向索，则意味着拉索设计无应力长度发生改变。故对于预应力构件，需将其外联节点强制位移到设计位形再激活，保证构件无应力长度不变，此时才能保证构件内的预应力为上次迭代中杆件的轴应力值。

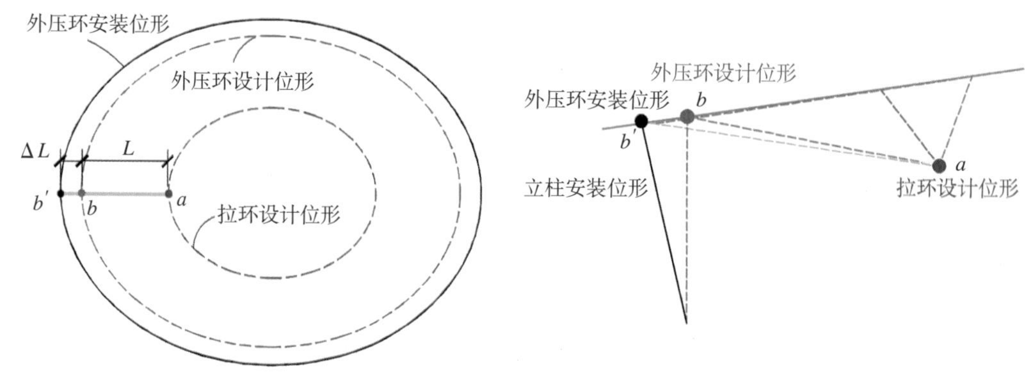

图 3-6　拉索无应力长度变化

3.3.4　分析方法优点

（1）该找力分析方法采用一体化整合成型态找力分析、零状态找形分析和全结构施工过程分析，同时得到了零状态位形、结构预应力和施工过程状态，为构件加工制作、现场拼装和张拉施工提供相关参数。

（2）该找力分析方法中，预应力构件不限于拉索，包括预拉构件和预压构件，两者构成的预应力流途径形成闭环，实现整体预应力自平衡。

（3）该找力分析方法的迭代过程中无须更新分析模型的位形。

（4）该找力分析方法基于正算法进行施工过程分析，与施工步骤顺序一致，避免了逆施工过程时不当拆除构件带来的不利影响。

3.4　中置压环索承网格结构找力分析

索承网格结构从结构构件到最后结构集成是一个动态的过程，结构经历超大位移，外形、刚度、荷载、边界条件等都在不断变化。不同的施工方法直接影响到结构最终成型态，为掌握施工关键阶段的参数，需进行结构全施工过程力学分析。

目前，国内外对于采取外压环及上层网格结构平衡径向索索力的索承网格结构的施工步骤、张拉方法已有了一定研究，常用的施工方法有胎架拼装法和无支架施工法。对于中置压环索承网格结构，由于传力途径的不同，上述施工方法均不适用，需结合结构特点寻求最佳施工方法，以降低施工难度、节约施工成本。

3.4.1　总体施工流程

3.4.1.1　方案对比

上海浦东足球场屋盖创新性的采取中置压环的结构形式，根据结构受力特点可知，结构的安全有效性建立在自平衡力流的传递基础上。结构上部网格共由 7 道圈梁、1 道压环梁和 46 榀径向梁组成，张拉过程结构上层径向主梁受压，应安装尽量多的圈梁保证径向主梁的侧向稳定性。同时，为了保证拉索的水平分力有效传递到结构中置压环、调控预压力在压环和上层网格中的分布，对外环和上层网格中不参与平衡拉索预拉力的环向构件，可设置滑槽或者合拢段，待拉索张拉完成后固定滑槽或者安装合拢段构件。

结合传力路径和场地特点，在上层网格结构的圈梁中均匀对称设置 8 个合拢段（中置压环为连续闭环），如图 3-7 所示。此方法既能有效地将预应力传递至中置压环上而非圈梁上，又能使先安装的圈梁对受压的径向主梁起到侧向支撑作用，待索网张拉后进行合拢段圈梁的拼装。

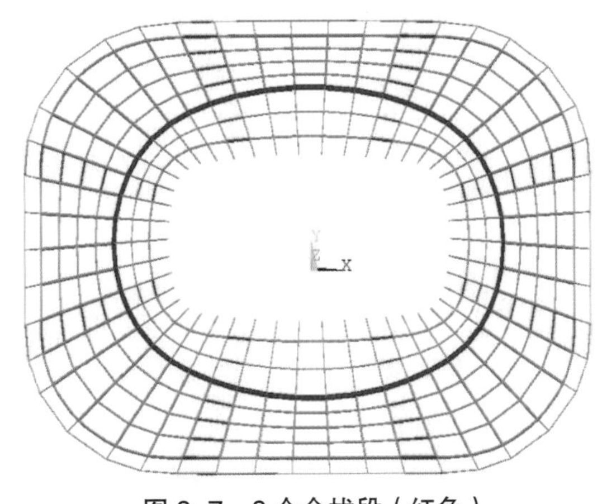

图 3-7　8 个合拢段（红色）

影响施工顺序和合理性的因素主要有以下两个方面：①径向索、环索的安装和张拉时机；②悬挑网格的安装时机。根据悬挑段的安装时机不同，有以下两种施工方案：

如图 3-8 所示，A 方案的施工流程如下：

（1）安装立柱、内外两圈胎架、径向梁（含悬挑端）、压环梁，圈梁（不含合拢段）。

（2）安装 V 形撑外肢、环索、索夹和径向索，并张拉径向索。

（3）安装 V 形撑内肢、合拢段圈梁、屋面支撑和柱间支撑。

（4）卸载胎架，安装屋面。

如图 3-9 所示，B 方案的施工流程如下：

（1）安装立柱、外圈胎架、压环梁及其外侧圈梁（不含合拢段）、径向主梁（不含悬挑端）。

（2）安装 V 形撑外肢、环索、索夹和径向索，并张拉径向索。

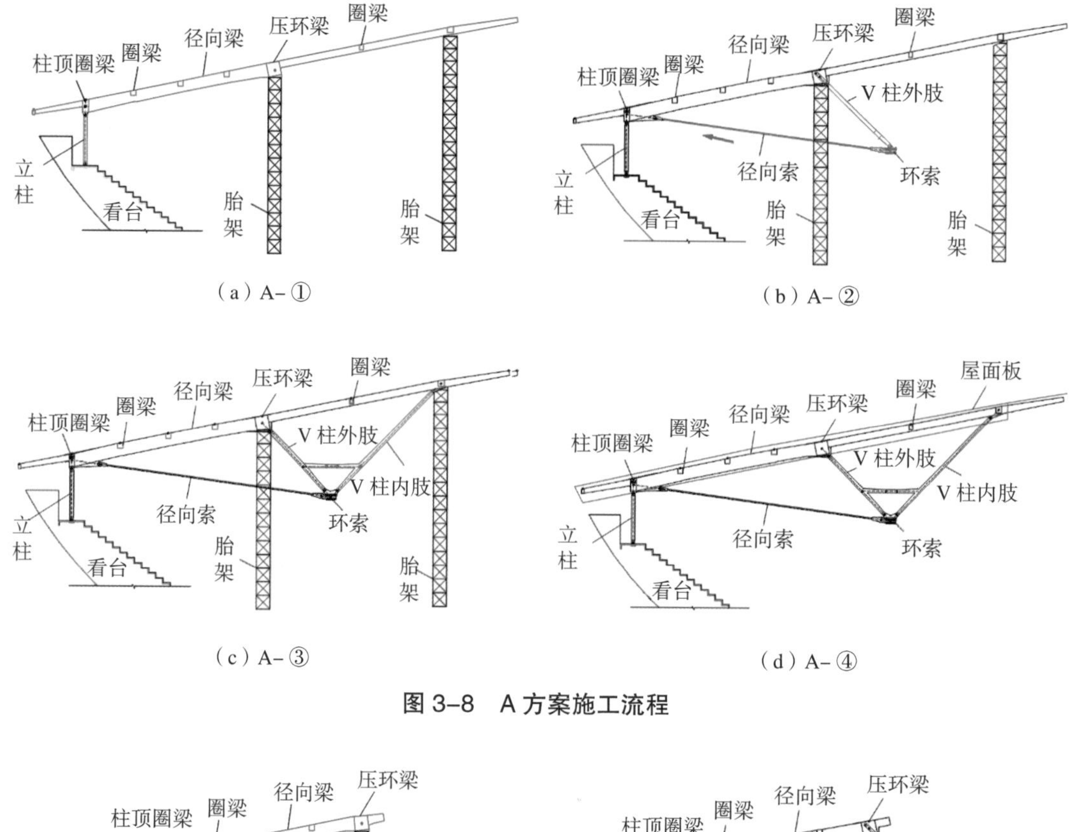

（a）A- ①　（b）A- ②

（c）A- ③　（d）A- ④

图 3-8　A 方案施工流程

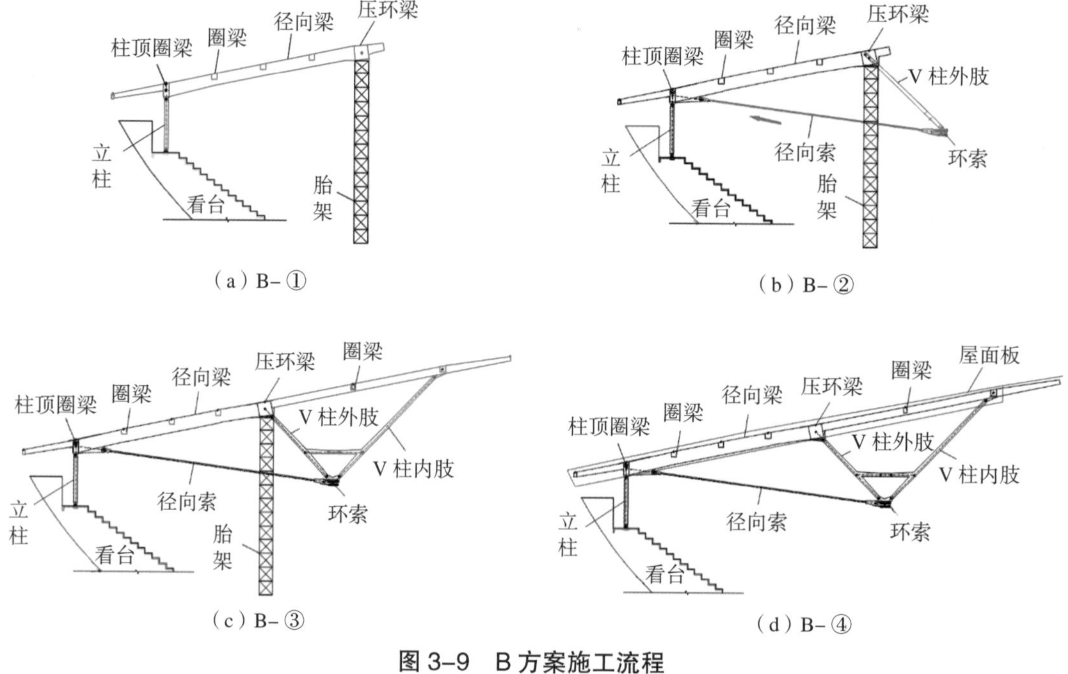

（a）B- ①　（b）B- ②

（c）B- ③　（d）B- ④

图 3-9　B 方案施工流程

（3）安装悬挑段径向梁、V 形撑内肢、压环内侧圈梁、合拢段圈梁、屋面支撑和柱间支撑。

（4）卸载胎架，安装屋面。

如表 3-1 所示，对比两方案：对于 A 方案，当悬挑段先装时，上部网格的悬挑较大，需要在主网格和悬挑网格下分别设置胎架，内圈胎架的存在不利于环索的铺展和提升安装，且胎架措施费用高；优点是胎架上安装悬挑段有利于施工精度控制。对于 B 方案，采取吊装方式后装悬挑网格，直接将悬挑网格与主网格对接，无须在悬挑段下设置胎架，节约施工成本，又便于环索的铺展和提升安装；不足之处是需特别注意悬挑网格安装精度控制。

表 3-1　施工方案对比

考虑因素	施工方案	
	A 方案	B 方案
胎架个数	2 圈	1 圈
施工成本	高	低
施工难度	较低	中等
施工工期	长	短
环索铺设	不利	有利

上海浦东足球场工程采用悬挑段后装的 B 方案，同时为了保证高效和高精度的施工成型，设置既可受压也可受拉的外圈胎架，维持拉索张拉时中置压环的标高，有利于后续悬挑网格的高精度安装。

3.4.1.2　**总体施工工况**

采用悬挑段后装的 B 方案不同于以往的索承网格结构施工方法，为详尽了解施工过程中结构状态的变化，进一步细化施工步骤，如表 3-2 和图 3-10 所示。

表 3-2　总体施工流程

工　况	内　容
GK-1	安装胎架、柱子、压环梁及其外侧的圈梁（不含 8 个合拢段）
GK-2	安装 V 形撑外肢、环索、索夹和径向索，并张拉径向索
GK-3	安装压环梁外侧的合拢段圈梁、屋面支撑和柱间支撑
GK-4	安装 V 形撑内肢和径向悬挑梁
GK-5	安装压环梁内侧的圈梁、屋面支撑以及 V 形撑横梁
GK-6	安装屋面与马道，卸载胎架

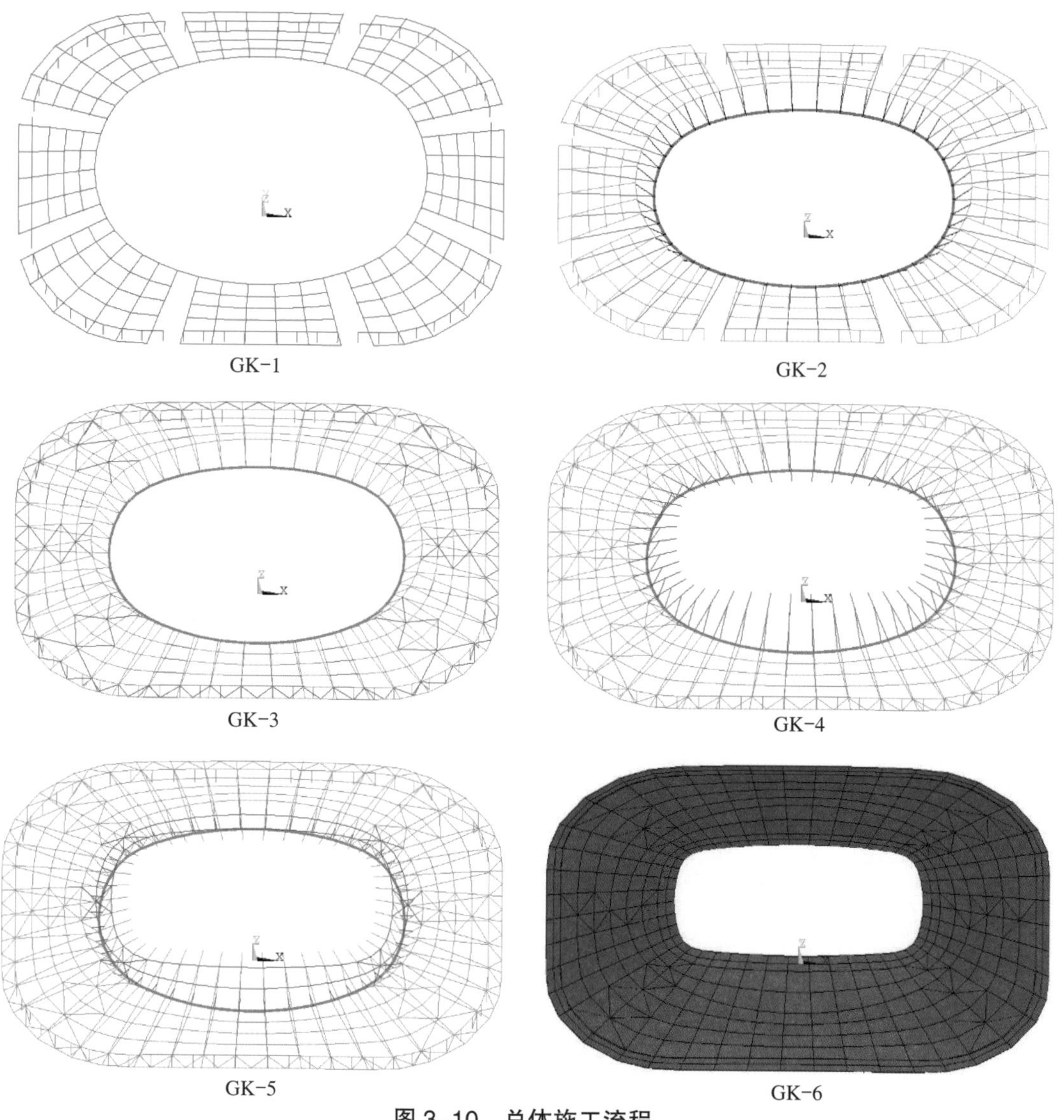

图 3-10 总体施工流程

3.4.2 分析准备

（1）分析软件：ANSYS。

（2）分析荷载：荷载工况见表 3-3。

（3）分析方法：几何非线性分析，牛顿 - 拉斐逊迭代求解，并考虑应力刚化效应。

（4）整体模型：见 2.3 小节介绍，如图 3-11 所示。

（5）预应力分布：在径向索、环索、径向主梁、压环梁、V 形撑内外肢中施加预应力迭代初值，如图 3-11 所示。

（6）零状态找形构件：包括立柱、压环梁、径向主梁（不含悬挑段）、柱顶圈梁（不含 8 个合拢段）等构件，如图 3-12 所示。

表 3-3　荷载工况

内　　容	荷载工况
零状态找形分析	1.0×预应力荷载
施工过程分析	1.0×结构自重＋1.0×屋面恒载＋1.0×马道恒载＋1.0×预应力荷载

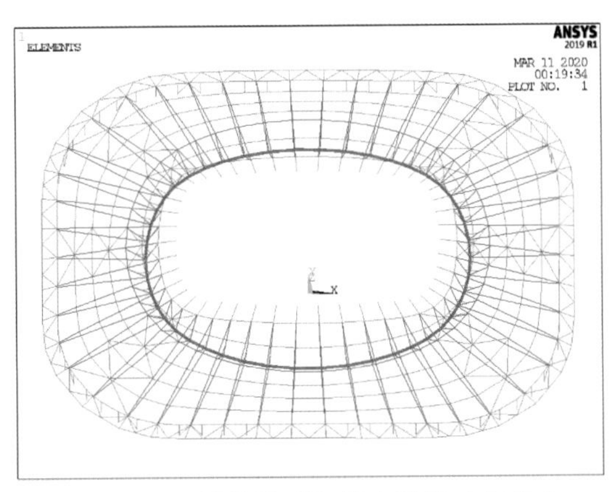

图 3-11　整体模型和找力构件（红色）

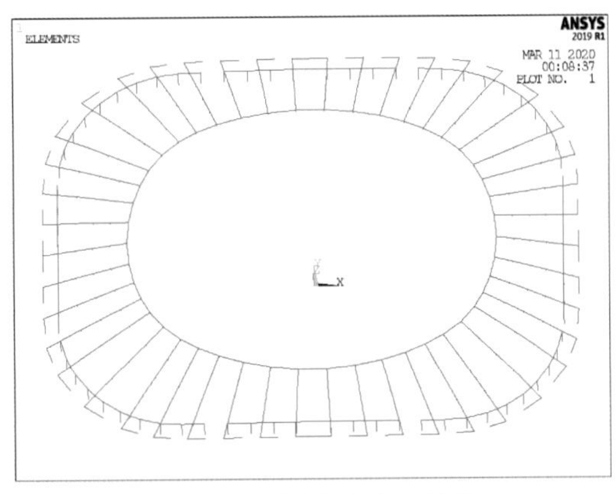

图 3-12　零状态找形构件

（7）迭代收敛标准：前后两次迭代索力偏差比值$\Delta\sigma^{(i)}/\sigma_N^{(i-1)}<\delta=0.005$。

3.4.3　基于全结构施工过程的找力分析

基于上述施工流程，进行全结构全施工过程的找力分析，并确定零状态位形和施工各工况的结构响应。

3.4.3.1　零状态找形分析结果

1）等效应力

零状态找形构件仅受预应力作用，见表 3-4，钢构最大等效应力为 6.1 MPa，压环最大等效应力为 1.0 MPa，应力水平低，说明找形构件中的预应力得到自由释放。等效应力图如图 3-13、图 3-14 所示。

表 3-4　零状态最大等效应力

构　　件	最大等效应力 /MPa
钢构	6.1
压环	1.0

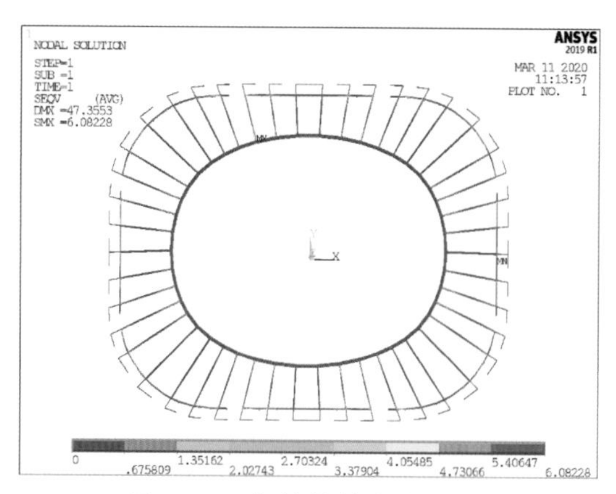

图 3–13 钢构等效应力 /MPa

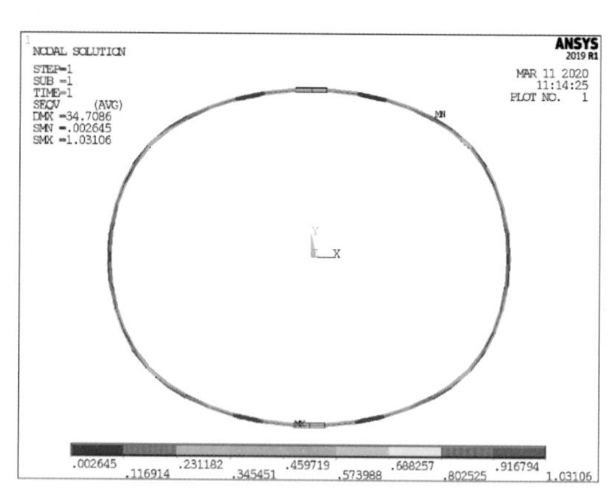

图 3–14 压环等效应力 /MPa

2）位移

如表 3-5 所示，零状态找形后，在长轴 *X* 向上，压环梁外移 34.6 mm，柱顶圈梁外移 46.5 mm；在短轴 *Y* 向上，压环梁外移 23.9 mm，柱顶圈梁外移 32.7 mm；压环梁上挠量小，仅 2.6 ~ 3.2 mm，柱顶圈梁竖向位移为－0.2 ~ －0.1 mm。由此可得结论：零状态下，上层网格结构基本呈水平外扩，且长轴 *X* 向外扩位移大于短轴 *Y* 向外扩位移，柱顶圈梁外扩位移大于中置压环的外扩位移。位移图如图 3-15 至图 3-23 所示。

表 3–5 零状态位移

构　　件	位移 /mm					
	U_x（长轴）		U_y（短轴）		U_z	
	Min	Max	Min	Max	Min	Max
钢构	－47.3	47.3	－33.3	33.3	－0.5	3.2
压环	－34.6	34.6	－23.9	23.9	2.6	3.2
柱顶圈梁	－46.5	46.5	－32.7	32.7	－0.2	－0.1

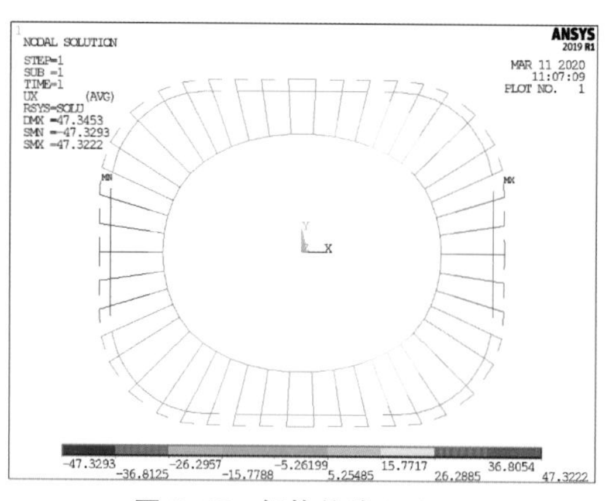

图 3–15 钢构位移 U_x/mm

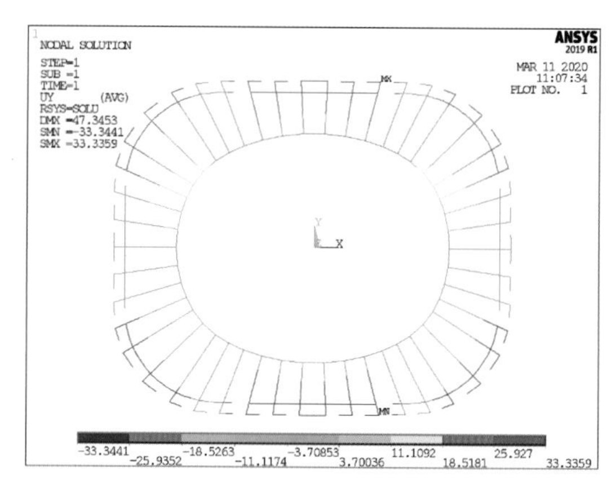

图 3–16 钢构位移 U_y/mm

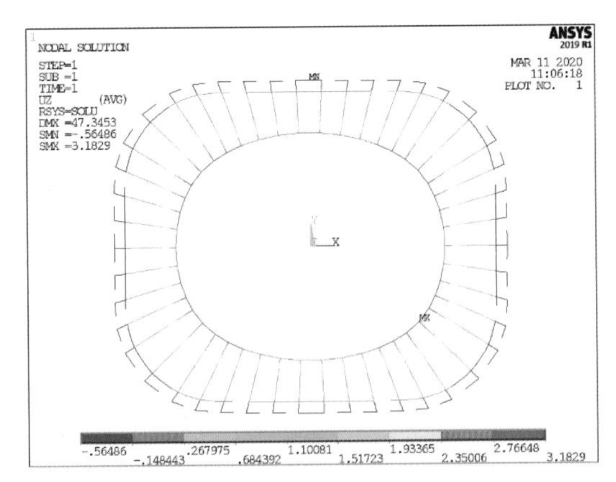

图 3–17　钢构位移 U_z/mm

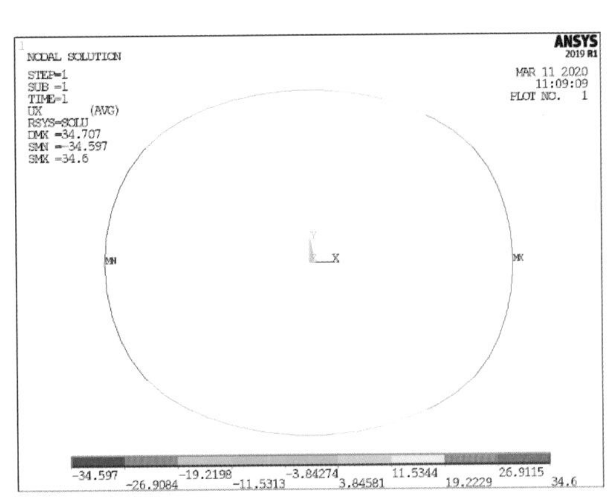

图 3–18　压环位移 U_x/mm

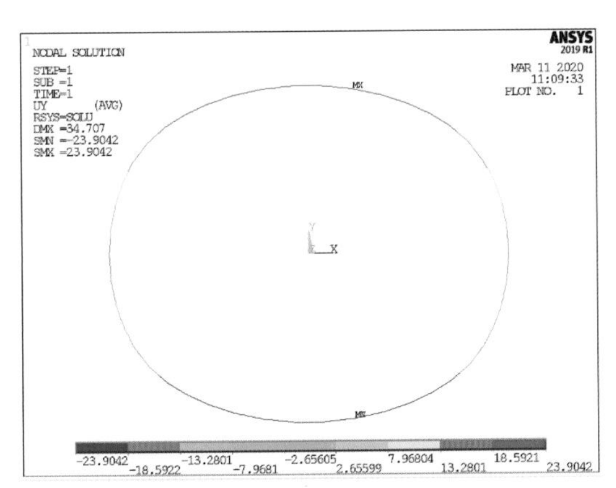

图 3–19　压环位移 U_y/mm

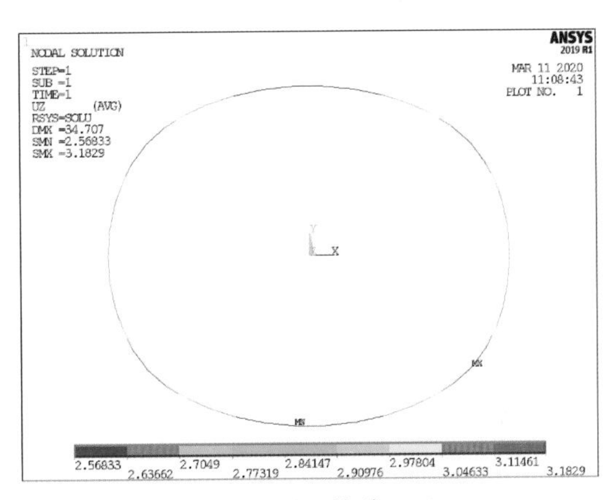

图 3–20　压环位移 U_z/mm

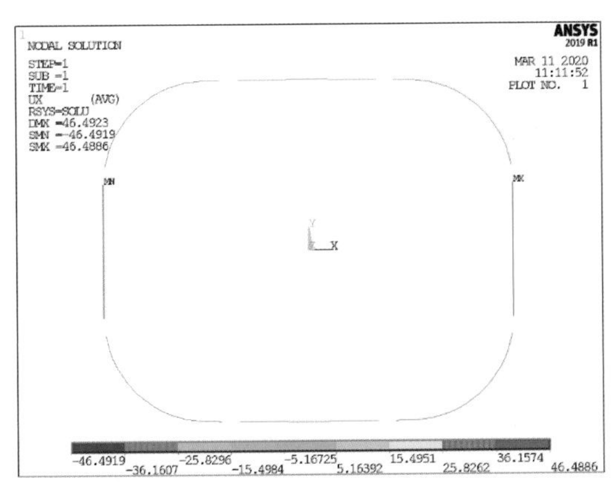

图 3–21　柱顶圈梁位移 U_x/mm

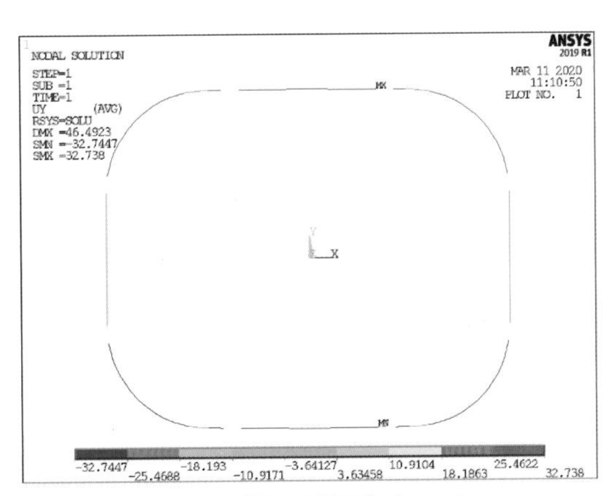

图 3–22　柱顶圈梁位移 U_y/mm

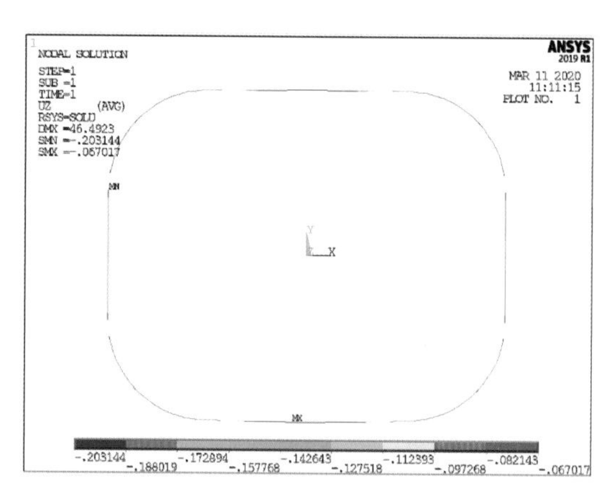

图 3-23 柱顶圈梁位移 U_z/mm

3.4.3.2 施工全过程分析结果

1）索力变化

结构呈1/4对称，选取1/4结构的径向索（1轴至12轴处），径向索编号如图3-24所示，环索编号如图 3-25 所示。提取施工全过程中各工况下的径向索与环索索力，如图 3-26、图 3-27 和表 3-6、表 3-7 所示，索力云图如图 3-28 所示。对比施工全过程各工况下索力的变化情况，可得结论如下：

（1）同一工况下，径向索索力曲线明显分为三个层次，径向索在 45° 角处（JXS-6）索力最大，长轴处（JXS-1 至 JXS-5，JXS-7）索力相对较大，短轴处（JXS-8 至 JXS-12）索力相对较小。这验证了索力与拉环及压环曲率半径的关系：曲率半径越小，径向索索力越大。同一工况下，上层环索索力稍大于下层环索索力但差异很小，该情况可能是由于索夹有轻微扭转导致。

（2）同一径向索，在索网张拉后，工况 2 ~ 5 随着构件安装、荷载施加，径向索索力与环索索力均变化不大。这是由于工况 2 ~ 5 胎架始终限制压环梁处于设计位形，索网位形没有发生明显变化，因此索力也基本保持不变。随着工况 6 胎架卸载，结构发生变形，索力也相应变化直到结构达到新的平衡态。工况 6 下，径向索除 JXS-4 和 JXS-6 外索力相较前一工况均有所下降，环索索力相较前一工况均有所增加。同一环索，在索网张拉后，工况 2 ~ 5 索力变化不大；随着工况 6 胎架卸载，索力稍有增加。

（3）施工完成后，径向索索力最大为 5 058.5 kN（JXS-6），最小为 2 638.0 kN（JXS-8）；环索索力最大为 3 733.9 kN。

注：除特别说明，本书涉及的位移值与位移云图均为基于设计坐标的相对变形。

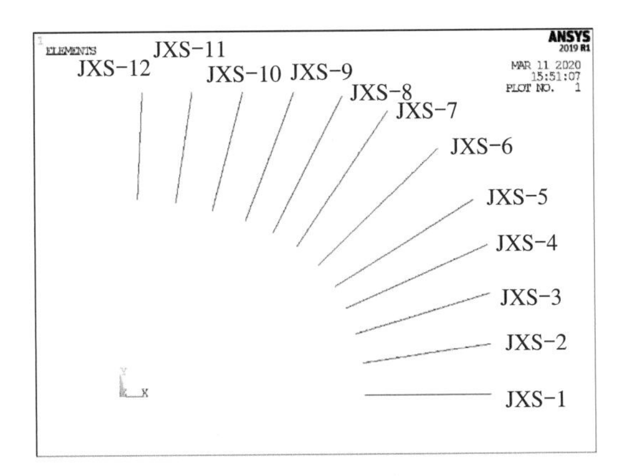

图 3-24　径向索编号

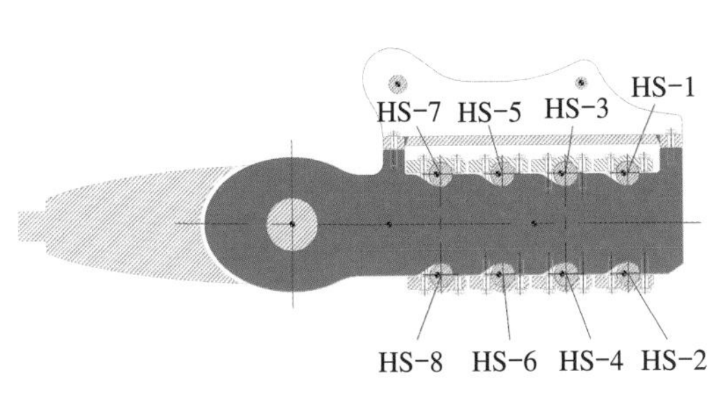

图 3-25　环索编号

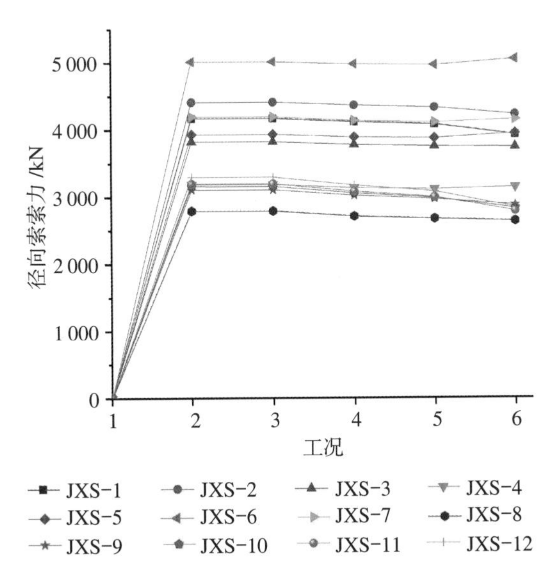

图 3-26　施工全过程径向索索力变化

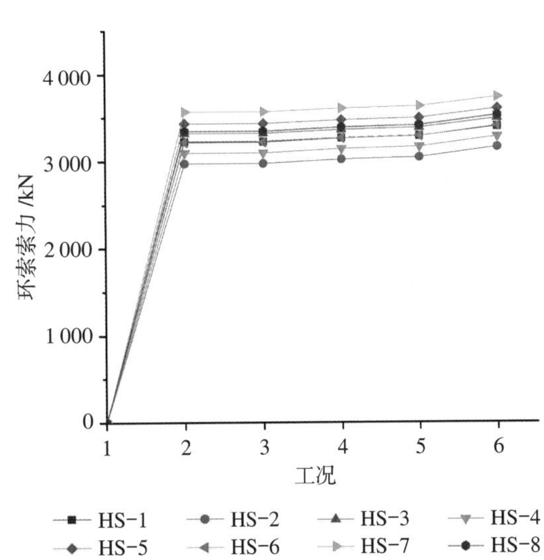

图 3-27　施工全过程环索索力变化

表 3-6　施工全过程径向索索力

（kN）

径向索编号	工　况				
	GK-2	GK-3	GK-4	GK-5	GK-6
JXS-1	4 173.5	4 173.3	4 120.8	4 081.7	3 927.8
JXS-2	4 418.9	4 418.9	4 371.5	4 336.6	4 232.3
JXS-3	3 829.1	3 829.1	3 783.7	3 757.9	3 746.4
JXS-4	3 192.5	3 192.7	3 138.6	3 119.6	3 148.0

（续表）

径向索编号	工况				
	GK-2	GK-3	GK-4	GK-5	GK-6
JXS-5	3 937.8	3 938.0	3 896.7	3 881.1	3 947.2
JXS-6	5 022.3	5 022.8	4 985.1	4 970.3	5 058.5
JXS-7	4 196.1	4 196.1	4 137.0	4 112.2	4 152.4
JXS-8	2 792.9	2 793.1	2 711.8	2 674.5	2 638.0
JXS-9	3 113.8	3 114.0	3 028.4	2 974.5	2 878.6
JXS-10	3 167.5	3 166.7	3 065.3	2 993.2	2 831.9
JXS-11	3 202.9	3 203.2	3 088.3	3 001.9	2 787.9
JXS-12	3 301.1	3 301.1	3 178.2	3 084.8	2 844.7

表 3-7　施工全过程环索索力

（kN）

环索编号	工况				
	GK-2	GK-3	GK-4	GK-5	GK-6
HS-1	3 228.8	3 228.9	3 268.0	3 291.8	3 398.4
HS-2	2 980.7	2 980.8	3 026.7	3 050.5	3 165.7
HS-3	3 325.1	3 325.2	3 363.7	3 387.3	3 493.3
HS-4	3 099.3	3 099.4	3 144.6	3 168.3	3 282.7
HS-5	3 438.3	3 438.4	3 476.2	3 499.7	3 604.9
HS-6	3 221.9	3 221.9	3 266.5	3 290.1	3 403.7
HS-7	3 568.6	3 568.8	3 605.9	3 629.3	3 733.9
HS-8	3 347.3	3 347.4	3 391.2	3 414.7	3 527.6

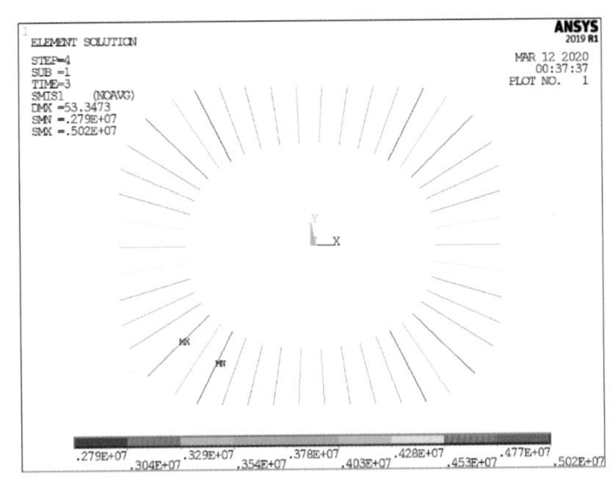

（a）GK-2 径向索索力

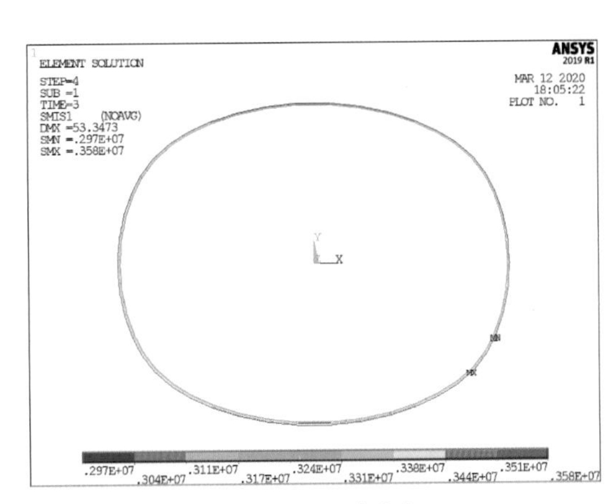

（b）GK-2 环索索力

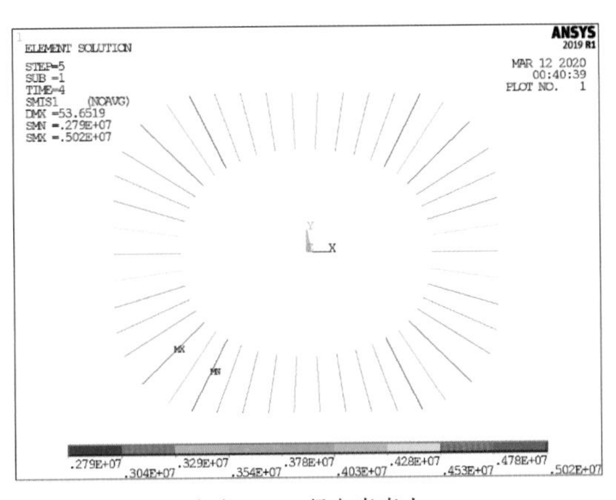

（c）GK-3 径向索索力

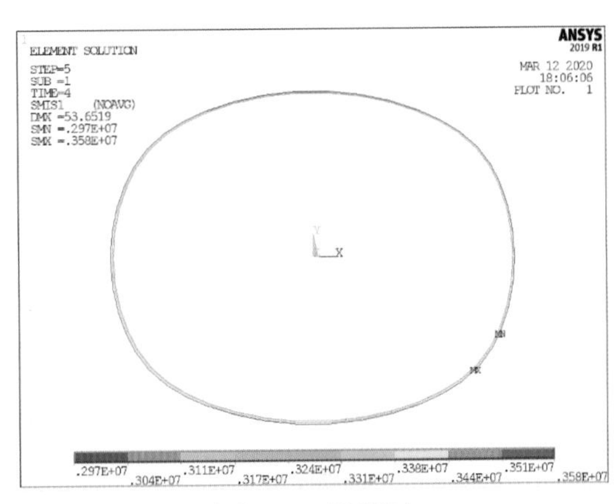

（d）GK-3 环索索力

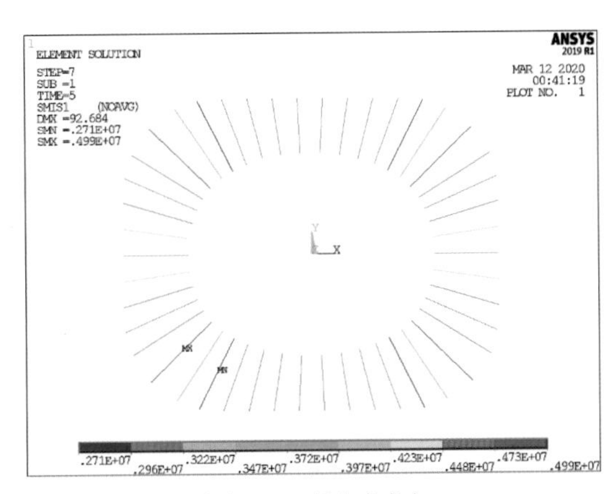

（e）GK-4 径向索索力

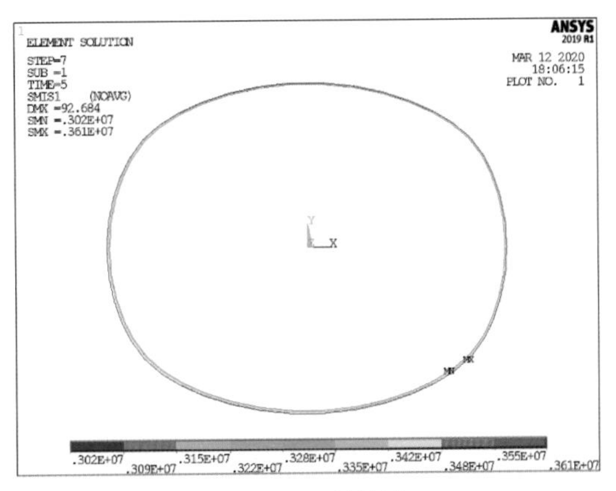

（f）GK-4 环索索力

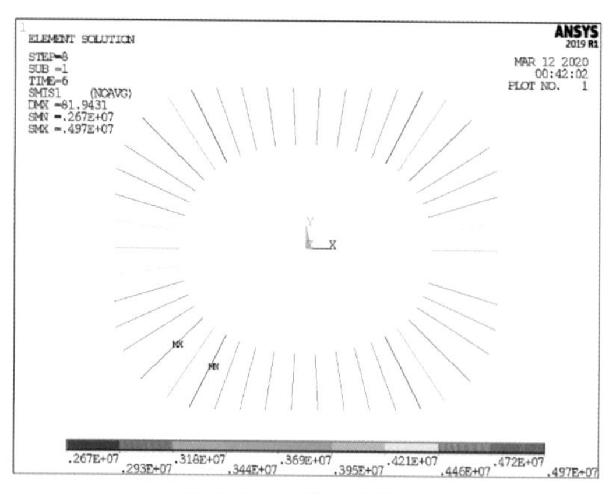

（g）GK-5 径向索索力

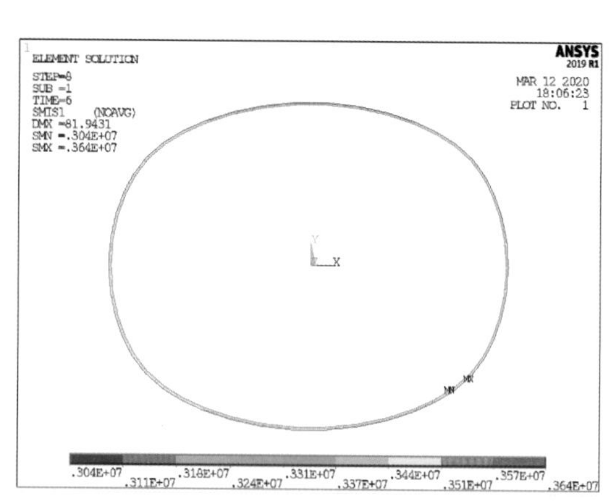

（h）GK-5 环索索力

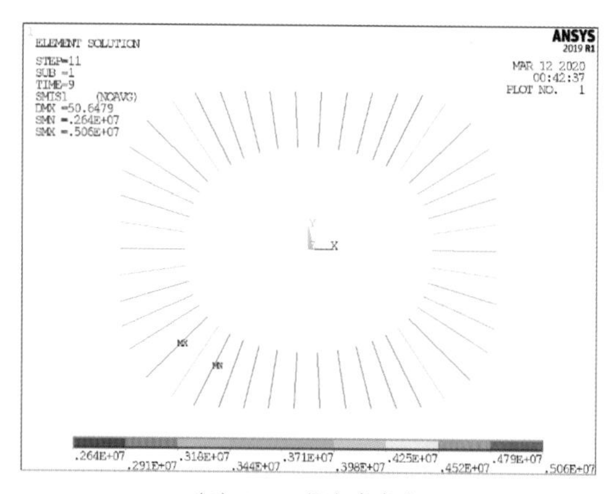

（i）GK-6 径向索索力

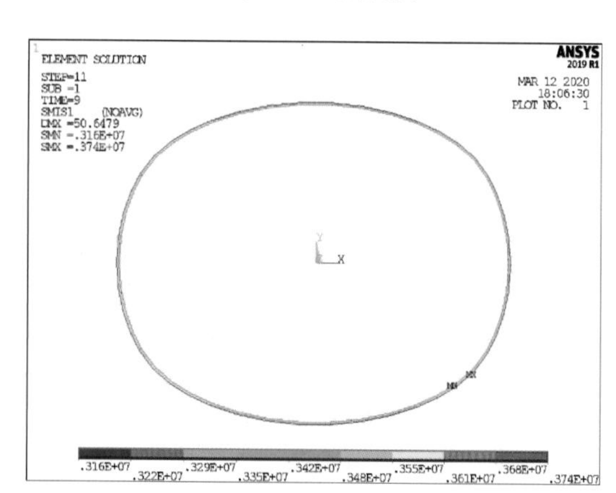

（j）GK-6 环索索力

图 3-28　施工全过程索力 /N

2）压环轴力变化

如表 3-8 所示，工况 1 拉索张拉前在胎架上拼装压环梁和径向主梁，中置压环内轴力很小。工况 2 拉索张拉后，中置压环中建立了很大的压力。工况 2 ~ 6 随着各施工步构件逐步安装，压环轴力稍有增加，变化较均匀。施工完成后，压环轴压力最大为 27 200 kN，如图 3-29 所示。施工全过程压环轴力如图 3-30 所示。

表 3-8　施工全过程压环轴力

工　况	GK-1		GK-2		GK-3	
	Min	Max	Min	Max	Min	Max
压环轴力 /kN	9.51	42.4	−25 800	−26 100	−25 800	−26 100
工况	GK-4		GK-5		GK-6	
	Min	Max	Min	Max	Min	Max
压环轴力 /kN	−26 000	−26 500	−26 200	−26 600	−26 800	−27 200

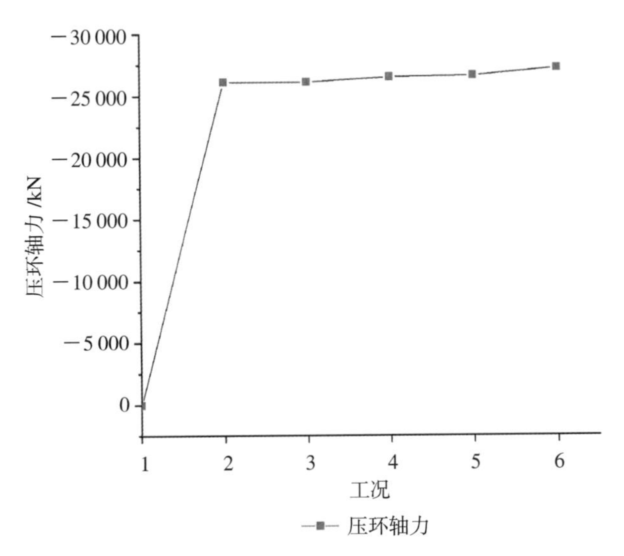

图 3-29　施工全过程压环轴力变化

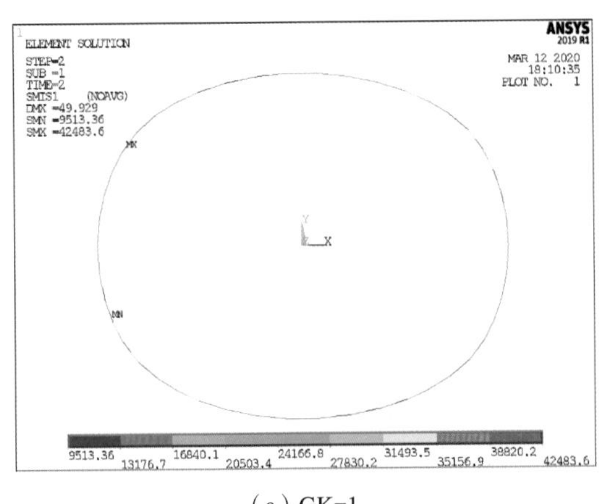

（a）GK-1

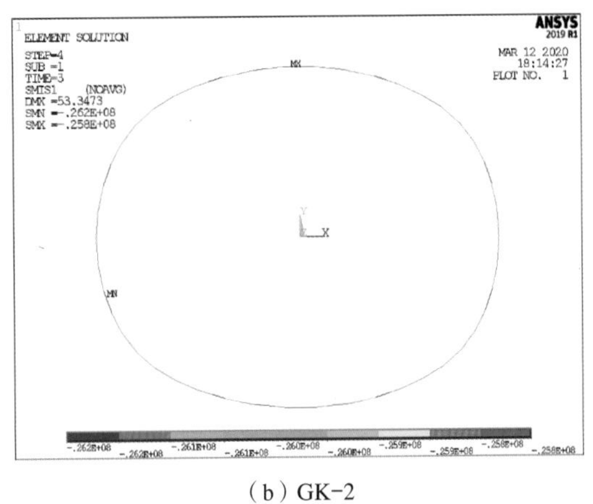

（b）GK-2

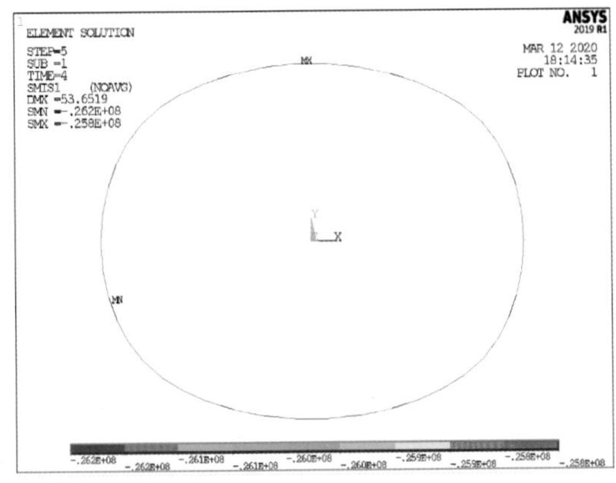

（c）GK-3

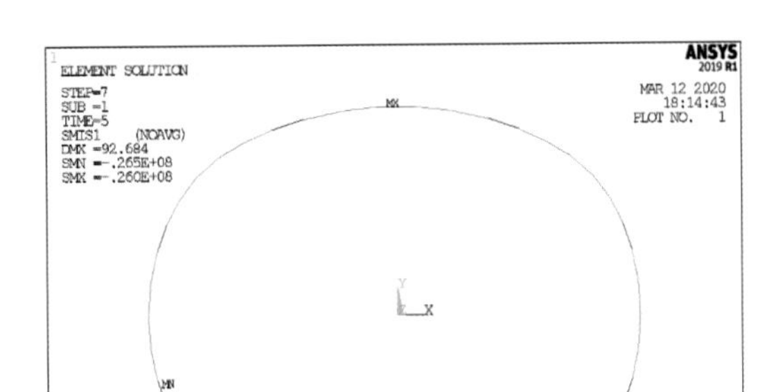

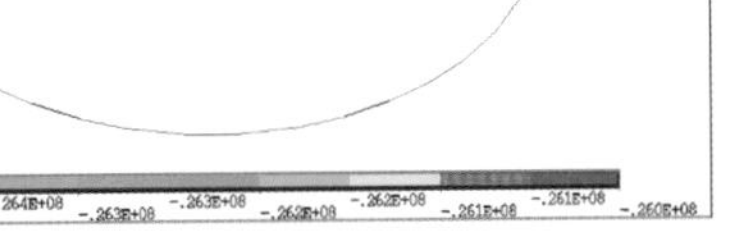

（d）GK-4

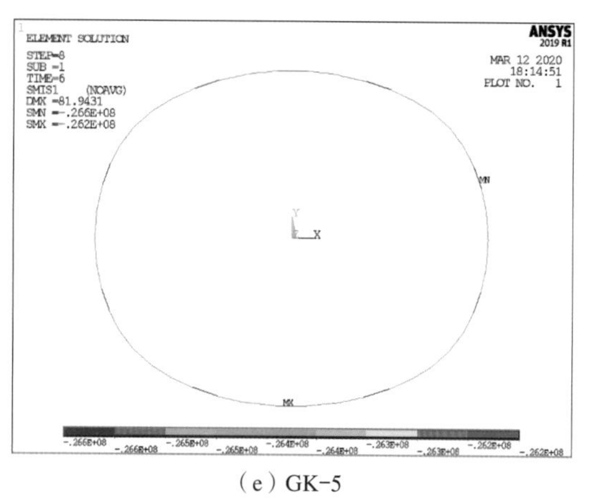

（e）GK-5

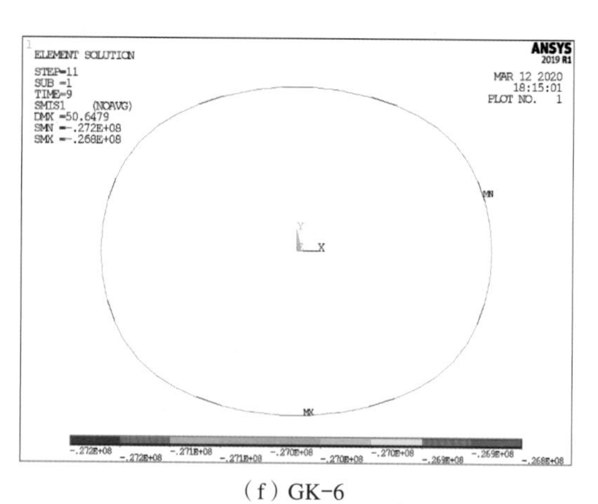

（f）GK-6

图 3-30 施工全过程压环轴力 /N

3）钢构等效应力变化

如表 3-9 所示，工况 1 拉索张拉前在胎架上拼装中置压环梁、径向主梁和部分圈梁，钢构应力水平低，最大等效应力为 42.5 MPa；工况 2 索网张拉后，拉索水平分力通过上部径向主梁传递到中置压环上，钢构应力有所增加，最大等效应力为 112.6 MPa；工况 3 ~ 5 钢构等效应力变化不大，最大为 115.1 MPa；工况 6 随着胎架的卸载及屋面荷载的施加，钢构等效应力最大为 130.5 MPa。施工全过程结构均处于弹性状态，如图 3-31 所示；施工全过程钢构等效应力，如图 3-32 所示。

表 3-9 施工全过程钢构最大等效应力

工　况	GK-1	GK-2	GK-3	GK-4	GK-5	GK-6
钢构最大等效应力 /MPa	42.5	112.6	115.1	111.4	110.9	130.5

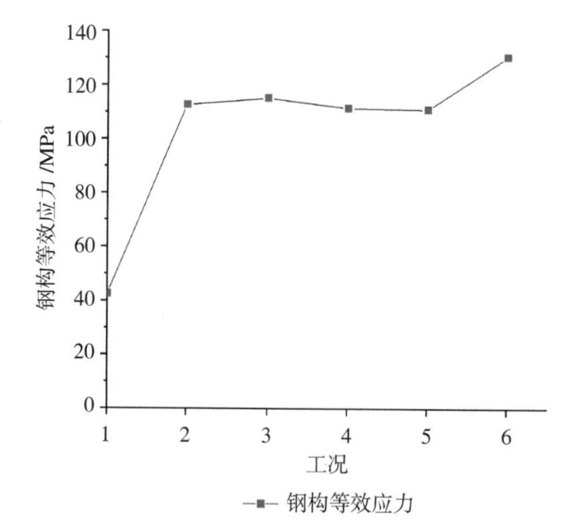

图 3-31 施工全过程钢构等效应力变化

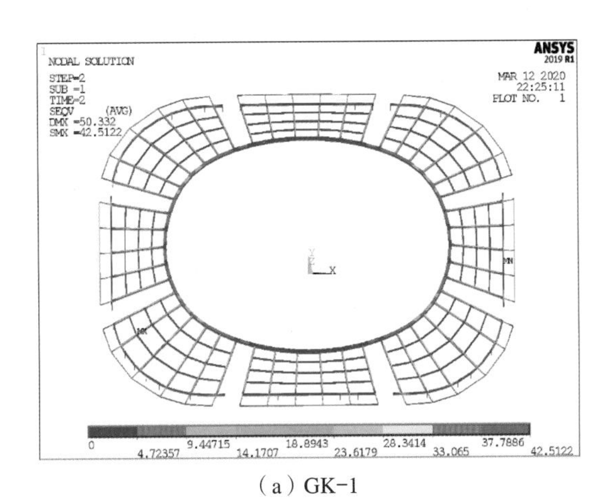

（a）GK-1

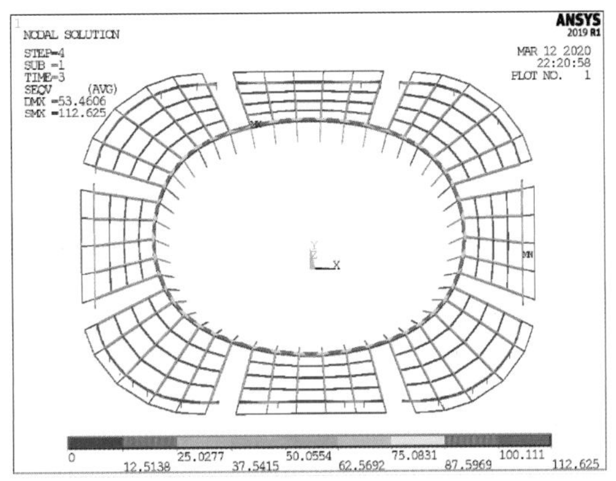

（b）GK-2

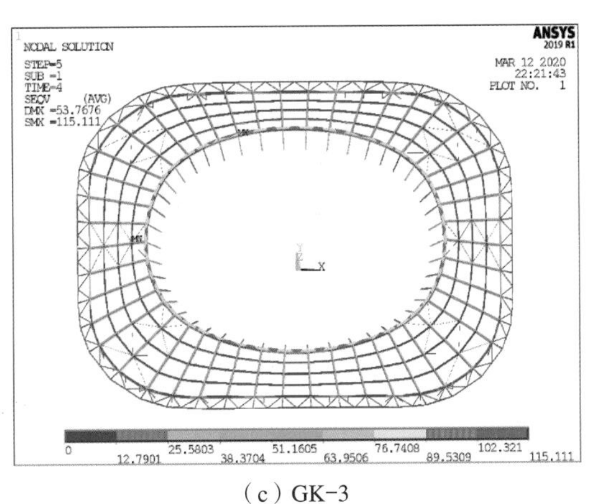

（c）GK-3

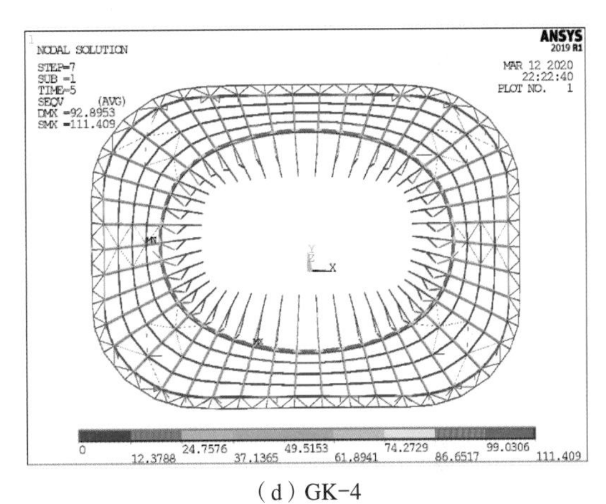

（d）GK-4

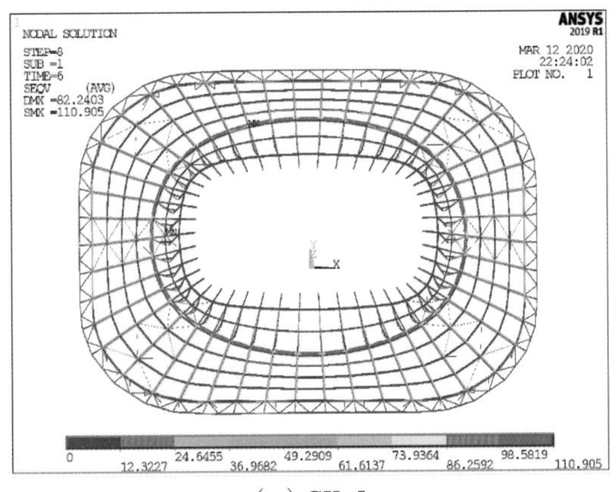

（e）GK-5

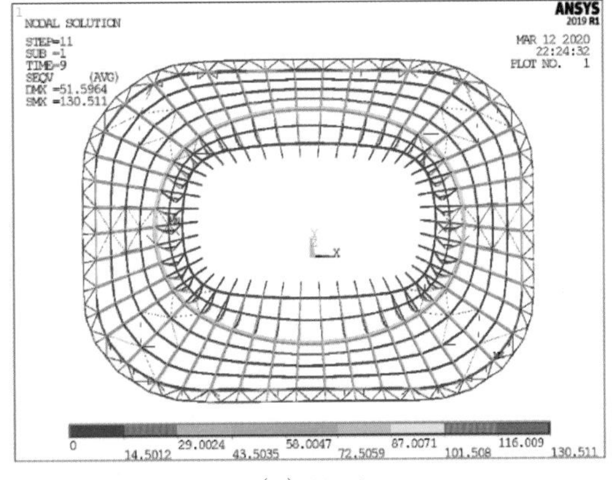

（f）GK-6

图 3-32　施工全过程钢构等效应力 /MPa

4）钢构位形变化

（1）水平位移　工况 1 为基于零状态位形拼装径向主梁、压环梁和圈梁（除 8 个合拢段）等构件，结构相较于设计态呈外扩状态，长轴方向外扩大于短轴方向外扩。其中，长轴方向外扩 48.6 mm，短轴方向外扩 34.8 mm。

工况 2 ~ 6，随着径向索的张拉，结构水平位移相应减小。施工完成后，长轴向与短轴向水平位移相差不大，其中长轴水平位移 ±19.8 mm，短轴水平位移 ±21.8 mm。

（2）竖向位移　施工全过程，竖向位移最小值变化不大，施工完成后结构最大挠度为－45.2 mm，对应于结构四个角部径向主梁跨中位置。

工况 4，在悬挑段安装时，结构最大竖向位移为＋92.5 mm，工况 6，结构竖向位移在屋面板、马道荷载施加变为后＋16.6 mm。

施工全过程钢构位移见表 3-10 及图 3-33 至图 3-35。

表 3-10　施工全过程钢构位移

工　况	钢构位移 /mm					
	U_x（长轴）		U_y（短轴）		U_z	
	Min	Max	Min	Max	Min	Max
GK-1	－48.6	48.6	－34.8	34.8	－35.6	9.7
GK-2	－19.4	19.4	－22.5	22.5	－34.8	3.2
GK-3	－19.6	19.6	－23.2	23.4	－39.3	3.2
GK-4	－27.1	27.2	－22.8	23.1	－37.9	92.5
GK-5	－27.1	27.2	－23.7	24.0	－37.8	81.9
GK-6	－19.8	19.8	－21.5	21.8	－45.2	16.6

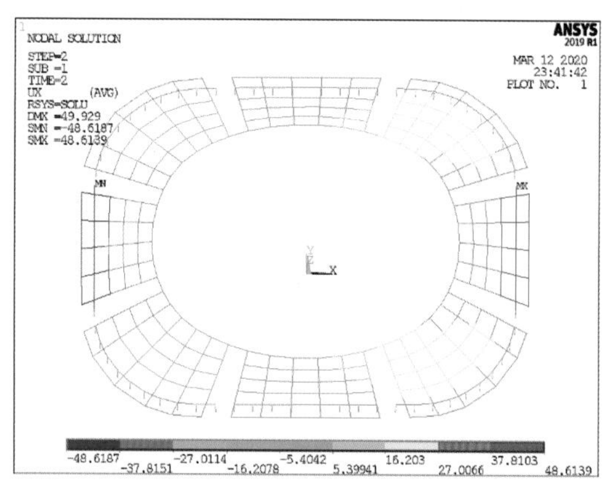

（a）GK-1

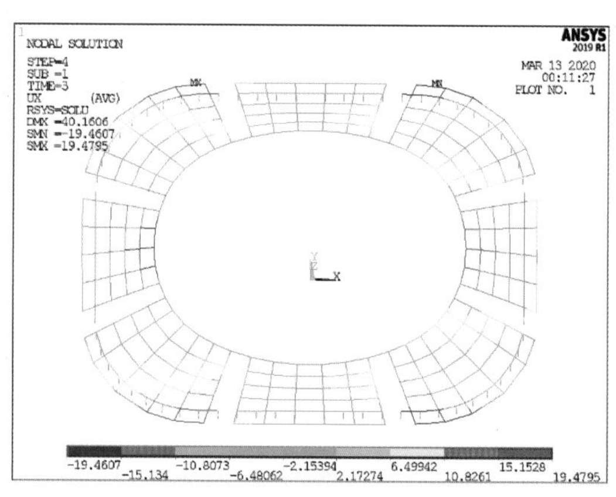

（b）GK-2

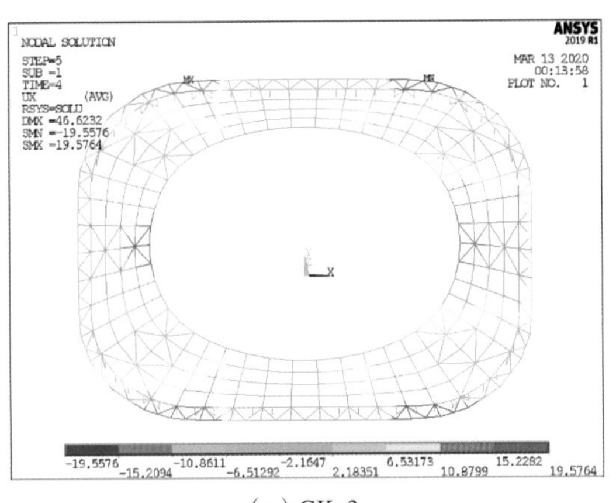

(c) GK-3

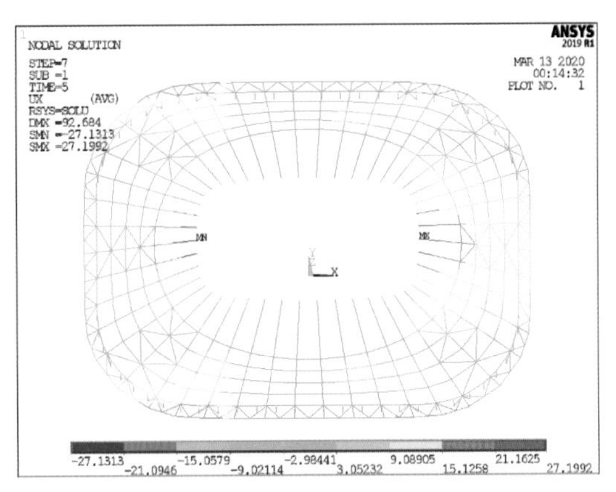

(d) GK-4

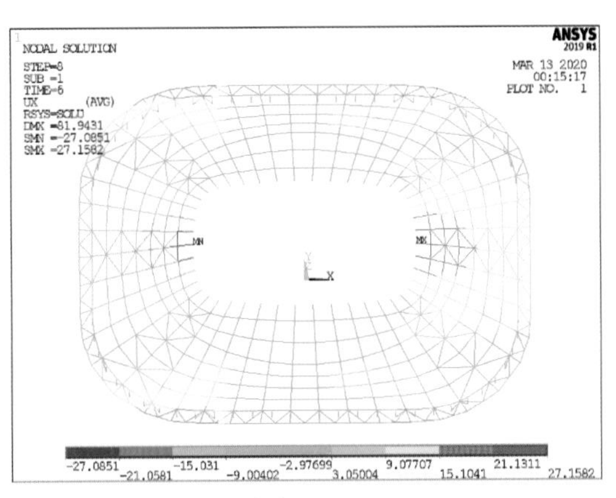

(e) GK-5

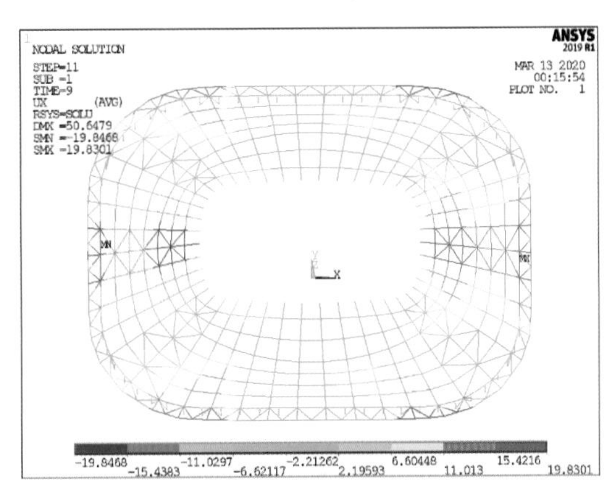

(f) GK-6

图 3-33　施工全过程钢构位移 U_x/mm

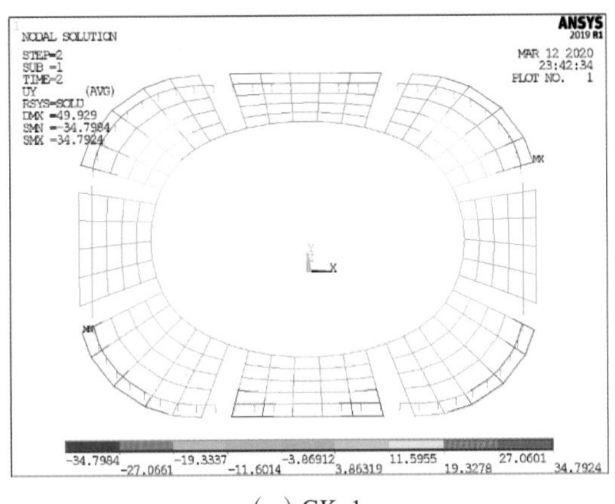

(a) GK-1

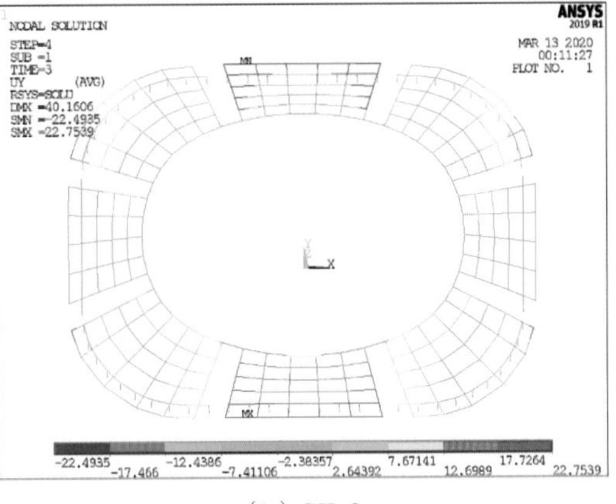

(b) GK-2

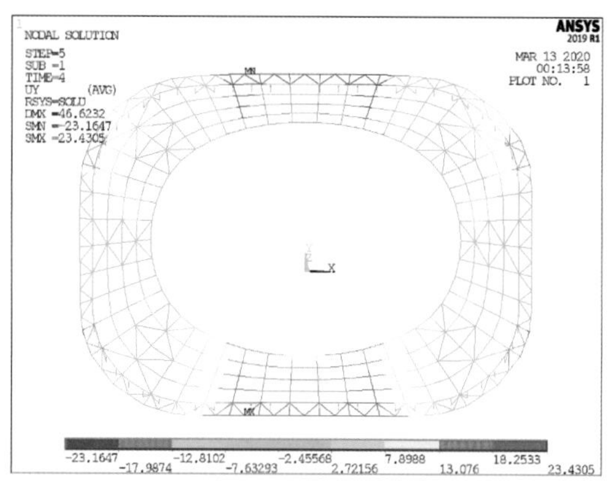

（c）GK-3

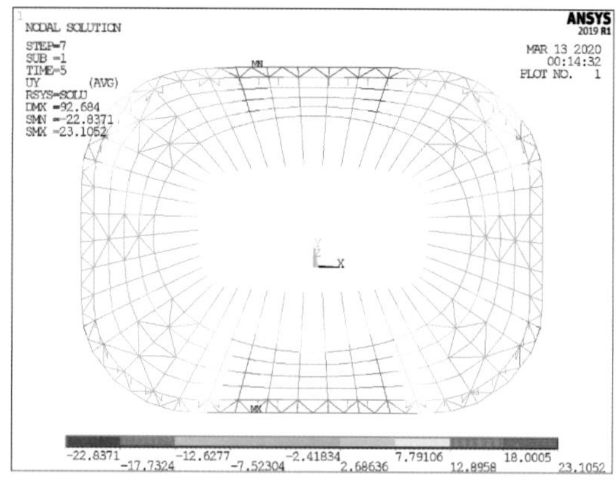

（d）GK-4

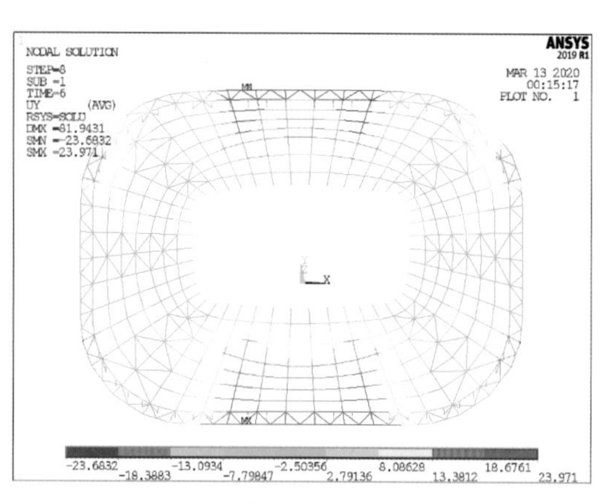

（e）GK-5

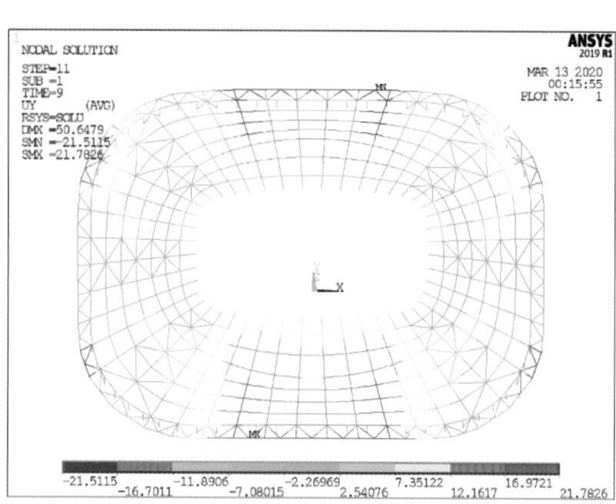

（f）GK-6

图 3-34　施工全过程钢构位移 U_y/mm

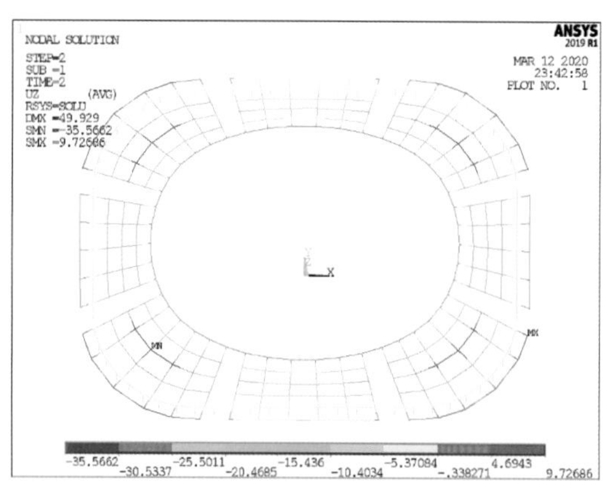

（a）GK-1

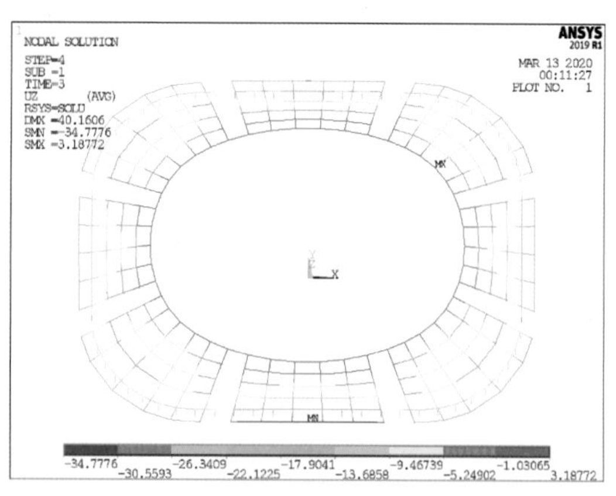

（b）GK-2

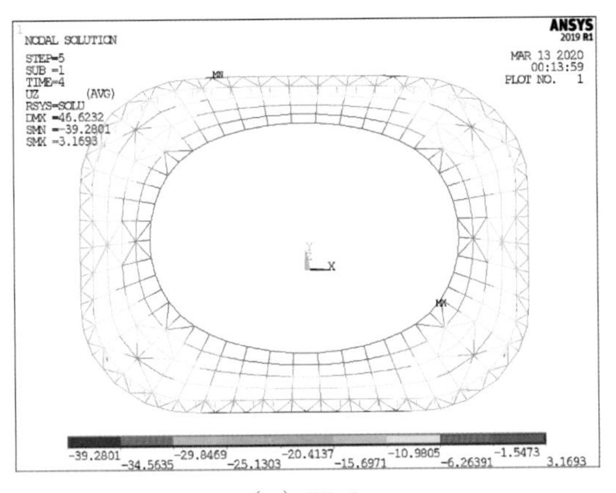

（c）GK-3

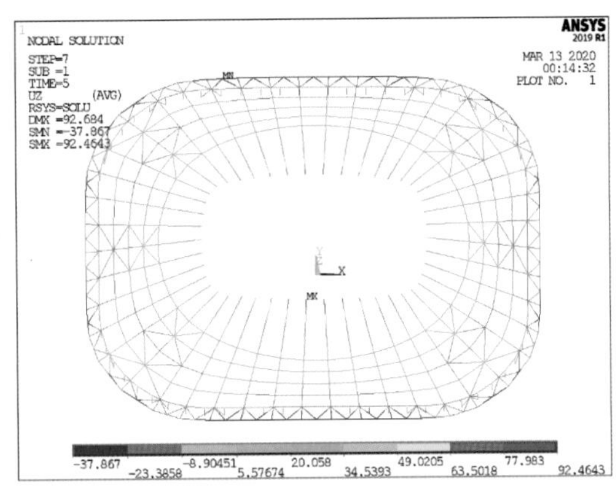

（d）GK-4

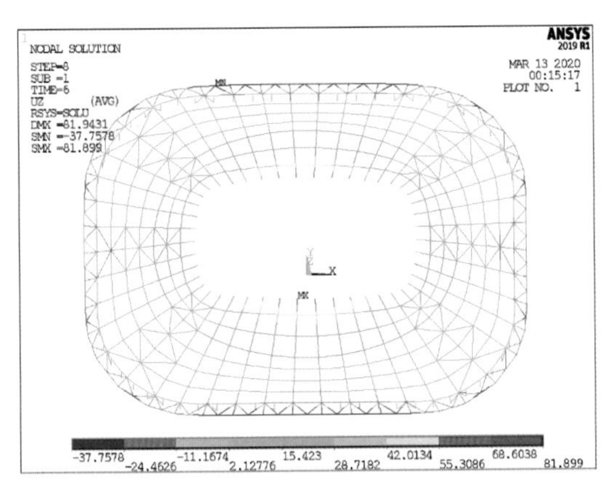

（e）GK-5

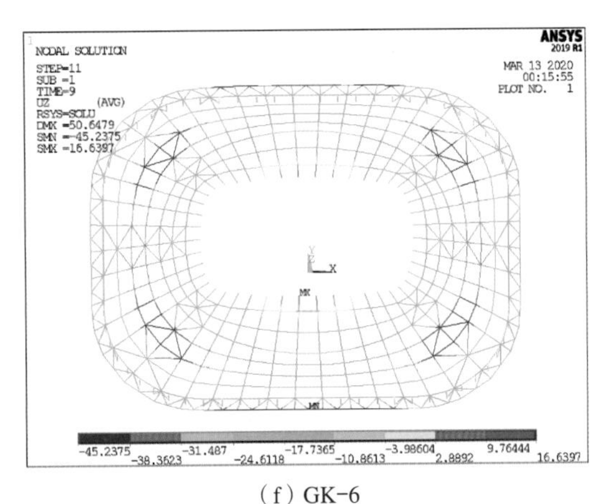

（f）GK-6

图 3-35　施工全过程钢构位移 U_z/mm

5）柱顶位移变化

（1）水平位移　柱顶以水平位移为主，工况 1 为胎架拼装阶段，柱子相较于设计态呈外扩状态，长轴方向外扩大于短轴方向外扩。其中，长轴方向外扩 48.6 mm，短轴方向外扩 33.2 mm。

工况 2 ~ 6 随着拉索张拉，柱顶水平位移减小，且在后续施工步中变化很小。在施工完成后，柱顶长轴水平位移为 ±19.8 mm，短轴水平位移为 ±17.5 mm。

（2）竖向位移　柱顶竖向位移较小，工况 2 随着拉索张拉，柱顶竖向位移由－3.5 mm 变为－19.3 mm。由于看台刚度影响，随着后续构件安装，柱底沉降稍有增加，柱顶竖向位移在施工完成后最大为－20.5 mm。

施工全过程各工况柱顶位移见表 3-11。

表 3-11 施工全过程柱顶位移

工况	柱顶位移 / mm					
	U_x（长轴）		U_y（短轴）		U_z	
	Min	Max	Min	Max	Min	Max
GK-1	−48.6	48.6	−33.2	33.2	−3.5	−0.8
GK-2	−17.4	17.5	−21.4	21.5	−19.3	−4.2
GK-3	−17.4	17.5	−21.6	21.6	−19.5	−4.6
GK-4	−17.4	17.4	−21.2	21.2	−19.0	−4.6
GK-5	−17.4	17.4	−21.9	22.0	−18.5	−4.5
GK-6	−19.8	19.8	−17.4	17.5	−20.5	−6.2

6）胎架受力析

在压环梁下设置可拉可压胎架，取 1/4 结构，胎架编号如图 3-36 所示。由图 3-37 可知，工况 1 在钢构拼装阶段，胎架受压；工况 2 拉索张拉完成后，胎架受力状态由压转为拉，最大拉力 589.7 kN，且在安装屋面板之前一直处于受拉状态。张拉完成后，长轴跨中 TJ-1 及短轴跨中 TJ-11 和 TJ-12 胎架反力较大，而角部胎架拉力相对较小，这与结构 45° 角处环索标高较高有关。随着构件安装、荷载施加，胎架拉力逐渐减小直至最后卸载。

通过在胎架中设置拉索，限制张拉过程中及后续施工过程压环脱离胎架，保证在施工全过程压环始终处于设计标高，有利于结构成型态位形控制。施工全过程胎架反力见表 3-12。

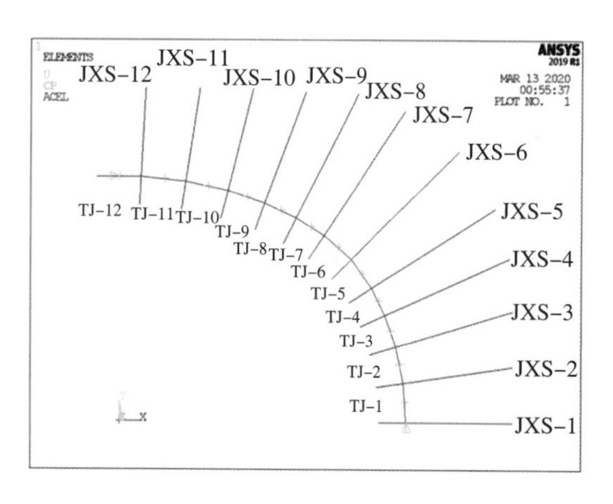

图 3-36 胎架编号

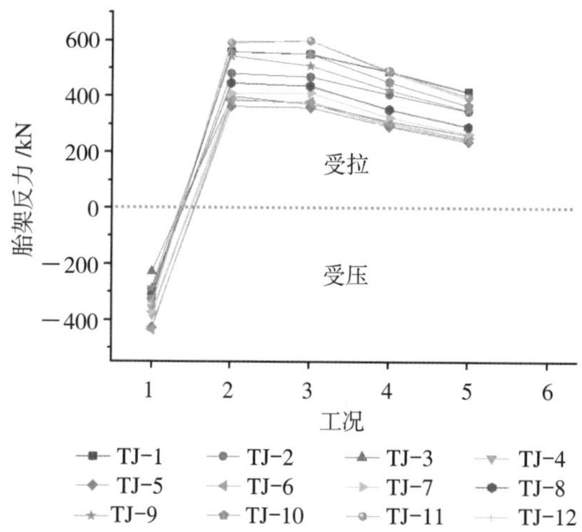

图 3-37 施工全过程胎架反力变化

表 3-12　施工全过程胎架反力

（kN）

胎架编号	工　况				
	GK-1	GK-2	GK-3	GK-4	GK-5
TJ-1	−324.2	557.1	549.2	487.9	415.2
TJ-2	−312.8	479.1	467.3	405.4	345.1
TJ-3	−229.9	398.0	370.9	310.0	260.6
TJ-4	−381.0	387.5	373.1	295.8	244.0
TJ-5	−430.3	361.8	358.1	290.8	236.4
TJ-6	−437.0	382.8	377.8	303.1	247.5
TJ-7	−372.1	408.7	412.3	324.5	266.0
TJ-8	−295.8	445.7	435.8	352.3	290.6
TJ-9	−287.9	542.0	507.8	420.6	348.5
TJ-10	−330.7	555.8	548.6	449.0	364.0
TJ-11	−351.6	589.7	597.7	489.9	397.3
TJ-12	−348.6	594.6	597.8	485.9	390.6

3.4.3.3 小结

对整体结构进行施工全过程找力分析，得到满足施工要求的结构零状态和施工全过程分析结果。通过分析可以得出以下结论：

（1）零状态找形构件满足要求，结构零状态基本呈水平外扩，预应力得到充分释放。

（2）施工过程中，结构张拉时，压环轴力增加，钢构径向呈内收趋势，胎架内力由受压转为受拉状态，因此胎架设计须承受拉力。

（3）拉索张拉后各工况，由于压环处于设计位置，拉索索力、压环轴力、钢构应力、钢构位移等参数变化不大，结构处于弹性状态。

（4）所选施工方法及步骤合理，结构施工成型态各响应为：径向索索力 2 640 ~ 5 060 kN；环索索力 3 160 ~ 3 740 kN；压环轴压力 26 800 ~ 27 200 kN；钢构最大等效应力 131 MPa；钢构长轴水平位移 ±21.8 mm，短轴水平位移 ±21.8 mm，竖向位移−45.2 ~ 16.6 mm；柱顶长轴水平位移 ±19.8 mm，短轴水平位移 ±17.5 mm，竖向位移−20.5 ~ −6.2 mm。

第4章　结构静动力分析及稳定性分析

本章采用非线性有限元法，对中置压环索承网格结构进行了静力分析，研究预应力水平对结构力学性能的影响，以及结构在正常使用极限状态和承载力极限状态下的性能特点。同时，在本章中还进行了结构整体稳定分析，包括特征值屈曲分析和材料＋几何非线性整体稳定分析，并进行了结构动力性能分析，对比了钢结构＋看台整体模型和钢结构单体模型的动力特性，分析了下部看台结构对上部屋盖结构的地震放大效应。综上分析可保证结构在各种静力、动力工况下具有良好的受力性能。

4.1　静力分析

4.1.1　荷载条件

4.1.1.1　恒荷载

（1）结构构件：自重由软件自动计算。

（2）屋面恒载：包括屋面板及其次结构（次檩条）的重量，其中聚碳酸酯板设计值为 0.2 kN/m^2，蜂窝铝板双层屋面系统阶梯区设计值为 0.55 kN/m^2、平面区设计值为 0.50 kN/m^2、天沟区设计值为 1.30 kN/m^2。

（3）索头荷载：95 mm、110 mm、120 mm 径向索两端索头的重力分别为 3.90 kN、5.83 kN、7.42 kN，单个环索节点重力为 18 kN，包括其上部和撑内外肢连接的连接板。

马道恒载作用在 V 形撑、横梁和屋面上，根据作用位置不同荷载大小不一，以集中力荷载的形式施加。

4.1.1.2　活荷载

（1）屋面活荷载：屋面为不上人屋面，其活荷载标准值为 0.5 kN/m^2。

（2）雪荷载：100 年一遇基本雪压 $S_0=0.25$ kN/m^2，屋面积雪分布系数为 1.0。雪荷载小于屋面活荷载，雪荷载与屋面活荷载不同时组合。

4.1.1.3　风荷载

风荷载标准值计算公式为：

$$\omega_k = \beta_z \mu_s \mu_z \omega_0$$

上海市浦东足球场的基本风压 $\omega_0 = 0.6\ \text{kN/m}^2$（100 年重现期）；建筑物地面粗糙度类别为 B 类；风压高度变化系数 μ_z 按规范取值；轻型屋面结构一般对风荷载比较敏感，风荷载体型系数 μ_s 和风振系数 β_z 根据风洞试验报告取值。

上海浦东足球场体型复杂，超出规范常规类型，本项目进行了物理风洞试验及数值风洞试验，对结构风荷载参数及风荷载效应进行了深入的研究。如图 4-1 所示为物理风洞试验模型（缩尺比 1 ∶ 300）。数值风洞试验分别考虑了近期和远期的周边场地影响，如图 4-2 所示。物理风洞试验结果表明，屋盖结构整体沿 z 轴方向上平均气动力和等效静力风荷载随风向角的变化规律有相同的趋势；在 45° 风向角下结构整体沿 z 轴正方向的等效静力风荷载达到最大值，此时风振系数为 1.22。选取数值风洞试验 12 个风向角和物理风洞试验的 24 个风向角进行分析。为了能够更安全地对结构进行包络设计，对风洞试验中的风荷载进行了分析，并选取如下的四个控制风向角用于结构分析：风吸效应最大的 0° 和 45° 风向角（物理风洞），风压效应最大的 60° 风向角（物理风洞）及 90° 风向角（数值风洞）。其中，90° 风向角为控制风向角。

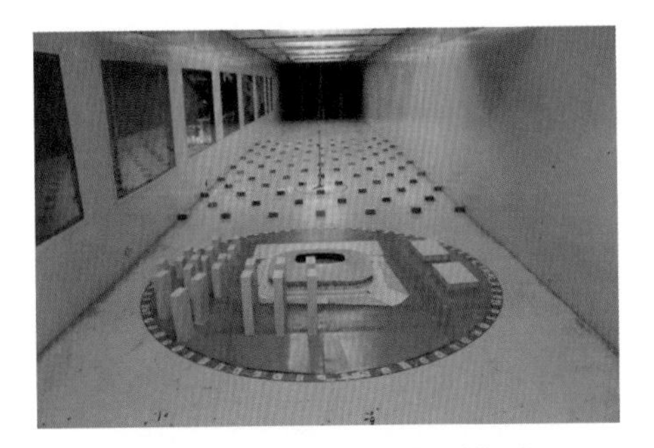

图 4-1　物理风洞试验模型

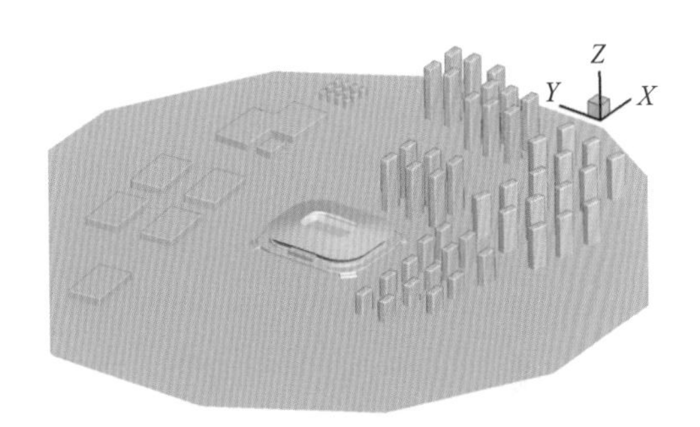

图 4-2　数值风洞试验模型

计算模型中屋面风荷载值如图 4-3 所示。

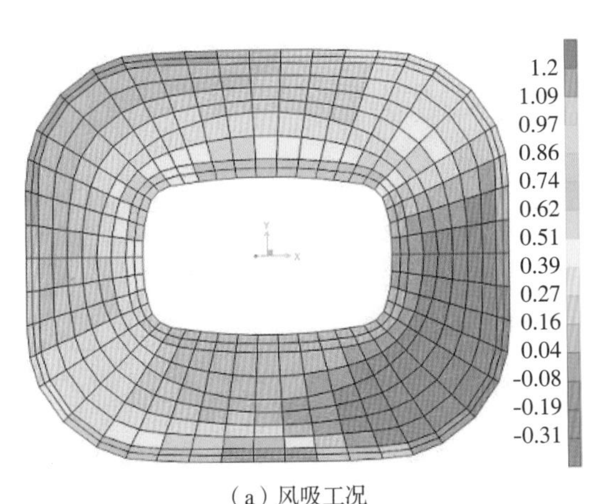

（a）风吸工况

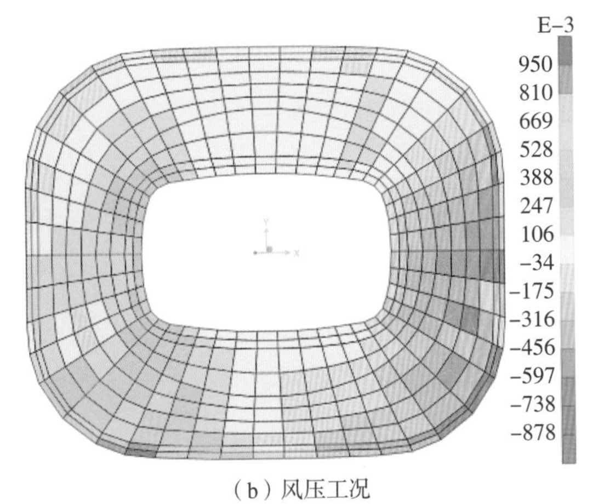

（b）风压工况

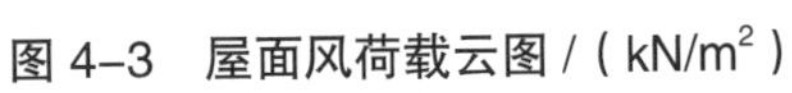

图 4-3　屋面风荷载云图 /（kN/m²）

4.1.1.4 温度作用

上海市基本气温值为最低−4℃、最高 36℃，钢结构合拢的基准温度为 16 ~ 26℃。考虑太阳辐射对外露钢结构的影响，钢结构屋盖温差取 ±30℃。

4.1.2 主要荷载组合工况

4.1.2.1 预应力水平影响

PC1　1.0 恒载＋0.8 预应力＋1.0 活载；
PC2　1.0 恒载＋0.9 预应力＋1.0 活载；
PC3　1.0 恒载＋1.0 预应力＋1.0 活载；
PC4　1.0 恒载＋1.1 预应力＋1.0 活载；
PC5　1.0 恒载＋1.2 预应力＋1.0 活载；
PC6　1.0 恒载＋0.8 预应力＋1.0 风荷载（＋）；
PC7　1.0 恒载＋0.9 预应力＋1.0 风荷载（＋）；
PC8　1.0 恒载＋1.0 预应力＋1.0 风荷载（＋）；
PC9　1.0 恒载＋1.1 预应力＋1.0 风荷载（＋）；
PC10　1.0 恒载＋1.2 预应力＋1.0 风荷载（＋）。

4.1.2.2 正常使用极限状态

SC1　1.0 恒载＋1.0 预应力＋1.0 活载；
SC2　1.0 恒载＋1.0 预应力＋1.0 风载（＋）；
SC3　1.0 恒载＋1.0 预应力＋1.0 风载（−）；
SC4　1.0 恒载＋1.0 预应力＋1.0 温度作用（＋30 ℃）；
SC5　1.0 恒载＋1.0 预应力＋1.0 温度作用（±0 ℃）；
SC6　1.0 恒载＋1.0 预应力＋1.0 温度作用（−30 ℃）。

4.1.2.3 承载能力极限状态

LC1　1.3 恒载＋1.0 预应力＋1.5 活载＋1.5×0.6 风载（＋）；
LC2　1.3 恒载＋1.0 预应力＋1.5 活载＋1.5×0.6 风载（−）；
LC3　1.3 恒载＋1.0 预应力＋1.5 活载＋1.5×0.6 温度作用（＋30 ℃）；
LC4　1.3 恒载＋1.0 预应力＋1.5 活载＋1.5×0.6 温度作用（−30 ℃）；
LC5　1.3 恒载＋1.0 预应力＋1.5 活载＋1.5×0.6 风载（＋）＋1.5×0.6 温度作用（＋30 ℃）；
LC6　1.3 恒载＋1.0 预应力＋1.5 活载＋1.5×0.6 风载（＋）＋1.5×0.6 温度作用（−30 ℃）；

LC7　1.3 恒载＋1.0 预应力＋1.5 活载＋1.5×0.6 风载（−）＋1.5×0.6 温度作用（＋30 ℃）；

LC8　1.3 恒载＋1.0 预应力＋1.5 活载＋1.5×0.6 风载（−）＋1.5×0.6 温度作用（−30 ℃）；

LC9　1.3 恒载＋1.0 预应力＋1.05 活载＋1.5× 风载（＋）；

LC10　1.3 恒载＋1.0 预应力＋1.05 活载＋1.5× 风载（−）；

LC11　1.3 恒载＋1.0 预应力＋1.05 活载＋1.5 温度作用（＋30 ℃）；

LC12　1.3 恒载＋1.0 预应力＋1.05 活载＋1.5 温度作用（−30 ℃）；

LC13　1.2 恒载＋1.0 预应力＋0.6 活载＋1.3 水平地震作用；

LC14　1.2 恒载＋1.0 预应力＋0.6 活载−1.3 水平地震作用；

LC15　1.2 恒载＋1.0 预应力＋0.6 活载＋1.3 竖向地震作用；

LC16　1.2 恒载＋1.0 预应力＋0.6 活载−1.3 竖向地震作用。

其中“风载（＋）”表示风吸工况，“风载（−）”表示风压工况，＋30 ℃、−30 ℃分别表示基于设计基准温度升温、降温 30 ℃。

4.1.3 结构静力分析结果

4.1.3.1 预应力水平影响

索承网格结构的初始刚度是由主要预应力提供的，因此结构的预应力水平将直接影响结构力学性能。上海浦东足球场索承网格结构预应力初始值为平衡结构自重与恒载的预应力值，工况 PC1-5 作用恒载和活载、工况 PC6-10 作用恒载和风吸荷载，分别取预应力初始值的 0.8、0.9、1.0、1.1、1.2 倍，其余参数条件均相同，研究不同预应力水平对结构静力性能的影响。

1）内力

由表 4-1 和表 4-2 可知，满跨活载（工况 PC1-5）及风荷载（工况 PC6-10）分别作用下，结构初始预应力水平的增大（0.8、0.9、1.0、1.1、1.2 倍），径向索索力、环索索力及压环轴力均随之相应增大。将各工况最大的索力及压环轴力的绝对值绘制在同一张图中，如图 4-4 所示。索力及轴力变化均呈线性关系，预应力每增大 0.1 倍，索力及压环轴力增大 3%～5%。预应力水平的改变直接影响结构索力和压环轴力，初始预应力水平越高，结构荷载态时索力及压环轴力值越大。

较高的预应力可以获得较大的结构刚度，但同时结构内力会相应增大，由此带来的是材料截面加大、结构自重增加。因此综合考虑预应力对结构刚度和内力的影响，在结构设计时一般选取平衡自重与恒载的预应力作为结构的初始预应力。

表 4-1　工况 PC1-5 索力与压环轴力变化

预应力水平	轴力 /kN					
	径向索索力		环索索力		压环轴力	
	Min	Max	Min	Max	Min	Max
0.8	2 760	5 310	3 350	3 780	－28 000	－28 700
0.9	2 860	5 510	3 460	3 960	－29 200	－29 800
1.0	2 970	5 710	3 570	4 150	－30 400	－30 900
1.1	3 080	5 920	3 690	4 340	－31 700	－32 000
1.2	3 200	6 140	3 820	4 540	－33 000	－33 200

表 4-2　工况 PC6-10 索力与压环轴力变化

预应力水平	轴力 /kN					
	径向索索力		环索索力		压环轴力	
	Min	Max	Min	Max	Min	Max
0.8	2 300	4 540	2 740	3 230	－24 340	－23 350
0.9	2 410	4 760	2 860	3 420	－25 600	－24 640
1.0	2 530	4 980	2 990	3 630	－26 880	－25 890
1.1	2 640	5 210	3 120	3 830	－28 180	－27 150
1.2	2 760	5 440	3 250	4 040	－29 514	－28 400

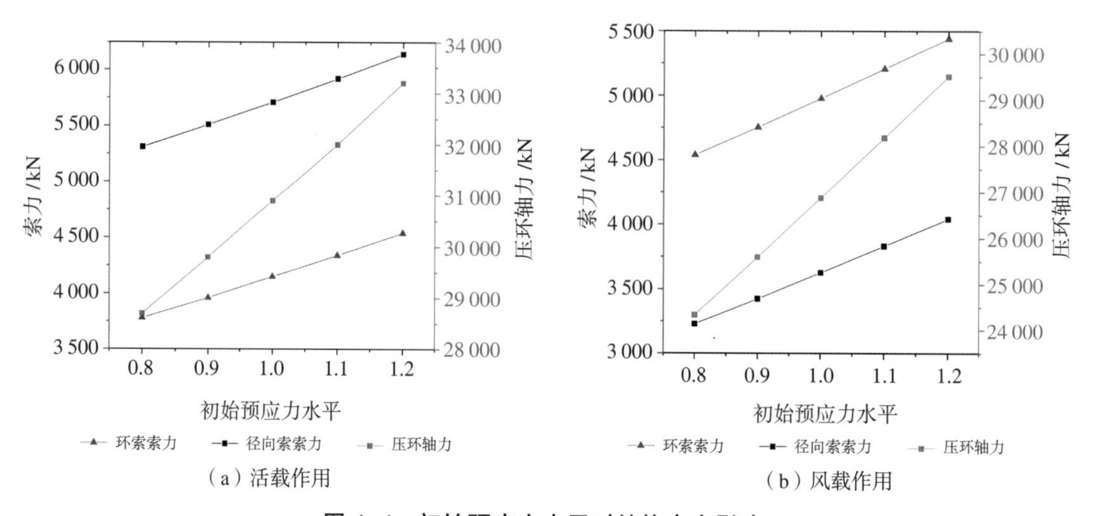

（a）活载作用　　（b）风载作用

图 4-4　初始预应力水平对结构内力影响

2）**钢构应力**

由表 4-3 和图 4-5 初始预应力水平对钢构应力影响可知，满跨均布活载作用下，随着预应力水平的提高，钢构等效应力随之减小；非对称风荷载作用下，随着预应力水平的提高，钢构等效应力先减小后增大。这说明预应力水平对钢构应力的影响与外荷载类型有关，结构预应力水平过小或过大对结构均不利。在实际工程中结构可能受到复杂多变的荷载作用，不能简单地通过增大初始预应力水平来减小结构荷载效应。

表 4-3　初始预应力水平对钢构等效应力影响

预应力水平	钢构最大等效应力 /MPa	
	活载作用	风荷载作用
0.8	198.4	181.9
0.9	178.4	174.2
1.0	170.5	166.2
1.1	162.7	162.5
1.2	157.5	184.9

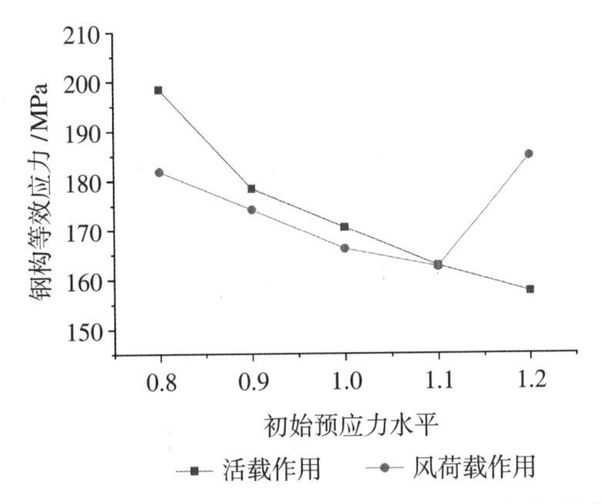

图 4-5　初始预应力水平对钢构应力影响

3）**位移**

由表 4-4 可知，在满跨均布活载下，随着结构初始预应力水平的增大（0.8、0.9、1.0、1.1、1.2 倍），结构的水平位移、最大竖向位移均显著减小，说明预应力提供的几何刚度对结构影响显著；随着预应力水平的提高，结构几何刚度也随之增大。由图 4-6（a）可知，结构初始预应力水平对结构位移的影响基本呈线性变化，由曲线斜率可知，初始预应力水平对结构竖向刚度影响大于对水平刚度的影响。不同初始预应力水平的结构竖向位移如图 4-7 所示。

表 4–4 工况 PC1–5 结构整体位移变化

预应力水平	位移 /mm					
	U_x（长轴）		U_y（短轴）		U_z	
	Min	Max	Min	Max	Min	Max
0.8	−97.0	97.2	−159.7	161.2	−782.7	61.4
0.9	−74.1	74.3	−120.8	122.0	−604.7	37.1
1.0	−51.2	51.3	−82.6	83.6	−433.1	13.4
1.1	−28.2	28.3	−45.0	45.9	−267.4	0.0
1.2	−7.7	7.7	−17.3	16.8	−107.0	1.0

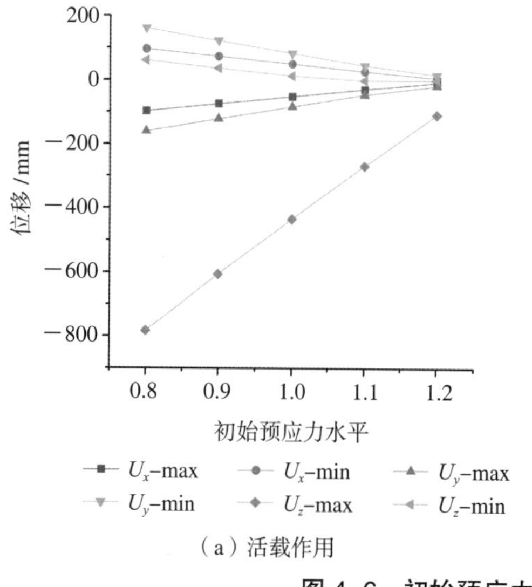

（a）活载作用

（b）风荷载作用

图 4–6 初始预应力水平对结构位移影响

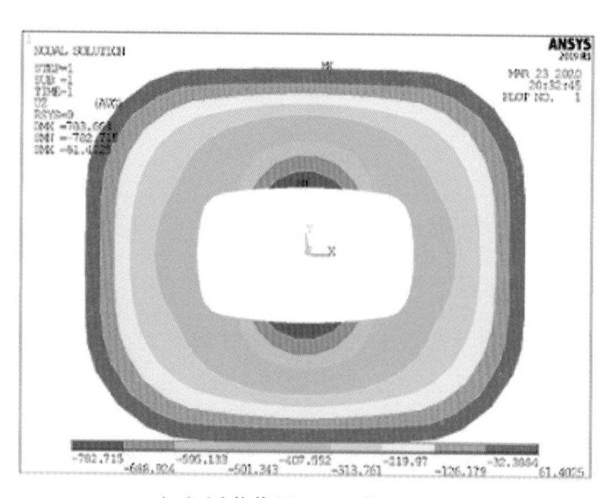

（a）活载作用—0.8 倍预应力

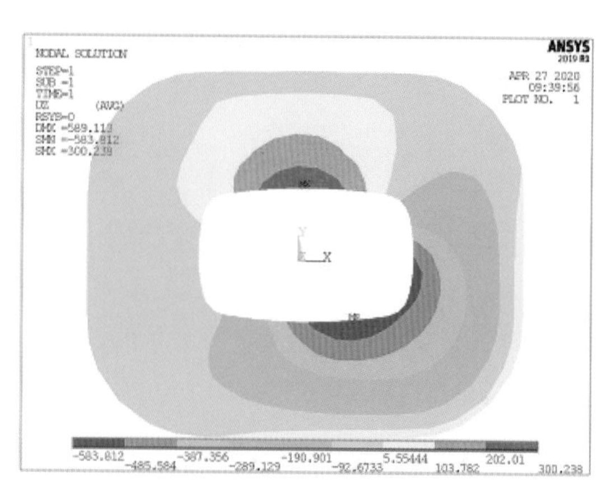

（b）风荷载作用—0.8 倍预应力

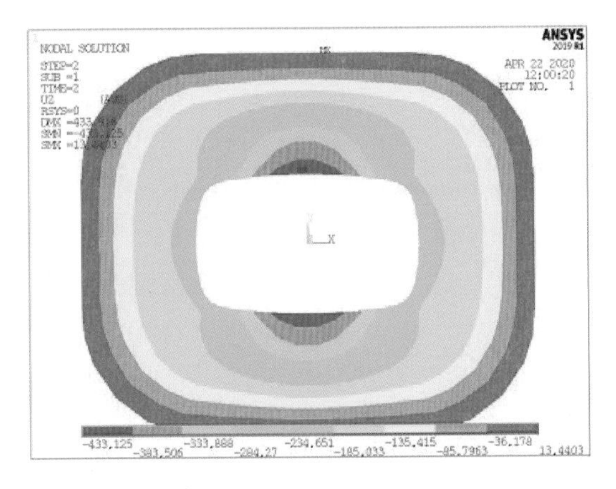

（c）活载作用—1.0 倍预应力

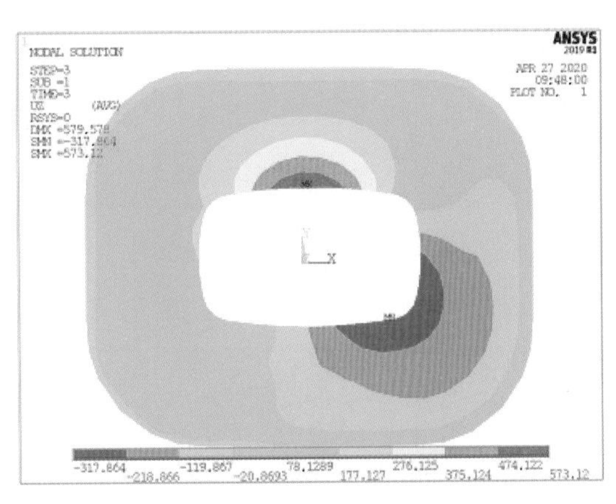

（d）风荷载作用—1.0 倍预应力

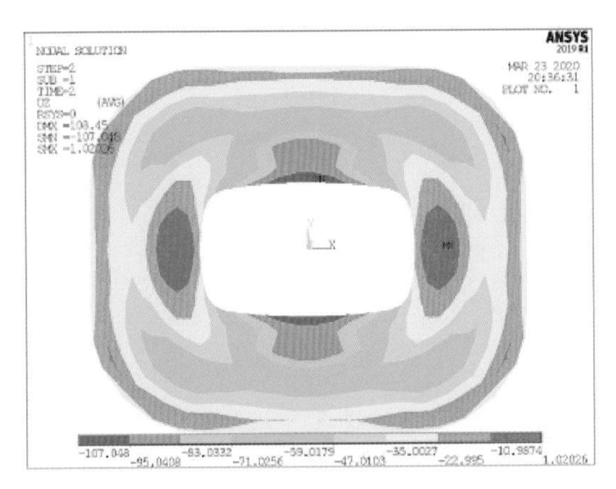

（e）活载作用—1.2 倍预应力

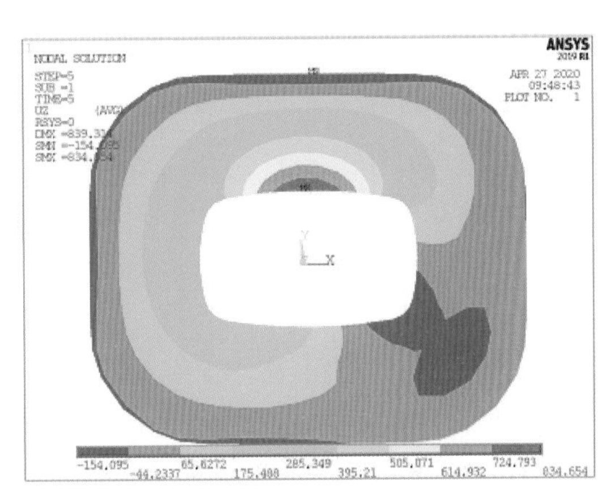

（f）风荷载作用—1.2 倍预应力

图 4-7　不同初始预应力水平的结构竖向位移 /mm

由表 4-5 和图 4-6（b）可知，在非对称风荷载作用下，结构水平位移变化很小，基本呈直线变化；结构竖向位移负值随预应力水平提高逐渐减小，而位移正值逐渐增大，说明预应力水平提高，在风吸力作用下结构会上拱。结构在 1.0 倍初始应力值时，位移相对最小。

因此，可得出结论：预应力水平对结构响应的影响规律与初始预应力分布模式（本文选取的是平衡自重及恒载的初始预应力值）及结构所受荷载类型（活载、风载、温度荷载等）有关。考虑结构实际所示荷载复杂且荷载大小未知，为尽可能减小结构响应（内力、位移、应力），结构预应力水平不宜过大或过小。

表 4–5　工况 PC6–10 结构整体位移变化

预应力水平	位移 /mm					
	U_x（长轴）		U_y（短轴）		U_z	
	Min	Max	Min	Max	Min	Max
0.8	−49.2	86.0	−83.8	95.2	−583.8	300.2
0.9	−26.5	78.6	−85.2	56.5	−439.6	438.2
1.0	−30.0	71.4	−86.3	80.2	−317.9	573.1
1.1	−52.2	64.5	−86.9	113.3	−221.2	705.3
1.2	−75.5	57.9	−87.2	146.0	−154.1	834.6

4.1.3.2　正常使用极限状态的结构性能

1）风荷载作用影响

计算发现，结构竖向位移受风荷载影响较大。工况 SC2（+风荷载，风吸）结构竖向位移分布为−317.9 ~ 576.1 mm，工况 SC3（−风荷载，风压）结构竖向位移分布为−459.6 ~ 273.0 mm，如图 4–8 和表 4–6 所示。风荷载作用下，结构竖向位移相差较大，对上层受压网格受力不利，容易出现整体屈曲问题。

由表 4–7 和图 4–9、图 4–10 可知，风荷载作用下，结构径向索索力、环索索力和压环轴力关系均为：+风荷载工况<−风荷载工况，风压相比风吸对结构受力更为不利。

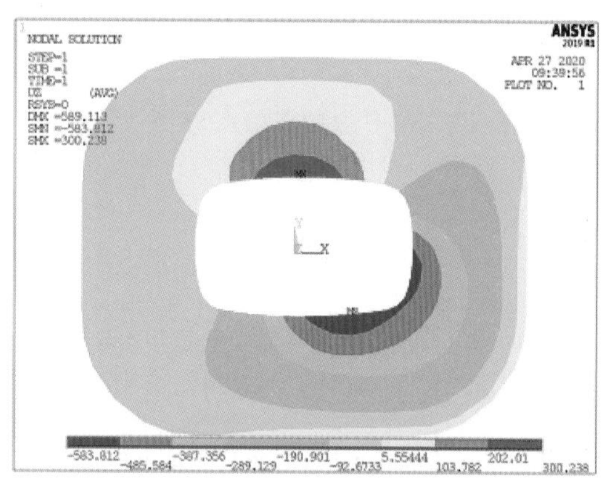

（a）SC2（+风荷载）

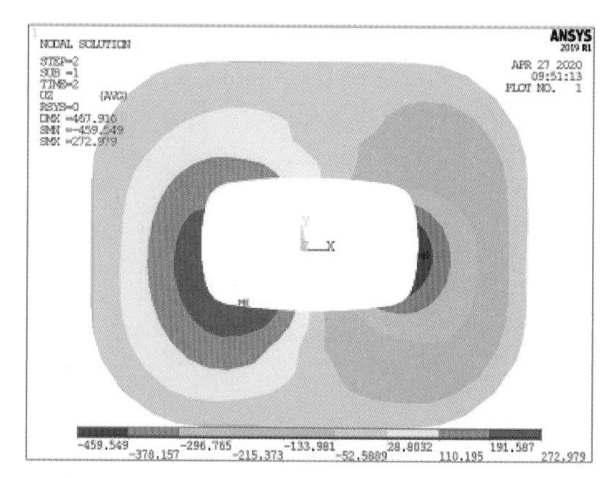

（b）SC3（−风荷载）

图 4–8　风荷载工况的结构竖向位移 U_z/mm

表 4–6　风荷载工况的结构整体位移

工　况	位移 /mm					
	U_x（长轴）		U_y（短轴）		U_z	
	Min	Max	Min	Max	Min	Max
SC2（＋风荷载）	−30.0	71.4	−86.3	80.2	−317.9	573.1
SC5（无风荷载）	−7.5	7.4	−6.4	5.9	−53.0	0
SC3（−风荷载）	−26.6	87.5	−23.1	27.2	−459.6	273.0

表 4–7　风荷载工况的结构索力与压环轴力

工　况	轴力 /kN					
	径向索索力		环索索力		压环轴力	
	Min	Max	Min	Max	Min	Max
SC2（＋风荷载）	2 526	4 852	2 980	3 630	−25 900	−26 900
SC5（无风荷载）	2 670	5 100	3 170	3 770	−27 500	−27 600
SC3（−风荷载）	2 602	5 020	3 140	3 760	−26 700	−28 100

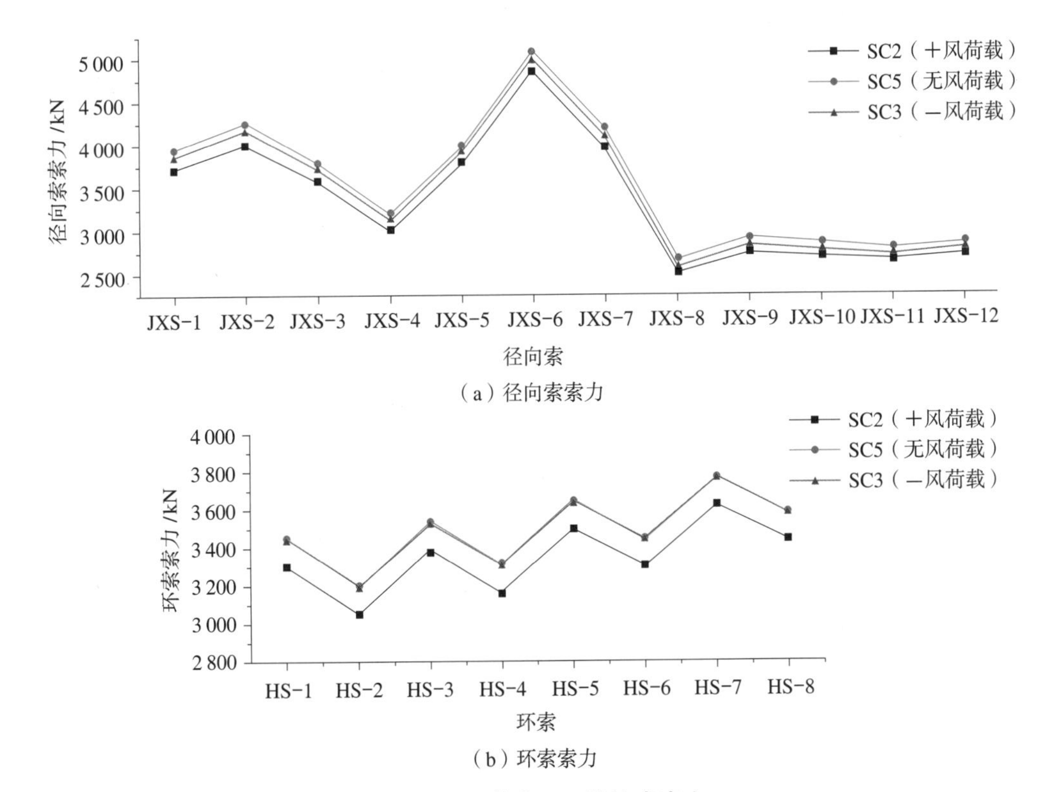

图 4–9　风荷载工况的拉索索力

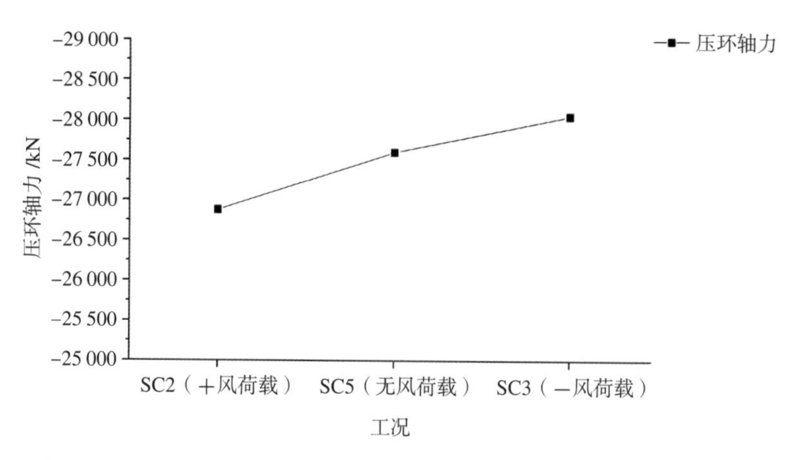

图 4-10　风荷载工况的压环轴力

2）温度作用

对比各温度荷载工况，由表 4-8 和图 4-11 可知，温度荷载作用下，结构外侧水平位移最大且对称分布。工况 SC4（+30 ℃）中结构主要为水平外扩，工况 SC6（-30 ℃）中主要结构水平内收；两种工况的相同点是竖向位移 U_z 变化很小可忽略，短轴向位移 U_y 均稍大于长轴向位移 U_x。

表 4-8　温度荷载工况的结构整体位移

工　况	位移 /mm					
	U_x（长轴）		U_y（短轴）		U_z	
	Min	Max	Min	Max	Min	Max
SC4（+30 ℃）	-36.1	36.1	-45.7	46.1	-49.9	5.3
SC5（±0 ℃）	-7.5	7.4	-6.4	5.9	-53.0	0
SC6（-30 ℃）	-35.7	35.7	-42.0	42.3	-56.3	0

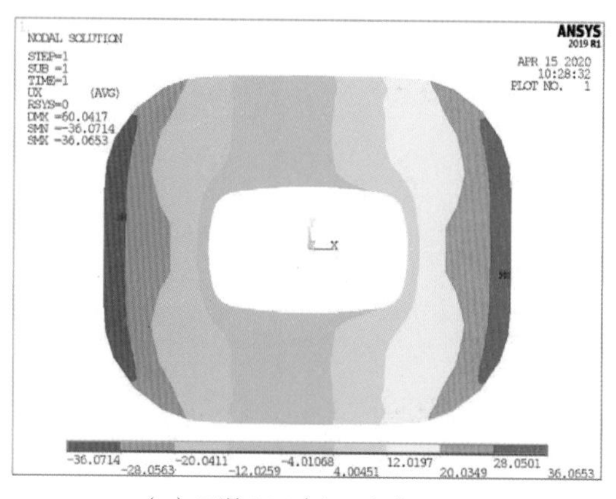

（a）工况 SC4（+30 ℃）— U_x

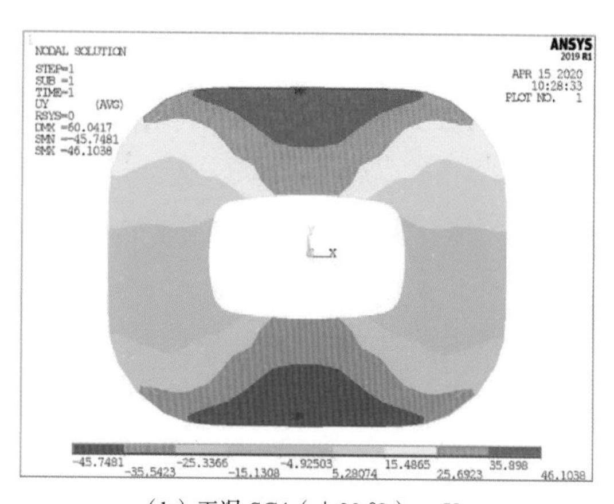

（b）工况 SC4（+30 ℃）— U_y

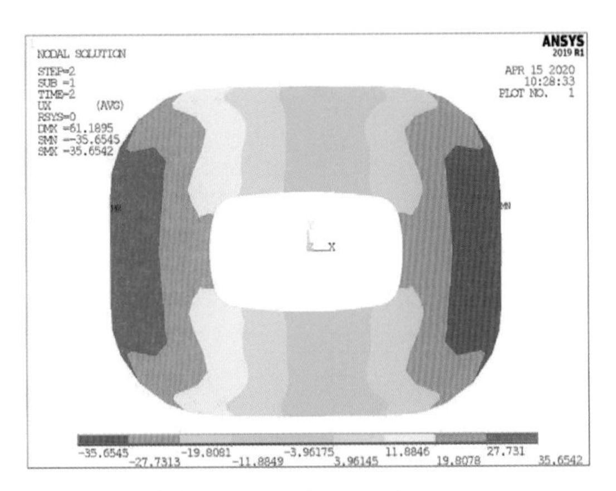

（c）工况 SC6（－30 ℃）—U_x

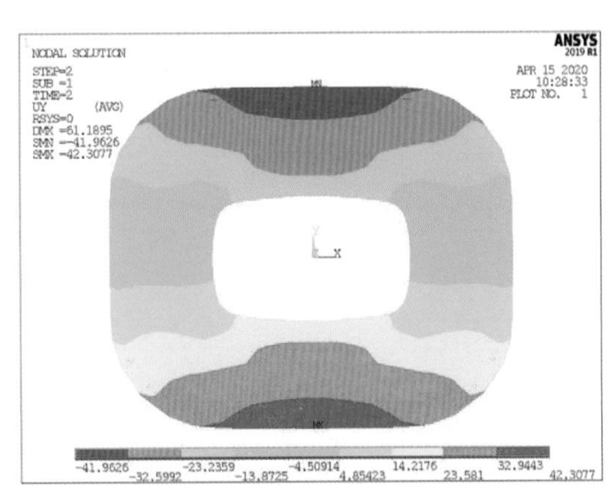

（d）工况 SC6（－30 ℃）—U_y

图 4-11　温度荷载工况的结构水平位移 /mm

拉索与钢构件的温度线膨胀系数相同，由表 4-9 与图 4-12、图 4-13 可知，径向索索力和环索索力受温度变化影响很小，基本可以忽略，且未出现拉索松弛现象；压环轴力最大值随着温度的降低稍有增加，分别为－27 400 kN、－27 600 kN、－27 800 kN。这说明整体升温或降温对拉索索力和结构内力影响较小，温度应力主要通过结构的水平变形释放。

表 4-9　温度荷载工况的索力与压环轴力

工　况	轴力 /kN					
	径向索索力		环索索力		压环轴力	
	Min	Max	Min	Max	Min	Max
SC4（＋30 ℃）	2 670	5 100	3 160	3 770	－27 200	－27 400
SC5（±0 ℃）	2 670	5 100	3 170	3 770	－27 500	－27 600
SC6（－30 ℃）	2 670	5 100	3 170	3 770	－27 700	－27 800

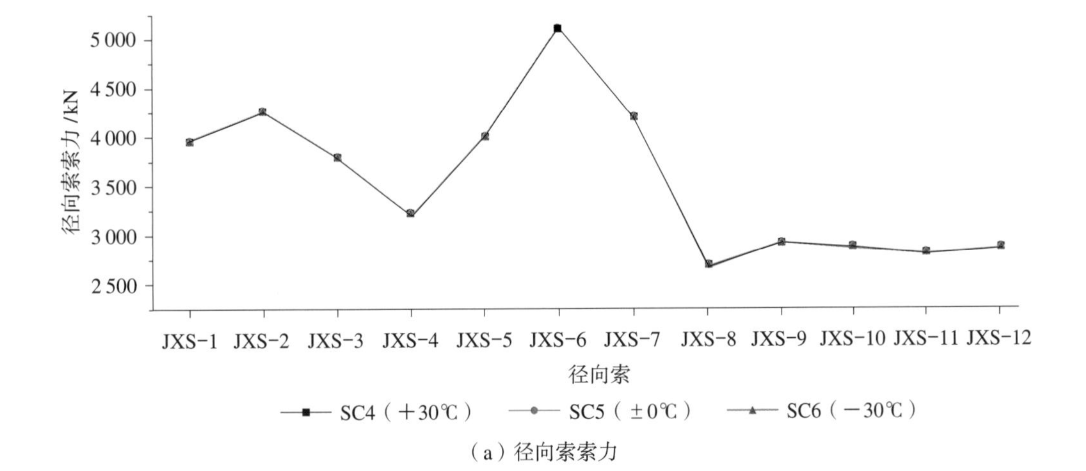

（a）径向索索力

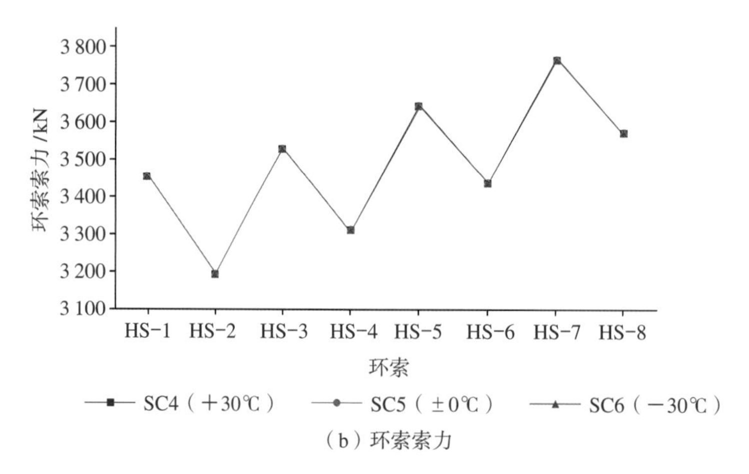

（b）环索索力

图 4-12 温度工况的拉索索力

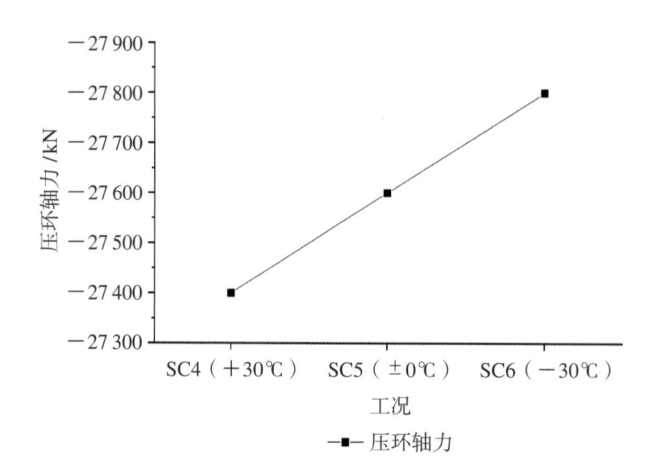

图 4-13 温度荷载工况的压环轴力

3）刚度验算

《索结构技术规程》（JGJ 254—2012）（2022 局部修订稿）中规定结构的容许挠度不超过 $L/200$。正常使用极限状态下，分别计算荷载工况 SC1（活载）、SC2（风吸）、SC3（风压）、SC4（升温）、SC6（降温）下的结构挠度。取悬挑长度的 2 倍作为结构跨度 L，允许结构最大竖向位移为 100 000/200＝500（mm）。

由表 4-10 可知，结构在活载作用下最大位移−433.1 mm（向下为负），风荷载作用下最大位移分布为+573.1 mm 和−459.6 mm，温度作用下竖向位移很小，分别为+49.9 mm 和−56.3 mm。正常使用极限状态下，风吸工况略高于规范要求，考虑到上海浦东足球场施工时采用可拉可压胎架（具体见下文施工分析章节），屋面施工过程中结构位形基本无变化，与常规结构屋面安装时结构逐步下挠不同，屋面次结构不需要考虑屋面自重产生的结构变形，仅需要考虑活载和风荷载下的结构变形，竖向位移限制可适当放松。

表 4-10　各工况结构竖向变形

（mm）

荷载工况	最大竖向变形
SC1（活载）	−433.1
SC2（风吸）	+573.1
SC3（风压）	−459.6
SC4（升温）	+49.9
SC6（降温）	−56.3

4.1.3.3　承载力极限状态的结构性能

1）拉索索力及压环轴力

由图 4-14 和图 4-15 可知，各工况下拉索均未出现松弛，拉索索力、压环轴力的控制工况均为恒载、活载与温度的组合（工况 LC3、LC4）。对于径向索，索力明显分为三个层次，45° 角处 JXS-6 索力最大，长轴处 JXS-1、JXS-2、JXS-3 及 JXS-7 索力次之，短轴处 JXS-8、JXS-9、JXS-10、JXS-11、JXS-12 及 JXS-4 索力最小。同一径向索，不同工况下径向索索力相差不大。各工况压环轴力包络值如图 4-15 所示。

对比各工况下的拉索索力和压环轴力的变化可知：风压工况（工况 LC2）相较于风吸工况（工况 LC1）对结构更不利；温度荷载（工况 LC3、LC4）相较于风荷载（工况 LC1、LC2）对结构更不利；工况 LC5、LC6 中，风吸工况与温度作用相互影响使部分效应抵消，对结构有利。

提取各工况径向索索力和环索索力的包络值，计算索力与对应破断力的比值，见表 4-11。比值主要分布在 0.4 ~ 0.5，最小为 0.30，最大为 0.49 < 0.5，满足设计要求且拉索规格选取较经济。

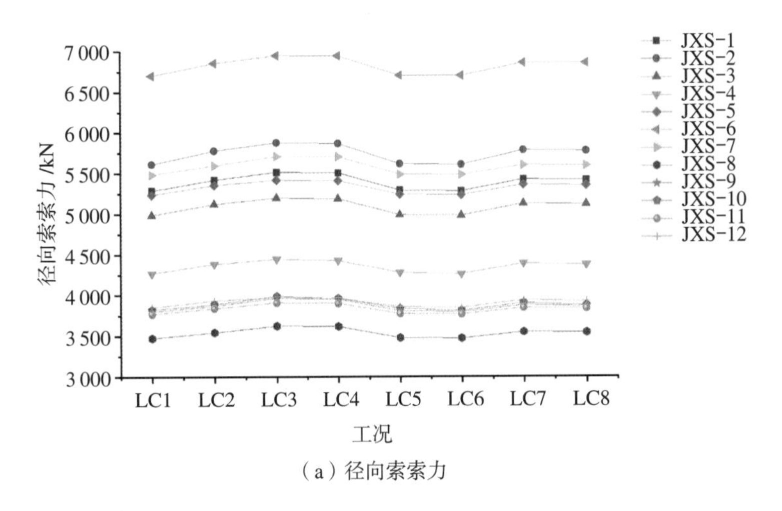

（a）径向索索力

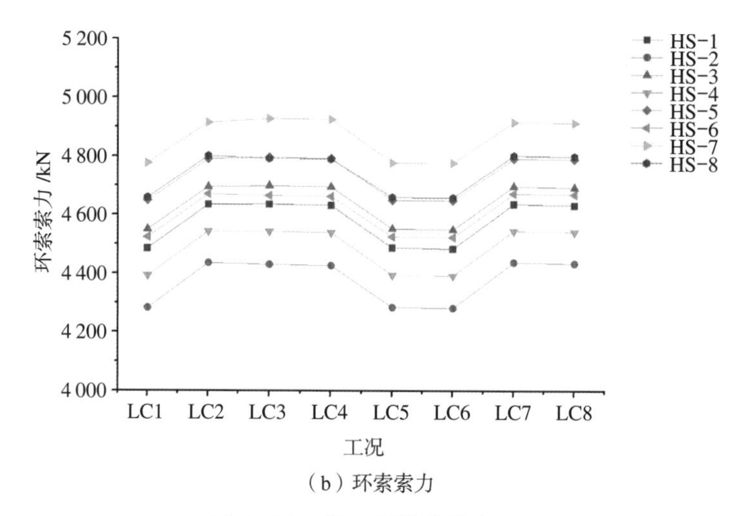

（b）环索索力

图 4-14　各工况拉索索力

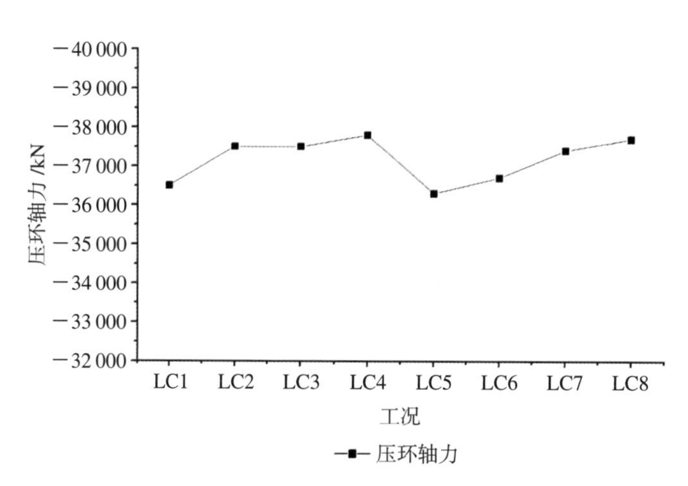

图 4-15　各工况压环轴力包络值

表 4-11　拉索承载力

拉　　索	索力包络值 /kN	与破断力的比值
JXS-1	5 513	0.45
JXS-2	5 872	0.48
JXS-3	5 196	0.43
JXS-4	4 448	0.36
JXS-5	5 415	0.44
JXS-6	6 946	0.48

（续表）

拉　　索	索力包络值 /kN	与破断力的比值
JXS-7	5 709	0.39
JXS-8	3 622	0.30
JXS-9	3 962	0.43
JXS-10	3 985	0.44
JXS-11	3 906	0.43
JXS-12	3 975	0.44
HS	5 513	0.49

2）**上层网格构件应力**

各工况下钢构最大等效应力如表 4-12 和图 4-16 所示，工况 LC8 钢构最大等效应力为 306 MPa，发生在柱顶圈梁与悬挑梁相交处。由图 4-17 可知，上层网格中压环及径向主梁整体应力分布较均匀，最大不超过 250 MPa。除柱顶圈梁、最外圈圈梁及压环两侧相邻圈梁外，其余圈梁整体应力水平较低。在承载能力极限状态下上层网格基本处于弹性状态。

表 4-12　各工况钢构最大等效应力

（MPa）

钢　　构	工　　况							
	LC1	LC2	LC3	LC4	LC5	LC6	LC7	LC8
最大等效应力	292.6	305.4	276.9	281.0	294.2	294.9	304.1	306.8

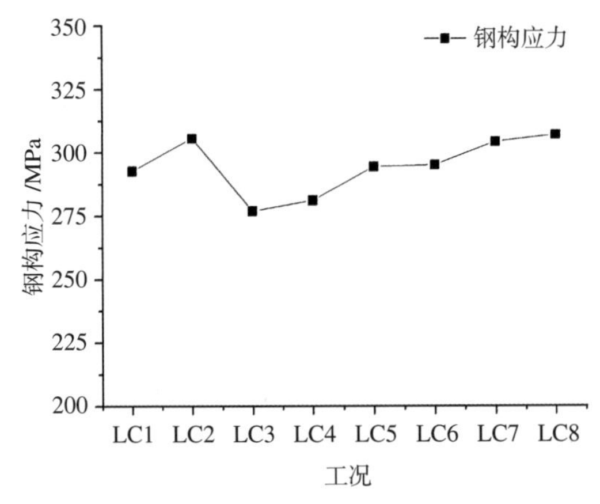

图 4-16　各工况钢构最大等效应力变化

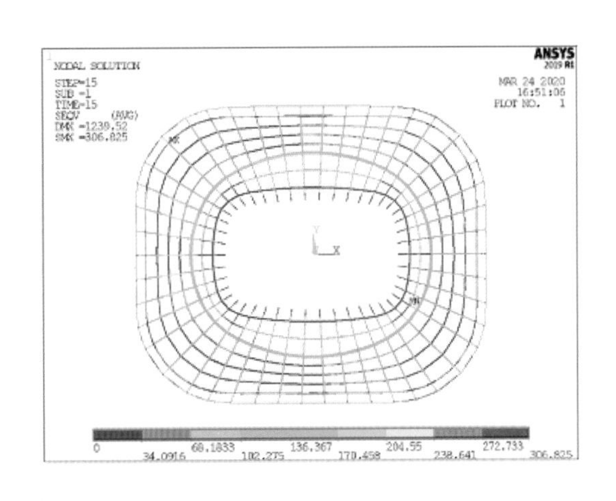

图 4-17　工况 LC8 钢构最大等效应力 /MPa

从总体用钢量看，外圈的径向梁和压环占了总体用钢量最大的部分，分别为 22% 和 28.3%。从用钢量水平就可以看到其受力的大小及其重要程度，尤其是作为关键构件的压环，达到了总体用钢量的将近 1/3。

上径向梁采用焊接箱型截面，最大跨度达 39.5 m，其在提供金属屋面的可靠支承条件的同时，也将径向索的水平分力有效地传递到中置压环上，受力上为压弯构件。设计过程中，综合考虑节点构造、抗弯刚度、强度设计值随厚度增加的折减和用钢量等因素后，选用高宽比 2 左右的箱型截面，搭配较厚的翼缘和较薄的腹板。为解决腹板局部稳定问题，需要根据设计中执行的《钢结构设计标准》(GB 50017—2017) 设置腹板加劲肋，并补充局部稳定分析。

选择所受压力、平面外弯矩、长度和腹板高厚比均为所有上径向梁中最大的外圈径向梁作为对象，配置加劲肋进行局部稳定性分析，其位置如图 4-18 所示。在预分析后，取此梁受力最大的一段，建立有限元模型，纵向加劲肋按照规范配置，采用局部稳定性分析的方法来确定横向加劲肋的配置，如图 4-19 所示。

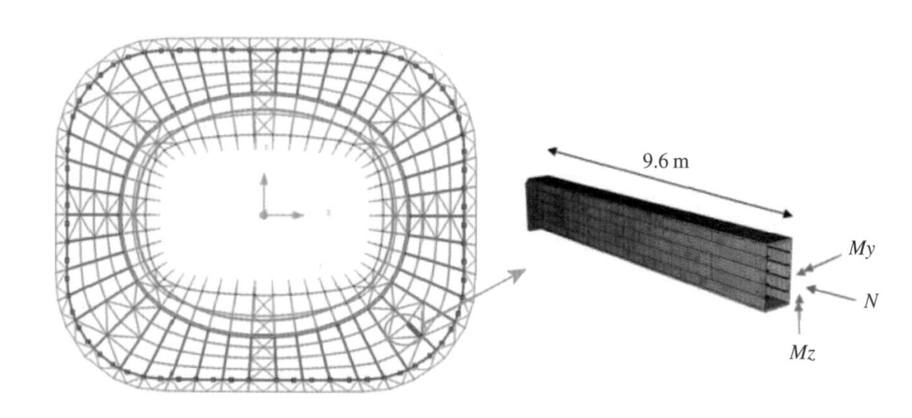

图 4-18　所选分析对象

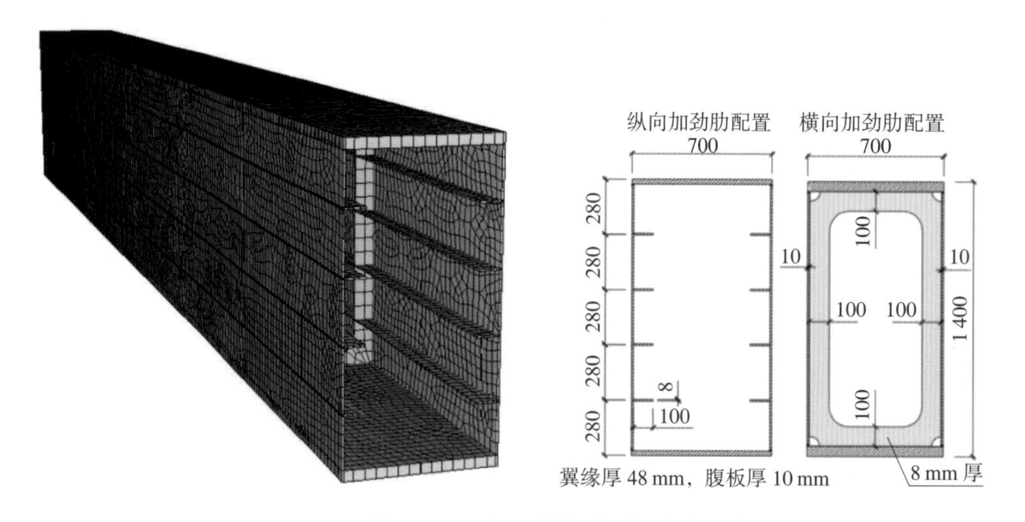

图 4-19　有限元模型及加劲肋配置

根据结果，梁长 9.6 m，以间距 1.6 m 均匀配置 5 块横向加劲肋，其第一局部屈曲模态屈曲因子为 5.61，屈曲形式如图 4-20 所示，杆件的局部稳定性可以满足。

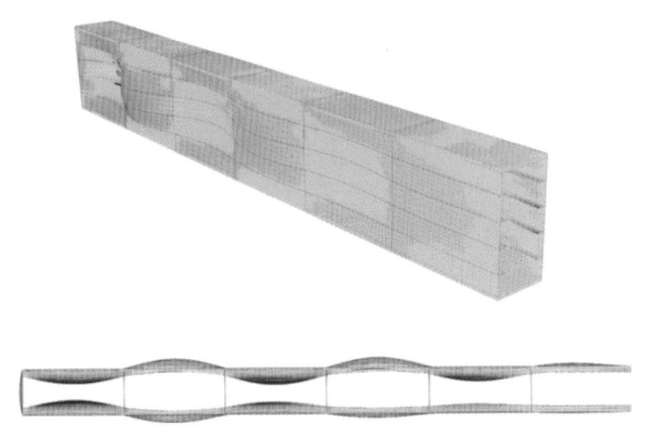

图 4-20　杆件第一局部屈曲模态

按照上述方法配置，纵向和横向加劲肋用钢量为 50.24 kg/m 和 11.69 kg/m，分别占纯箱型截面用钢量 732.4 kg/m 的 6.8% 和 1.6%。

此区域杆件选择了 10 mm 的腹板，其厚度相较于截面高度 1 400 mm 较薄，虽然根据规范需要数量较多的纵向加劲肋，但这样的截面选取是综合考量了外圈径向梁的功能，受力情况以及用钢量，具体理由如下：腹板壁厚选择 10 mm 是考虑了截面的有效性。外圈径向梁的最大跨度为 39.5 m，主要受压，所以提高其强轴方向的抗弯刚度可以减少跨中的应力、挠度和 $P-\Delta$ 效应。而在保证截面尺寸和用钢量不变的情况下，提高强轴方向抗弯刚度最有效的办法是提高翼缘的厚度。假如将腹板壁厚提高到 12 mm，将减少两条共重 18 t 的腹板纵向加劲肋，但截面用钢量会增加约 59 t，所以考虑截面有效性和最大化利用钢材的角度，选择了 10 mm 的腹板壁厚。

经过不同截面尺寸比较，在保证杆件稳定性应力比的前提下，综合考虑到节点构造、抗弯刚度、强度设计值和用钢量，径向梁的截面尺寸选择为 700 mm × 1 400 mm。

压环是轮辐式体系中的关键构件，利用圆形特点平衡水平方向的分力，其截面为 1 500 mm × 1 500 mm × 50 mm × 50 mm 的箱型截面，通过屈曲稳定性分析确定其计算长度系数为 3。最大等效应力包络值 236.7 MPa 小于强度设计值 315 MPa，稳定性应力比控制在 0.8 以内。

其余构件如 V 形柱、立柱、支撑、圈梁等考虑稳定后的各工况下应力比均在 1.0 之内。

3）关键点位移

由表 4-13 可知，各工况下，压环水平位移变化不大，以竖向位移为主，且竖向位移远大于柱顶竖向位移。压环靠近结构中部大开口，由于内悬挑段结构竖向刚度相对较小，且大开口附近风荷载体型系数较大，因此温度荷载对压环水平位移影响很小，而风荷载

表 4-13　压环及柱顶位移

（mm）

工况	压环						柱顶					
	U_x（长轴）		U_y（短轴）		U_z		U_x（长轴）		U_y（短轴）		U_z	
	Min	Max	Min	Max	Min	Max	Min	Max	Min	Max	Min	Max
LC1	−26.9	76.7	−69.8	37.0	−288.8	−714.4	−145.0	117.2	−14.8	196.0	−11.4	−29.7
LC2	−18.0	97.3	−55.1	55.9	−247.9	−730.2	−167.5	123.2	−22.3	195.0	−11.2	−31.7
LC3	−43.5	43.6	−85.0	85.5	−461.2	−588.3	−173.6	173.8	−37.7	231.8	−11.3	−30.9
LC4	−62.4	62.4	−56.7	56.5	−465.5	−600.7	−115.5	115.6	−5.2	156.3	−12.7	−32.4
LC5	−19.5	63.2	−101.2	68.3	−285.6	−709.3	−174.3	146.3	−36.1	233.5	−10.1	−29.1
LC6	−41.1	90.9	−75.1	34.5	−292.1	−719.8	−115.8	88.1	−10.3	158.5	−11.7	−30.5
LC7	−5.3	82.3	−86.7	87.4	−244.9	−730.2	−196.7	152.2	−43.7	232.6	−10.0	−31.1
LC8	−31.5	112.3	−61.2	57.5	−250.7	−730.2	−138.2	94.2	−16.9	157.3	−11.5	−32.5

对压环竖向位移较大。对比工况 LC1、LC5、LC6 和 LC2、LC7、LC8 可知，温度荷载对压环竖向位移基本无影响。

由于柱底铰接约束，而温度荷载对结构外侧构件水平位移影响较大，故柱顶以水平位移为主，且水平位移大于压环水平位移。对比工况 LC1、LC2 和 LC3、LC4 可知，升温工况对柱顶水平位移更不利而降温工况下柱顶位移有所减小。对比工况 LC3、LC5、LC7 和 LC2、LC4、LC6 可知，风荷载对柱顶水平位移基本无影响。

4.2　动力分析

4.2.1　结构振型

足球场钢结构屋盖立于看台结构之上，为了考虑下部看台结构对上部钢屋盖结构的影响，建立了钢结构＋看台结构整体模型，进行对比分析，整体模型如图 4-21 所示。

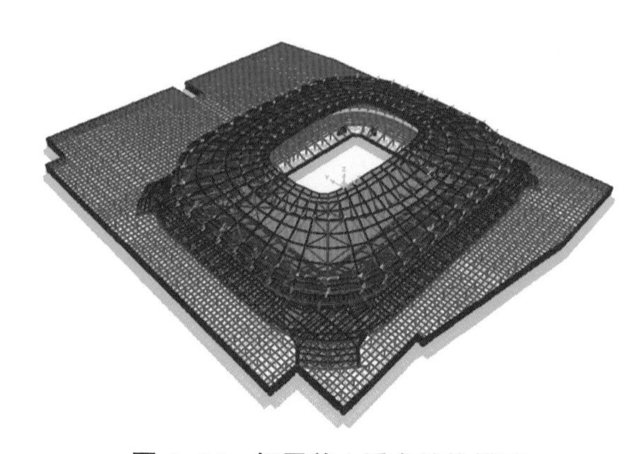

图 4-21　钢屋盖＋看台结构模型

由特征值分析可得到结构自振周期及频率。体育场屋盖结构采用 1.0 恒载及 0.5 倍的雪荷载及马道活荷载作为质量，表 4-14 模型周期对比和图 4-22 为结构的主

表 4–14　模型周期对比

（s）

振　　型	单体模型周期	整体模型周期
T1	3.14	3.15
T2	2.79	2.80
T3	2.34	2.38
T4	2.33	2.36
T5	1.68	1.68
T6	1.57	1.57
T7	1.52	1.52
T8	1.51	1.52
T9	1.14	1.23
T10	1.12	1.20
T14	0.91	1.03

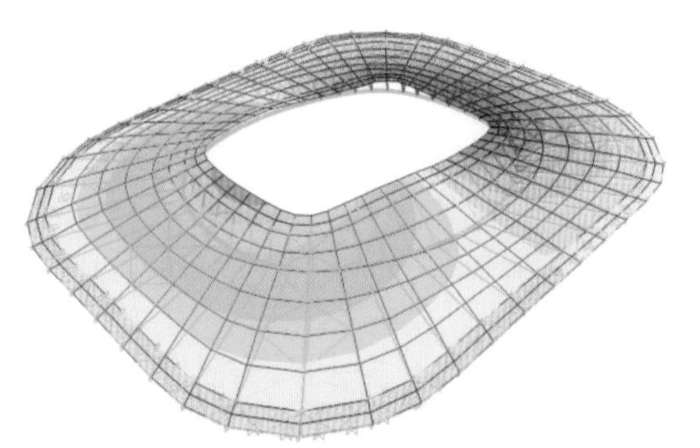

第一振型，上下振动

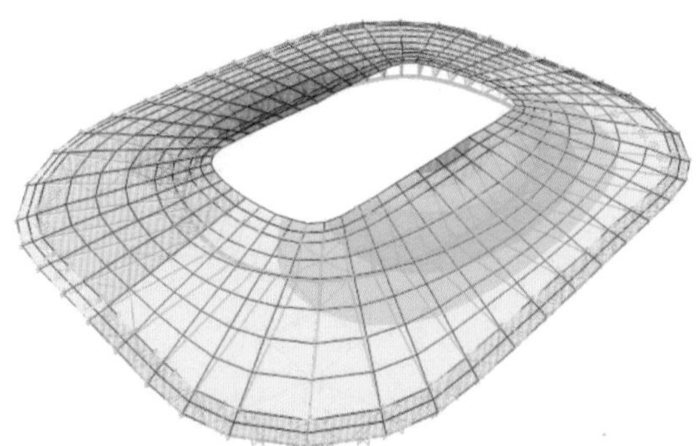

第二振型，上下振动

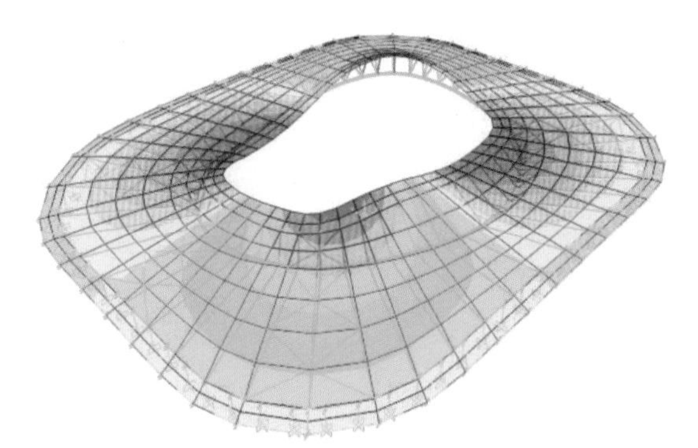

第三振型，上下振动

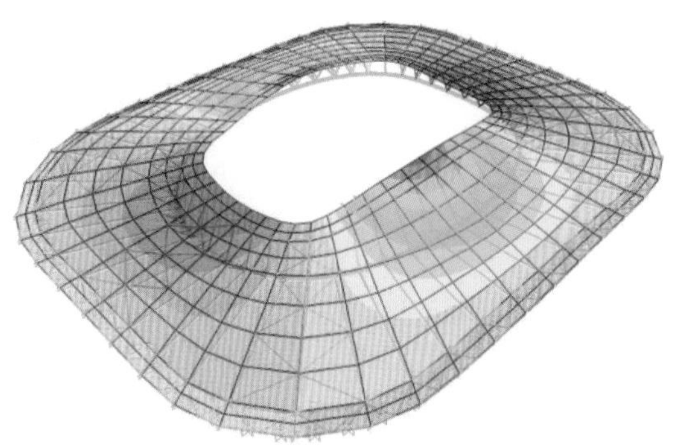

第四振型，上下振动

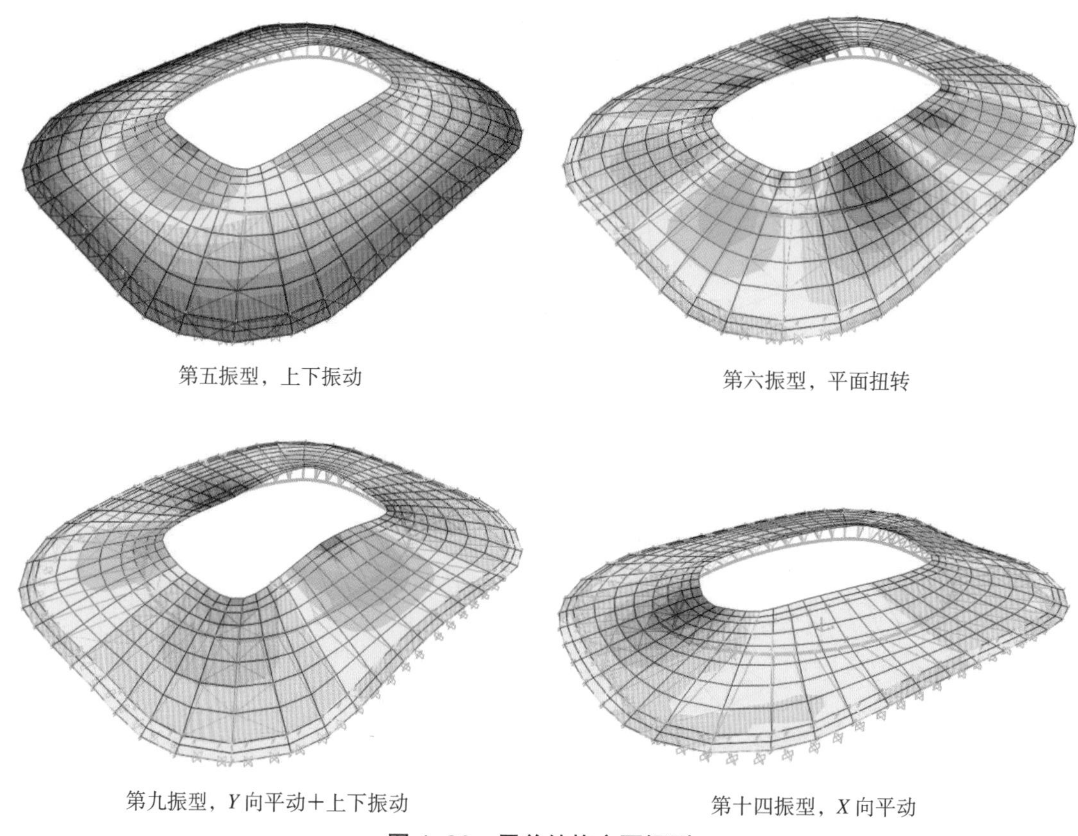

第五振型，上下振动　　第六振型，平面扭转

第九振型，Y向平动+上下振动　　第十四振型，X向平动

图 4-22　屋盖结构主要振型

要自振频率及模态。

从振型所激活的质量而言，T5 是主要的竖向振型其激活了 64% 的竖向重量，T9 是最主要的 Y 向水平振型其激活了 50% 的水平重量，T14 是最主要的 X 向水平振型其激活了 50% 的水平重量。采用 Ritz 向量法进行模态分析，考虑的振型数量为 50 个，累计的质量参与系数 SumU_x 为 99.7%，SumU_y 为 99.8%，SumU_z 为 95.0%。

整体结构的前面多阶振型均以屋盖结构为主，下部结构和上部结构的振型分离得非常清晰，考虑下部看台结构对上部屋盖结构的地震放大效应后，用单体模型进行上部结构地震分析设计是可靠的。

4.2.2　下部看台结构对上部屋盖结构的地震放大效应

屋盖结构位于下部看台结构的上方，在单独分析屋盖结构时，应考虑地震的放大效应。地震的放大效应取决于下部结构刚度，如果下部看台结构的刚度够大，则其放大效应相对较小。

根据下部看台的计算结果，看台结构的平动自振周期在 0.5 s 以内，其重为 785 288 kN，而屋盖结构的平动自振周期约 X 向为 0.91 s，Y 为 1.14 s，其重为 66 576 kN。在进行整体建模分析前，将上部屋盖结构和下部看台结构简化为 2 个质点，对其进行二振子模型进行分析。从图 4-23 可以看出，当下部结构的自振周期达到和上部结构相当的时候，对地震的放大效应最为明显，放大倍数达到了 3 倍，随着下部结构的刚度加大，放大效应呈非线性的下降。下部结构自振周期为 0.5 s 时，放大系数约 1.5 倍，当下部结构的自振周期为 0.3 s 以下时，地震的放大系数则可以降到约 1.1 倍。再继续提高刚度对地震放大系数的减小影响不明显。所以下部结构的刚度对于上部结构的影响是较大的，需要对支承结构的刚度进行有效的控制。

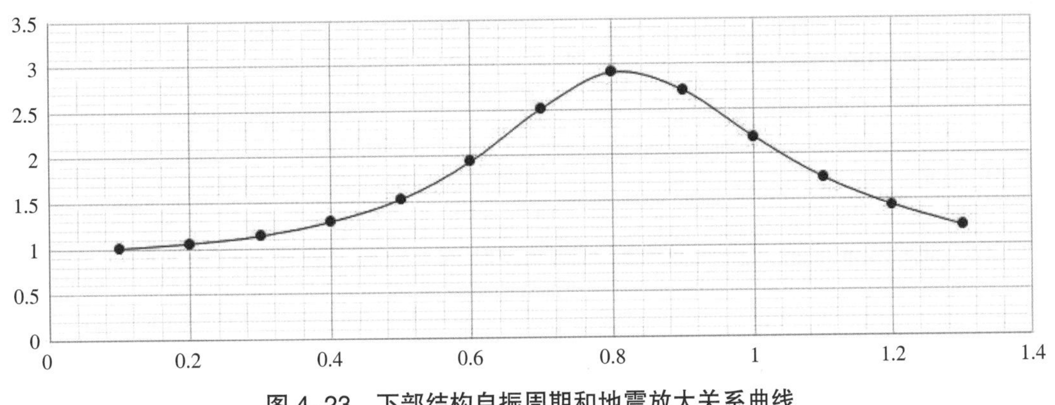

图 4-23　下部结构自振周期和地震放大关系曲线

对比整体模型和钢屋盖单体模型柱脚水平加速度、环索竖向变形、构件内力，发现和二振子模型的计算基本相符，在钢结构单体模型的计算中，地震效应的放大系数保守采用 1.6 倍。如果进一步地加大下部结构的刚度，则下部结构对上部结构的地震放大系数还可以进一步减小。

4.2.3　钢屋盖单体模型抗震计算

结构在地震作用下，除了采用振型分解反应谱法外，同时采用了时程分析法进行了罕遇地震下的补充计算。选取三组加速度时程曲线，其中一组为人工波，两组天然波，对其进行弹性分析，每条时程曲线计算所得结构底部剪力均大于振型分解反应谱计算结果的 65%，三条时程曲线计算所得结构底部剪力的平均值均大于振型分解反应谱计算结果的 80%。

在弹性时程分析的结果中，剪重比均大于规范规定的、罕遇地震下最小剪重比 0.1 的要求。在三条时程波的分析下，结构在 X 向的最大位移为 93 mm，在 Y 向的最大位移为 292 mm，在 Z 向的最大位移为 474 mm，均小于静力活荷载作用下结构所产生的最大位移，地震作用对本结构并无控制作用，体现了轻型屋盖结构在抗震方面的优势。

4.3 稳定性分析

采用 SAP2000 有限元软件对屋盖结构进行整体稳定分析，对于中置压环的整体几何缺陷，选取压环上两个未变形点之间的最大距离（约 30 m）的 1/300 作为初始变形值。

将 30 m/300＝100 mm 作为压环的最大初始变形进行整体缺陷分析计算。这个缺陷值是考虑了所有的焊接应力和几何缺陷的值，并不意味着可以允许如此大的施工误差。通过对压环端板表面的机械加工可以达到相对较高的精确度，端板的允许转角误差为：$\Delta\alpha=0.5/1\,000$，这样每段压环所产生的最大误差 $\Delta s=0.5/1\,000\times11.5\ \text{m}=5.75\ \text{mm}$。压环要求在加工厂进行预拼装，按照每次拼装 3 段环梁考虑，整个压环结构最大的允许偏差为 $3\Delta s=18\ \text{mm}$，如图 4-24 所示。

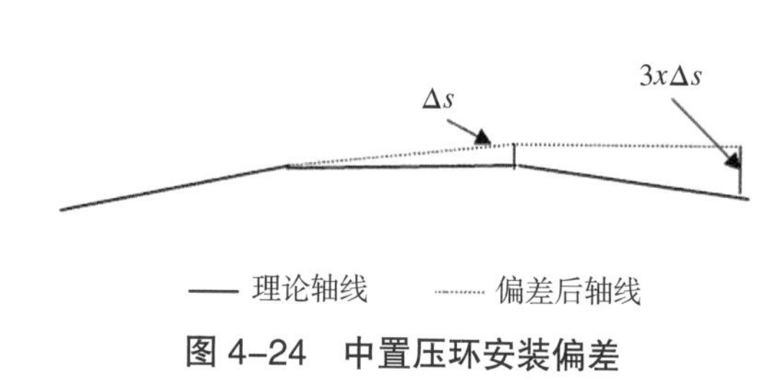

图 4-24 中置压环安装偏差

如图 4-25 所示为屋盖结构的主要屈曲模态。按照最不利的极限承载力荷载状态组合下，压环的最小屈曲因子达到 7.63，从中可以看到结构的整体稳定性较好。

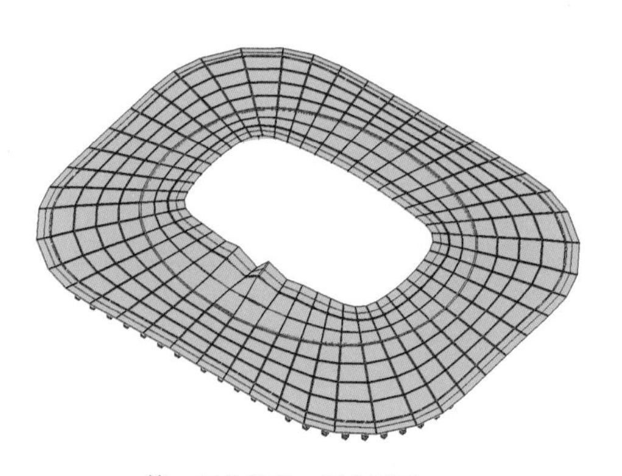
第一屈曲模态，屈曲因子 7.63

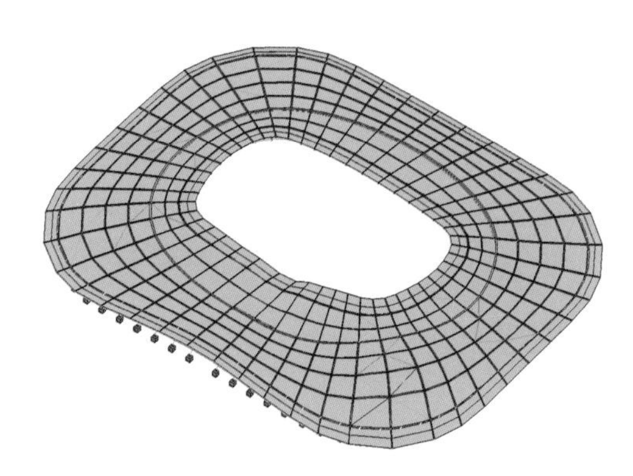
第二屈曲模态，屈曲因子 8.16

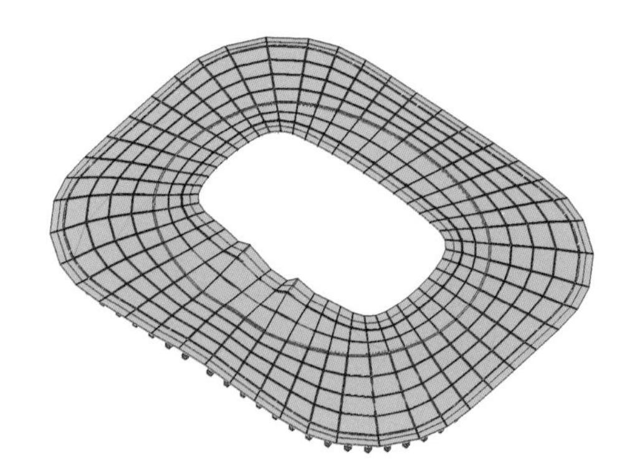
第三屈曲模态，屈曲因子 8.52

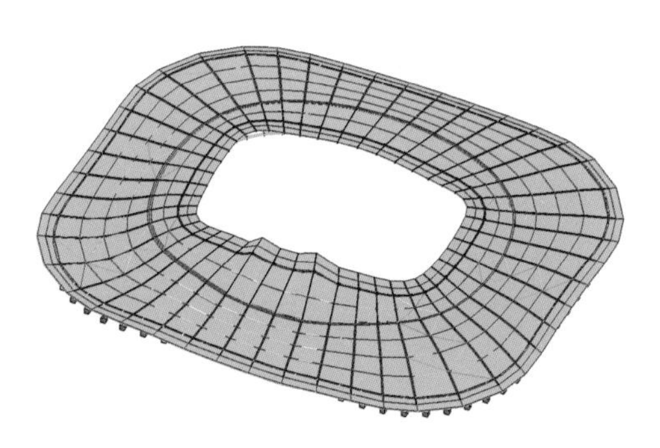
第四屈曲模态，屈曲因子 8.86

图 4-25 屈曲模态

除了最重要的压环外，其次出现屈曲模态的是角部长度最大的上径向梁，因为其计算长度最长，而且承受很大的轴压力。

通过欧拉公式反求压环的计算长度系数：

$$\mu=\sqrt[2]{\frac{\pi^2 EI}{l^2 F_{\mathrm{CR}}}}=\sqrt[2]{\frac{\pi^2\times 2.06\times 10\ 174\ 167}{11.3^2\times 32\ 233\times 7.63}}=2.56$$

最不利的承载力极限状态组合下压环最大轴力为 32 233 kN，节点间的计算长度为 11.3 m，欧拉公式中所求出的计算长度系数为 2.56 倍，这和屈曲分析中图形变化中大约 3 个节间的屈曲模态是相吻合的。所以计算中保守地取值为 3 倍的计算长度对压环的稳定性进行复核。

根据《空间网格结构技术规程》(JGJ 7—2010) 条文 4.3，通过荷载 - 位移全过程分析的方法对整体网壳结构的稳定性和极限强度进行计算。除了规范要求的恒载＋满跨活载和恒载＋半跨活载两种工况外，还结合结构的特点考虑最不利的下压风和上吸风两种工况，全面分析整体结构的稳定性，得到极限强度。选取结构最低阶的屈曲模态作为初始几何缺陷形体，选取跨度的 1/300 作为最大缺陷计算值。

中置压环索承网格结构是由预应力拉索构成的自锚结构，其自重的影响会通过合适的找形来平衡，所以本结构体系中，恒载并不是产生位移和应力的主要因素。因此，在进行荷载一位移全过程分析时，以规范为基础，并结合本结构体系的特点来判定稳定极限状态。分析时，各工况下的结构自重保持恒定，附加恒载、活载和风荷载逐步增大，当到达结构稳定极限临界点时的荷载作为稳定极限承载力，各工况下荷载的标准值组合设为稳定容许承载力，从容许承载力到极限承载力，荷载增加的倍数为安全系数 K。根据规范，当按弹性全过程分析时，安全系数应大于 4.2，当按弹塑性全过程分析时，安全系数应大于 2.0。

进行恒载＋附加恒载＋满跨活载下考虑材料线性＋几何非线性的整体稳定分析，当荷载增加到 5.05 倍时，结构到达稳定性的极限，此时安全系数为 5.05，大于规范规定的 4.2。如图 4-26 所示。

根据图示，内圈圈梁利用率（红色）远大于其他部分杆件（黄色—绿色）。根据此轮辐式张拉体系的特点，过大的下压荷载会导致内圈部分下压，内圈圈梁将受到较大的压力，加上几何非线性效应的影响，内圈圈梁首先达到自身的稳定极限，但此时体系的主结构部分仍然有较大的冗余度，而

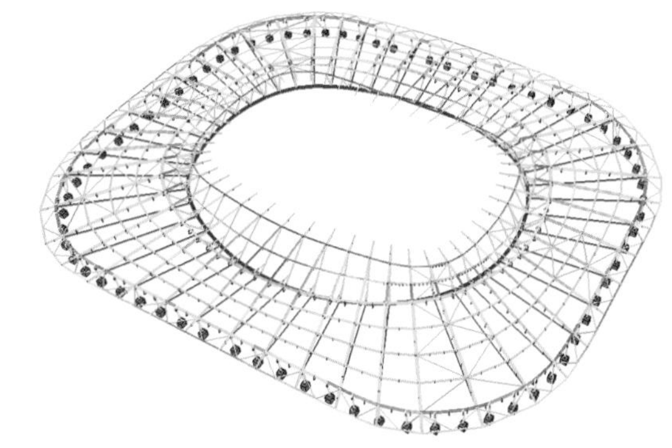

图 4-26　材料线性＋几何非线性下的安全系数 5.05

圈梁为整体结构的一般构件，内圈圈梁的局部破坏并不影响整体的稳定性。

为了验证此值是否为单一杆件的稳定性问题，从而对到结构的整体稳定性极限进行评估，逐个去掉体系中首先失稳的非主要结构，然后进行荷载一位移全过程分析，这样可以使增加的荷载最终影响到体系主结构上，从而找到整体结构的极限强度和相应的安全系数。

从图 4-27、图 4-28 中可以看出弹性情况下结构受力、稳定性情况与荷载之间的关系。去掉内圈和第二圈圈梁后，整体结构安全系数仍能提高，说明内圈和第二圈圈梁的局部失稳并不影响体系主结构的稳定性。当荷载增加到 5.95 倍时，结构达到稳定极限。

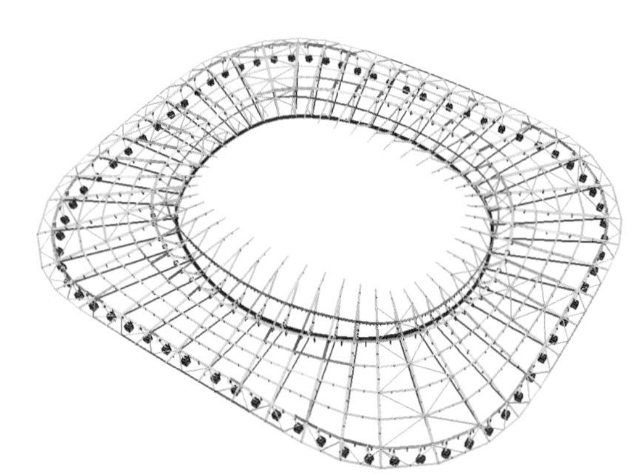

图 4-27　去除内圈圈梁后材料线性下的安全系数 5.75

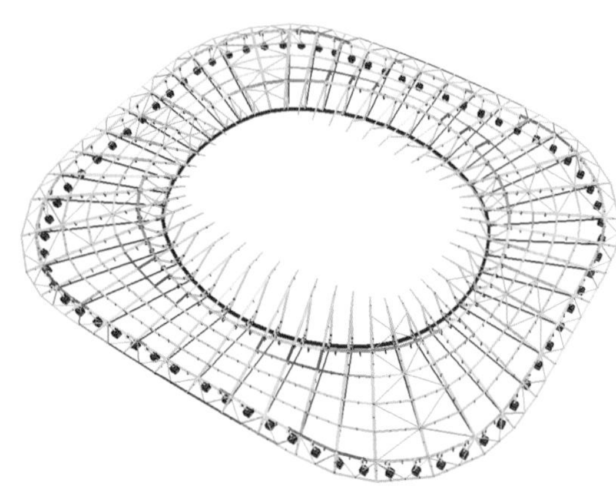

图 4-28　去除内圈和第二圈圈梁后材料线性下的安全系数 5.95

由整体模型的屈曲模态分析也可发现，屋盖结构最早发生屈曲的位置就是内部的圈梁，如图 4-25 所示，这和全过程分析的趋势是相吻合的。

进行恒载＋附加恒载＋满跨活载下考虑材料非线性＋几何非线性的整体稳定分析，在双非线性的情况下，安全系数达到 2.62 倍时结构非线性分析不收敛，结构失稳，从计算结果来看依然是内圈梁达到了它的稳定极限强度，而非整体结构丧失稳定性，如图 4-29 所示，安全系数大于规范值 2.0。

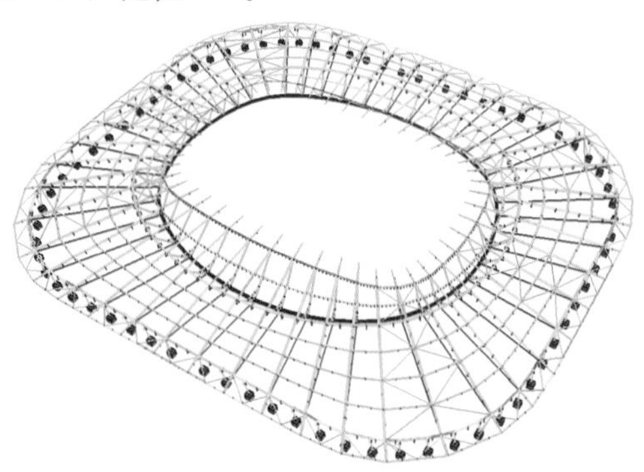

图 4-29　材料非线性下的安全系数 2.62

第 5 章　节点设计及试验分析

在大跨空间钢结构中，节点是结构组成的重要部分，节点连接设计对结构受力性能、制作安装、经济性和建筑效果有重要影响。本章对中置压环索承网格结构关键节点设计进行了介绍，包括径向索与径向梁节点、径向索与环索索夹节点、环索接头节点、压环及V柱相关节点，对热轧钢板与铸钢索槽组合索夹进行了有限元计算分析；采用三种规范公式对环索索夹抗滑移性能进行了验算，并进行了对比；进行了环索索夹高强螺栓应力松弛试验和索夹抗滑移极限承载力试验，前者说明了高强螺栓的应力随时间的变化情况，后者则通过模拟索夹实际工作环境，考虑高强螺栓预紧力损失的时间效应，得到在拉索张拉状态下索夹孔道抗滑移极限承载力及摩擦系数的大小，确保了环索索夹抗滑移性能。

5.1　节点设计

5.1.1　径向索与径向梁节点

5.1.1.1　节点构造

径向索与径向梁通过耳板采用销轴连接，该节点是拉索将水平分力通过径向主梁传至中置压环的关键，如图 5-1 所示。为将径向索索端的水平拉力传至径向主梁同时避免应力集中，在径向主梁内设置 2 m 长的节点板作为加强区，与径向主梁上下底面及横向加劲肋焊接。承载能力极限状态下的索力大小规律为：Φ120 ＞ Φ110 ＞ Φ95，故节点板

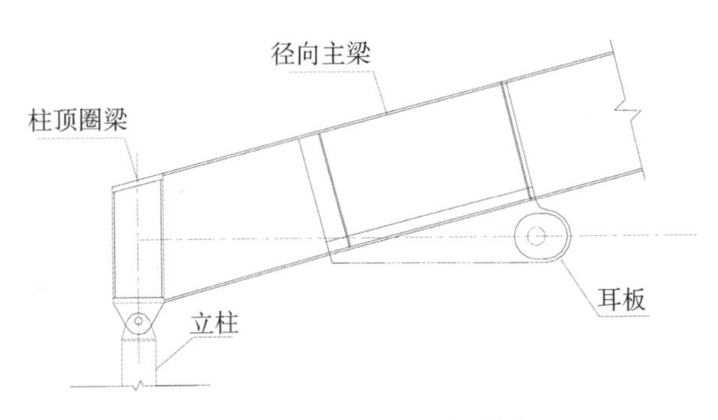

图 5-1　径向索与径向梁节点

分为三种类型：Φ95 拉索结构耳板厚 60 mm，加强贴板厚 35 mm；Φ110 拉索结构耳板厚 70 mm，加强贴板厚 40 mm；Φ120 拉索结构耳板厚 80 mm，加强贴板厚 45 mm。径向索与径向梁节点详图如图 5-2 所示。

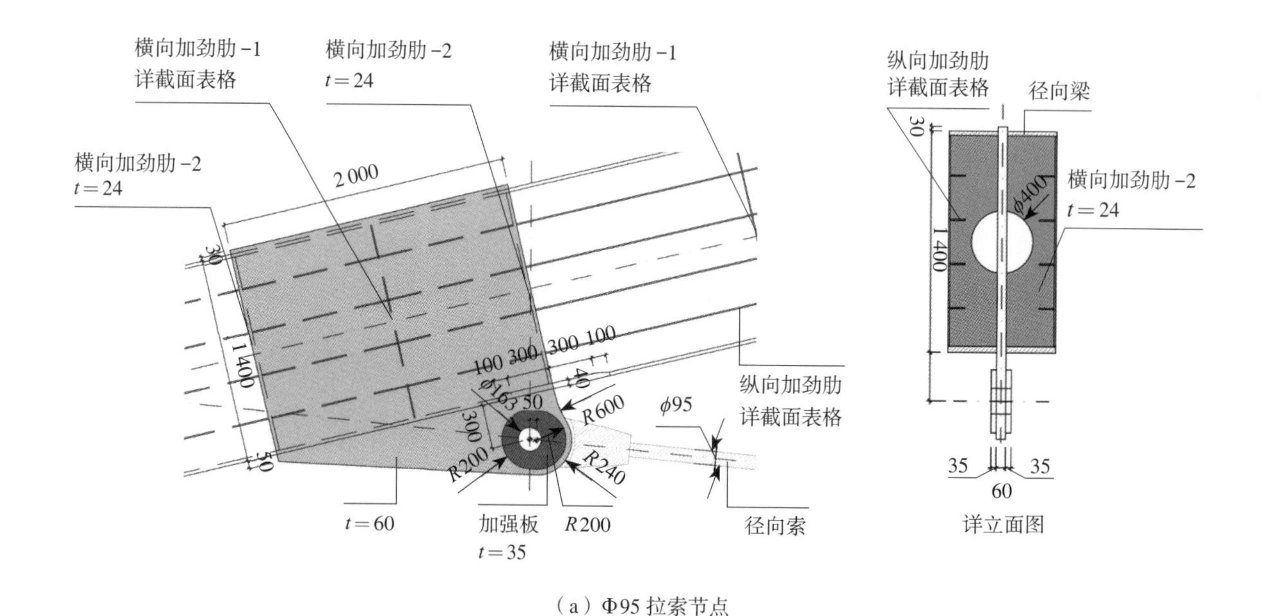

（a）Φ95 拉索节点

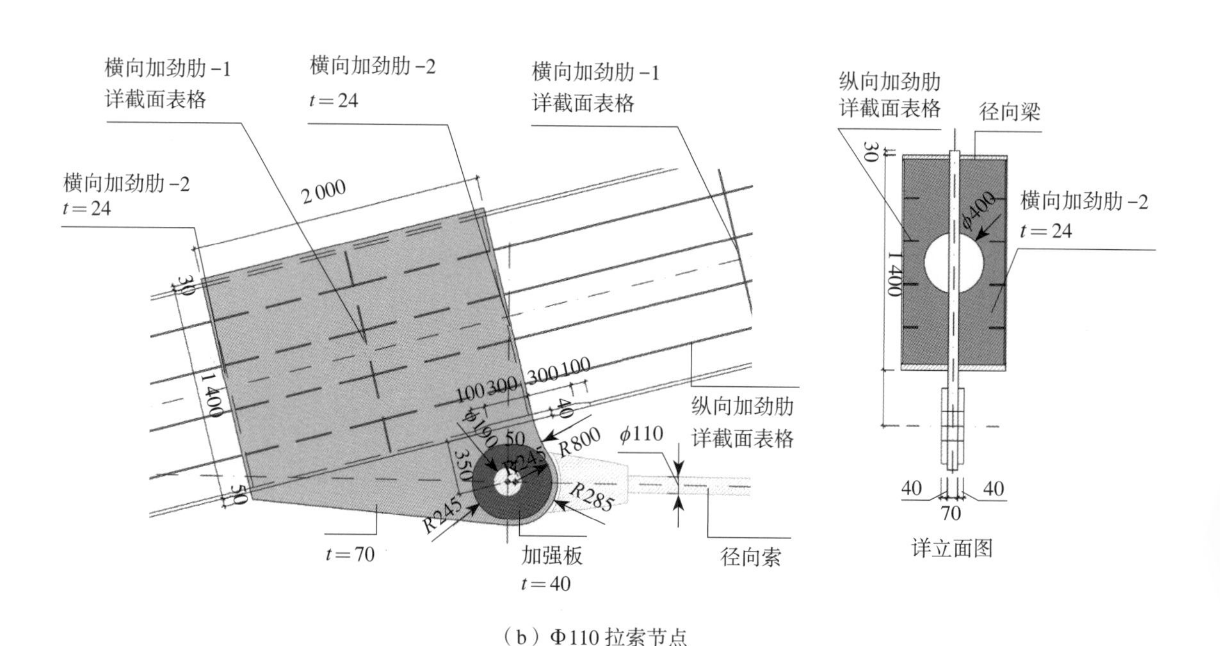

（b）Φ110 拉索节点

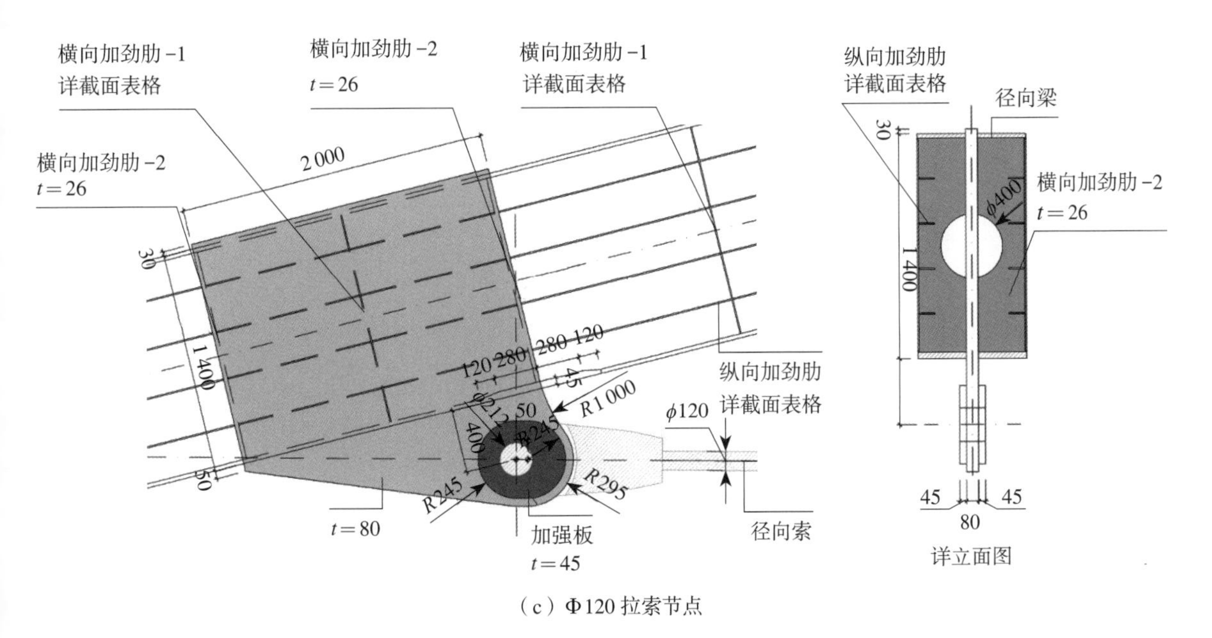

（c）Φ120 拉索节点

图 5-2　不同规格径向索连接板尺寸

5.1.1.2　销轴耳板承载力验算

根据《钢结构设计标准》（GB 50017—2017）中关于销轴连接耳板的计算公式对该节点进行承载力验算，连接耳板（图 5-3）的计算公式如下：

耳板孔净截面处的抗拉强度：

$$\sigma=N/(2tb_1)\leqslant f \tag{5-1}$$

$$b_1=\min(2t+16,\ b-d_0/3) \tag{5-2}$$

耳板端部截面抗拉（劈开）强度：

$$\sigma=N/2t(a-2d_0/3)\leqslant f \tag{5-3}$$

耳板抗剪强度：

$$\tau=N/2tZ\leqslant f_V \tag{5-4}$$

$$Z=\sqrt{(a+d_0/2)^2-(d_0/2)^2} \tag{5-5}$$

式中，N——杆件轴向拉力设计值；

b_1——计算宽度；

d_0——销孔直径；

f——耳板抗拉强度设计值；

Z——耳板端部抗剪截面宽度；

f_V——耳板钢材抗剪强度设计值。

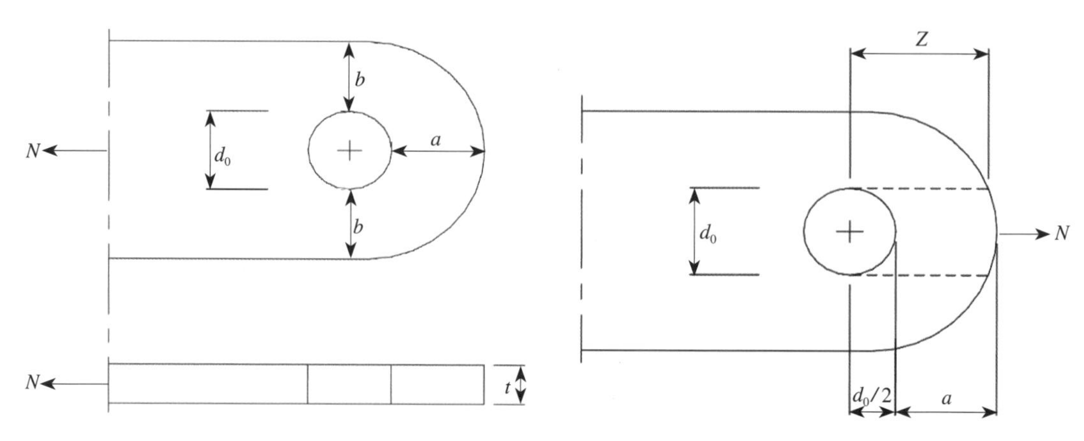

图 5-3 销轴连接耳板

Φ120 拉索所受最大拉力为 6 946 kN，结构耳板厚 80 mm，加强贴板厚 45 mm。连接节点所采用的索头、结构耳板、贴板、销轴、焊缝等基本信息见表 5-1，对耳板及销轴进行承载力验算，结果见表 5-2。由表可知，销轴承载力、连接板根部抗拉、连接板端部的承载力均满足要求。

表 5-1 连接节点材质及尺寸

索头型式	型式	销轴直径 / mm	销轴间隙 /（mm/ 侧）	叉耳开口 /mm	双耳板厚 /mm	侧间隙 /（mm/ 侧）	叉耳进深 /mm
	叉耳式	210	1	225	150	13	390
结构耳板	材质	块数	厚度 /mm	宽度 /mm	销中至顶缘 /mm	计算强度 /MPa	承压强度 /MPa
	Q390	1	80	700	370	295	400
贴板	材质	贴板数	厚度 /mm	边距 /mm	外缘直径 /mm	计算强度 /MPa	承压强度 /MPa
	Q390	2	45	50	600	310	400
销轴	材质	销轴剪切面	计算强度 /MPa	抗剪强度 /MPa	直角焊缝	角焊缝强度 /MPa	焊缝高度 /mm
	42CrMo	2	837	483		200	30

表 5-2　连接承载力验算

销轴承载力验算		连接板根部抗拉验算	连接板端部的承载力验算				焊缝承载力验算
剪应力比	弯曲应力比	拉应力比	拉应力比	剪应力比	劈拉应力比	承压应力比	承载所需焊缝高度 /mm
0.210	0.327	0.565	0.493	0.388	0.796	0.490	9.8 < 30

5.1.2　径向索与环索索夹节点

5.1.2.1　节点构造

8 根环索与径向索、V 柱内外肢通过索夹相连，保证径向索和环索共同工作。此节点是索网结构最重要的节点，对材料强度要求较高。索夹实体如图 5-4 所示，其形式复杂，宜采用铸钢节点，但如果采用整体铸造的话，缺点是铸造难度大，易出现缺陷，可靠性低，国外工程中曾发生过索夹断裂的严重事故。为保证索夹强度和加工性能，本工程采用创新组合索夹，材质分为两部分：上下铸钢件采用 G20Mn5QT（化学成分见表 5-3，力学参数见表 5-4），中央底板及加强板采用 Q390C，两者通过焊接连接成整体。索夹平面图及剖面图如图 5-5、图 5-6 所示。

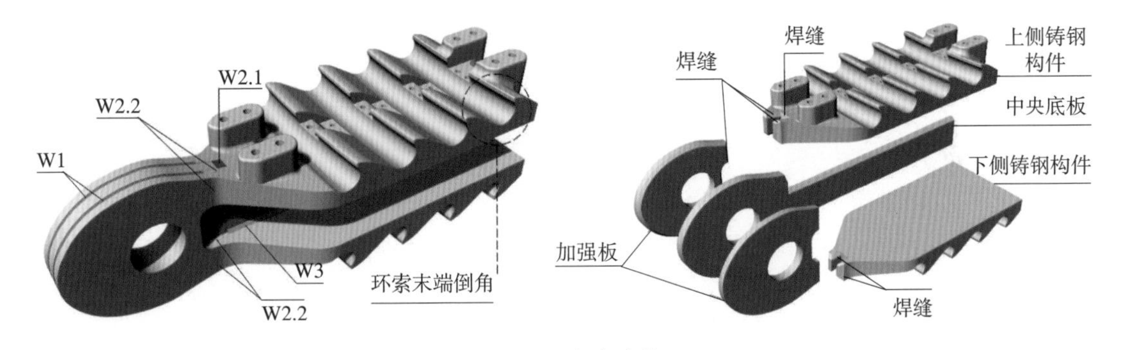

图 5-4　索夹实体

表 5-3　G20Mn5 化学成分

（%，质量分数）

ω（C）	ω（Mn）	ω（Si）	ω（S）	ω（P）	ω（Ni）
0.17 ~ 0.23	1.0 ~ 1.6	≤ 0.60	≤ 0.02	≤ 0.02	≤ 0.08

表 5-4　G20Mn5 力学参数

热处理	壁厚 /mm	屈服强度 /MPa	抗拉强度 /MPa	延伸率 /%
调质 QT	≤ 100	300	500 ~ 650	22

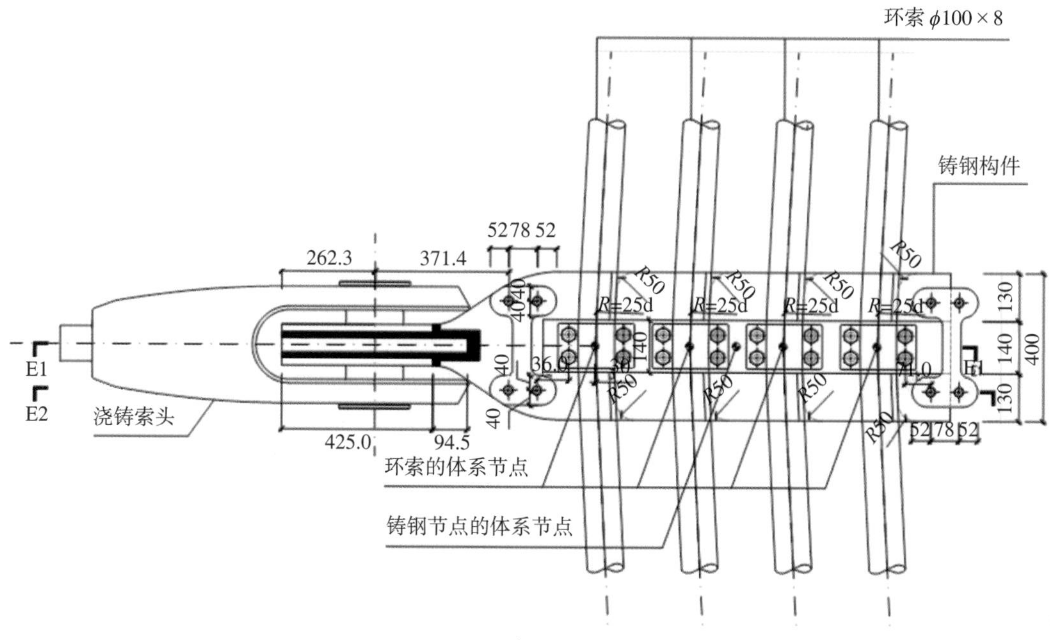

图 5–5　索夹平面图

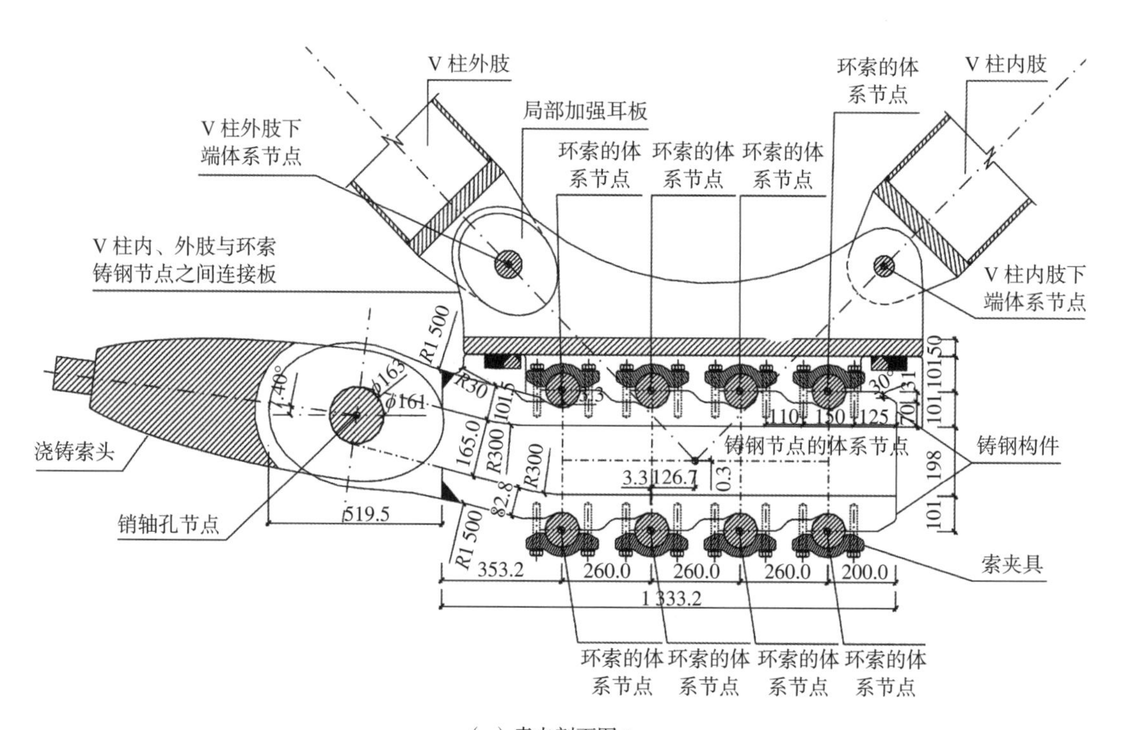

（a）索夹剖面图 1

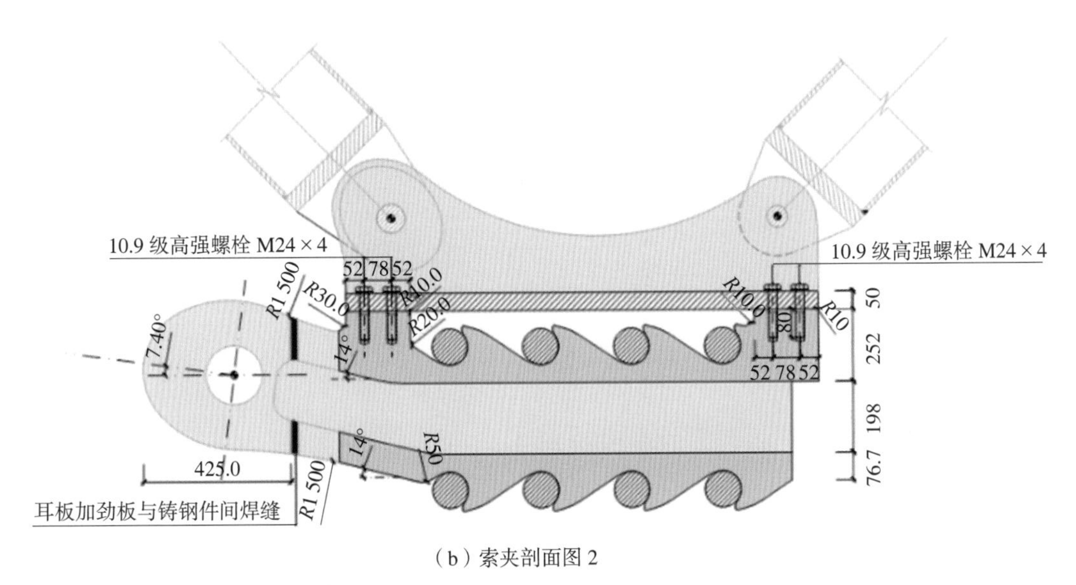

（b）索夹剖面图 2

图 5-6　索夹剖面图

为有效施加螺栓预拉力，单个孔道索夹配 4 个 8.8 M20 级高强螺栓，高强螺栓基本参数见表 5-5。由于不同轴线对应的环索曲率有差异，不同轴线处索夹孔道弧度不同。根据差异大小将索夹孔道归为三类，其中 45° 角处索夹孔道弧度最大为 12°。索夹上部通过螺栓与盖板相连，V 柱内、外肢通过销轴与索夹上盖板相连。

表 5-5　高强螺栓基本参数

螺栓性能	螺栓规格	螺栓个数	规范预紧力 /kN	施工预紧力 /kN	高强螺栓应力松弛系数	单个螺栓设计夹紧力 /kN	螺栓总设计夹紧力 /kN
8.8 级	M20	4	123	125	0.6	50.0	200.0

5.1.2.2　节点有限元分析

索夹受力和构造复杂，采用 ANSYS 软件进行了计算分析。从图 5-7 可以看到，整个连接体的应力水平还是较低的，分析中应力较高的部分为销轴和耳板连接部分的接触应力。原则上接触应力的允许值已经通过销轴耳板承压的公式进行计算，并满足相关规范的要求。

5.1.2.3　抗滑移承载力验算

1）计算方法

环索在索夹内产生滑移将改变索网结构的受力状态及结构形态，对结构产生不利影响，因此有必要对索夹进行抗滑移验算，避免滑移。目前国内关于索夹抗滑移性能的设

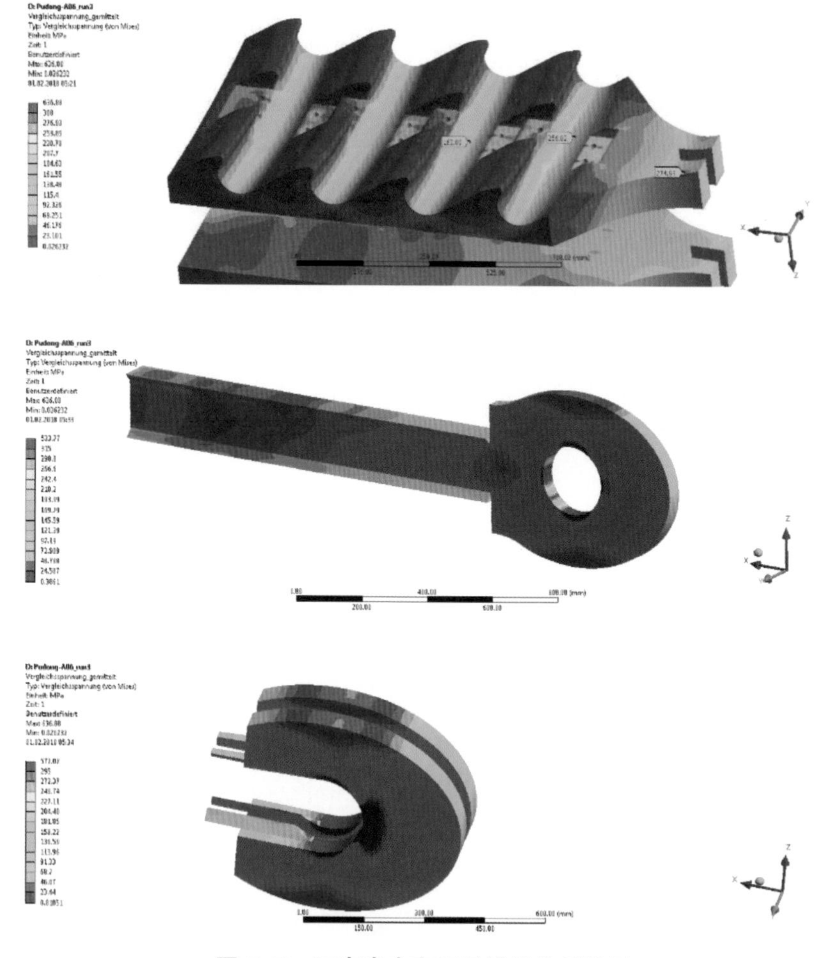

图 5–7 环索索夹有限元模拟分析结果

计规范或规程有:《公路悬索桥设计规范》(JTG D65T OS—2015)和《索结构技术规程》(JGJ 257—2012)。国外对索夹抗滑移的研究较为成熟，以欧洲标准、美国标准为典型。

《公路悬索桥设计规范》第 11.4.2 条提出吊索索夹抗滑移系数和抗滑移摩阻力计算公式:

$$K_{fc}=F_{fc}/N_c \geqslant 3 \tag{5-6}$$

$$F_{fc}=k\mu P_{\text{tot}} \tag{5-7}$$

式中，K_{fc}——索夹抗滑移系数;

N_c——主缆上索夹的下滑力;

F_{fc}——索夹抗滑移摩阻力，$F_{fc}=k\mu P_{\text{tot}}$;

k——紧固压力分布不均匀系数，取 2.8;

μ——摩擦系数，取 0.15;

P_{tot}——索夹螺杆总设计夹紧力，$P_{\text{tot}}=n_{cb}P_b^c$;

n_{cb}——索夹螺杆总根数；

P_b^c——索夹单根螺杆设计夹紧力。

《索结构技术规程》6.2.1 条中对索夹抗滑移性能提出定性要求：夹具与索体之间的摩擦力应大于夹具两侧索体的索力差，规范中未涉及索夹抗滑移极限承载力计算公式。根据该要求并参考国外规范，《建筑索结构节点设计技术指南》一书中提出公式如下：

$$R_{fc} \geqslant F_{nb} \tag{5-8}$$

$$R_{fc} = 2\bar{\mu} P_{\mathrm{tot}}^{e} / \gamma_M \tag{5-9}$$

$$P_{\mathrm{tot}}^{e} = (1 - \phi_B)\ P_{\mathrm{tot}}^{0} \tag{5-10}$$

式中，R_{fc}——索夹抗滑移设计承载力；

F_{nb}——索夹两侧索力差设计值；

γ_M——索夹抗滑移设计承载力的部分安全系数，宜取 1.65；

$\bar{\mu}$——索夹与索体间的综合摩擦系数；

P_{tot}^{e}——高强螺栓的有效紧固力之和；

φ_B——高强螺栓紧固力损失系数。

欧洲标准 EN 1993-1-11 中关于索夹和索鞍抗滑移承载力公式中，不仅考虑了高强螺栓预紧力对抗滑移承载力的影响，同时也考虑了索力沿索夹孔道弧度的法向分力的影响，计算公式如下：

$$\left(F_{Ed1} - kF_r\mu / \gamma_{Mfr}\right) / F_{Ed2} \leqslant e^{\left[\mu\alpha / \gamma_{Mfr}\right]} \tag{5-11}$$

式中，F_{Ed1}、F_{Ed2}——拉索上任一边的最大和最小设计值；

μ——摩擦系数；

α——索夹弧度；

γ_{Mfr}——摩擦分项系数，推荐使用 $\gamma_{Mfr} = 1.65$；

k——摩擦面数，接触较好时通常为 2.0；

F_r——径向夹紧力。

2）抗滑移承载力验算

上海浦东足球场屋盖结构中，承载能力极限状态下环索最大索力差为 35.173 kN，对应索段的索力分别为 4 778.879 kN 和 4 743.706 kN，如图 5-8 所示。按照上述三种计算方式分别验算索夹的抗滑移承载力见表 5-6。本工程中，拉索沿索夹孔道发生偏转，索夹两端索段的合力对索夹造成挤压，使得拉索垂直于孔道方向的法向分力显著增大。通过对比三种计算方法可知，国内关于索夹抗滑移承载力计算的方法和公式未考虑索力沿孔道法向分力的影响，计算结果较保守，安全系数过高，易造成材料浪费。而欧洲标准考虑因素较全面，计算模型与实际较符合，抗滑移应力比 0.35，满足要求。

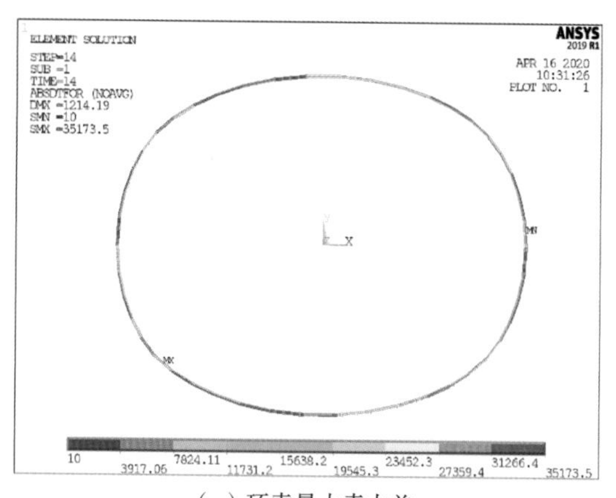

（a）环索最大索力差

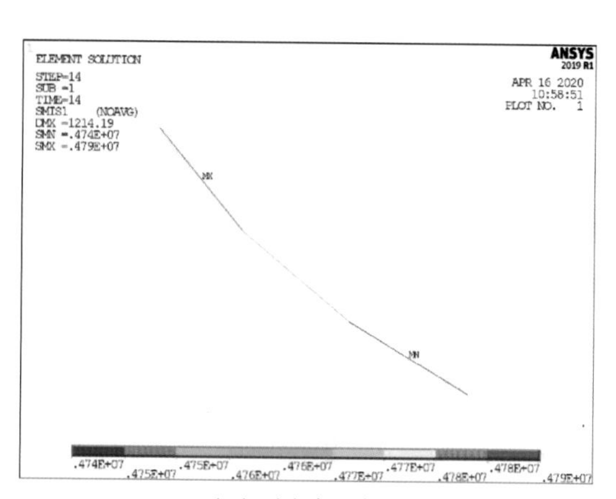

（b）对应索段索力

图 5-8　环索相邻索力差 /N

表 5-6　索夹抗滑移承载力验算

规范 / 书目 / 标准	《公路悬索桥设计规范》	《建筑索结构节点设计技术指南》	EN 1993-1-11 标准
摩擦系数	0.15	0.2	0.12
紧固力不均匀系数	2.8	—	—
摩擦面数 k	—	—	2.0
安全系数	—	1.65	1.65
孔道弯折角度 α/rad	—	—	0.209
拉索一端最大索力 /kN	—	—	4 778.879
抗滑移承载力 /kN	84.0	48.5	100.9
相邻索力差设计值 /kN	35.173	35.173	35.173
抗滑移系数 K_{fc} 或抗滑移应力比 δ	$K_{fc}=2.83<3$	$\delta=0.72$	$\delta=0.35$
是否满足规范要求	否	是	是

5.1.3　环索接头节点

环索由 8 根密封索组成，单根总长为 378 m。考虑生产、运输及安装要求，将单根环索等分为两段，两段索通过连接头连接。环索连接位置位于结构长对称轴处，在索夹两侧上下错位布置，如图 5-9 所示。环索连接接头由锥形索头和螺纹拉杆组成，不设调节量，如图 5-10 所示。

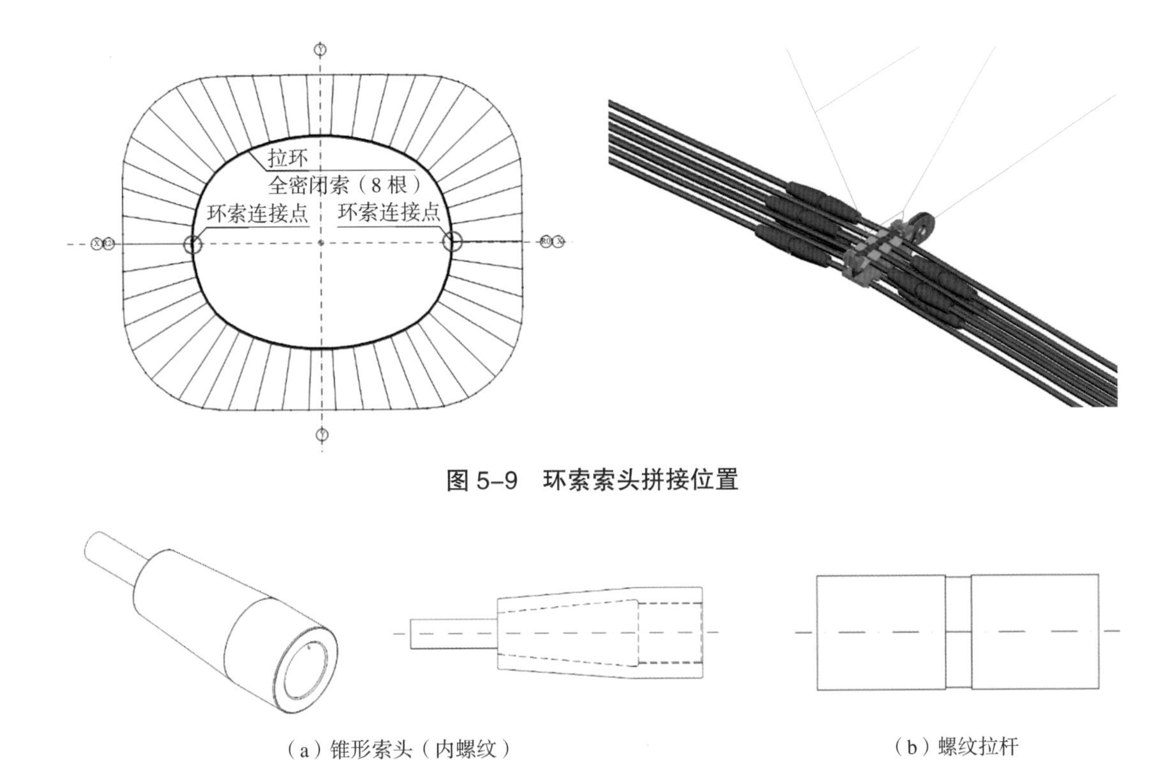

图 5-9　环索索头拼接位置

（a）锥形索头（内螺纹）　　（b）螺纹拉杆

图 5-10　环索连接接头

5.1.4　压环及 V 柱相关节点

V 柱上端与压环梁采用耳板销轴连接，如图 5-11 所示。根据压环所连杆件不同，压环内所设加劲肋也不同。在压环受力不大位置，对加劲肋进行开洞处理，减小了结构用钢量；当压环两侧连有屋面内支撑时，加劲肋上部不开洞以保证压环整体稳定性能。

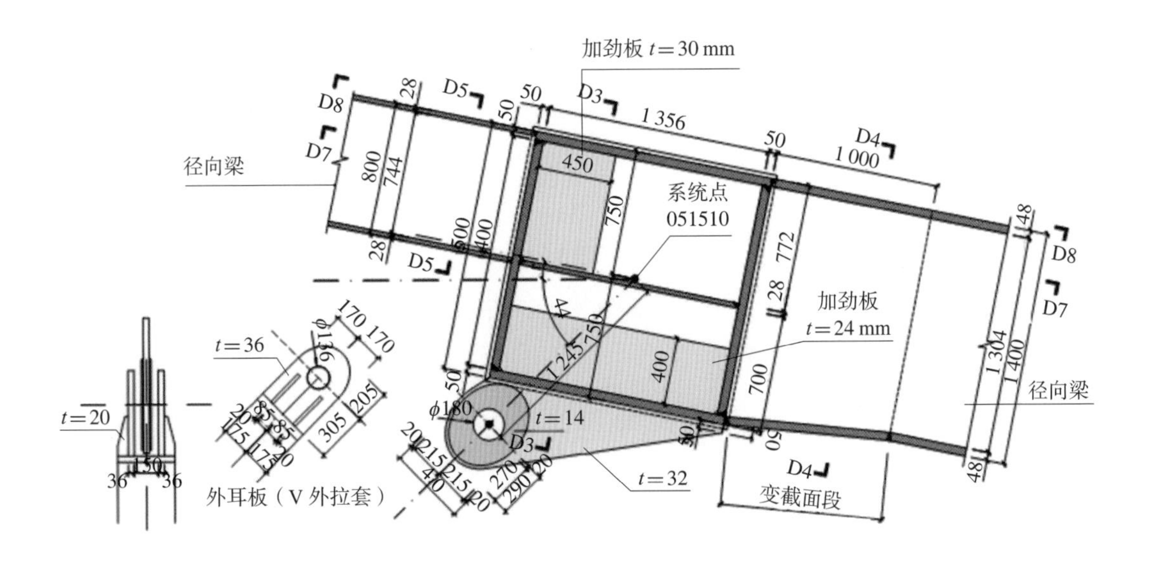

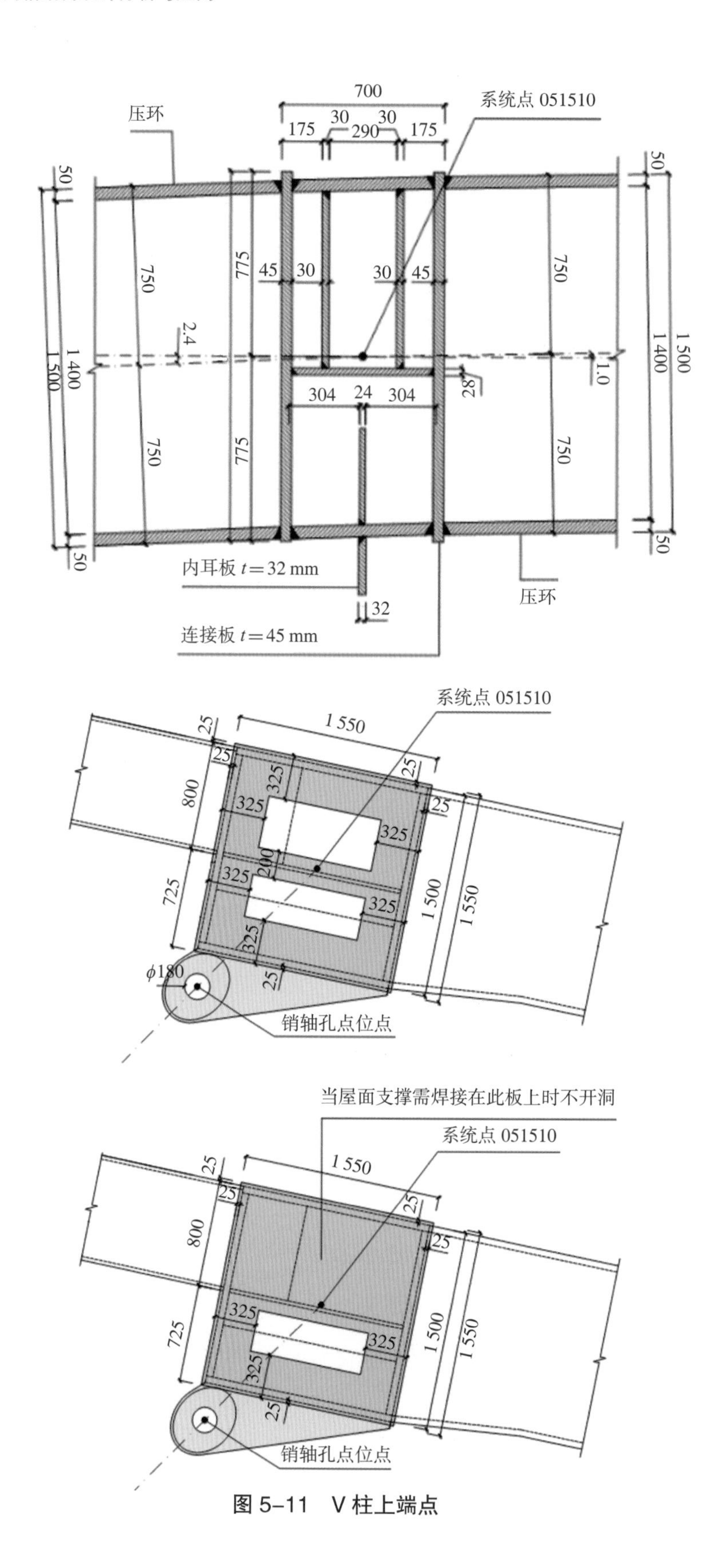
压环
700
175
30
290
30
175
系统点 051510
750
775
45
30
30
45
2.4
1 400
1 500
304
24
304
28
1.0
内耳板 t=32 mm
32
连接板 t=45 mm
1 550
25
800
325
200
725
ϕ180
销轴孔点位点
1 500
1 550
当屋面支撑需焊接在此板上时不开洞

图 5-11　V 柱上端点

压环采用法兰螺栓连接，如图 5-12 所示。法兰外径 1 800 mm，单个截面共 60 个 10.9 级 M36 高强螺栓，连接位置设置于各段压环梁的中点。法兰端板在连接前必须进行打磨，确保 90% 以上接触面。为了保证压环的安装精度，在施工前可采用预拼装消除安装误差。

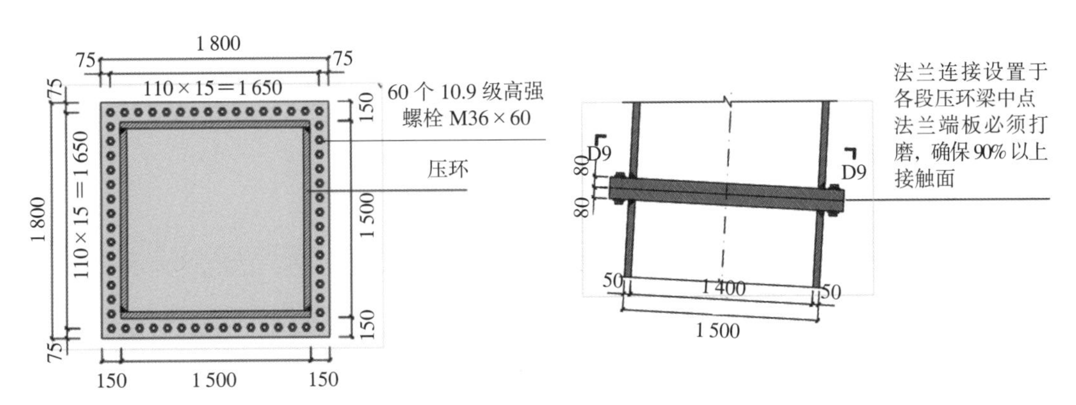

图 5-12　压环法兰连接

5.2　索夹抗滑移承载力试验

对于中置压环索承网格结构，索网是承托上部网格结构的核心构件，而索夹作为索网中起到连接与紧固作用的关键节点，关系到整个结构的可靠度与安全性。如果索夹与拉索之间产生相对滑移，则索网的几何位形将发生改变，从而导致整个结构的预应力分布错乱，最终可能对结构承载力和整体稳定等关键性能产生不利影响，甚至可能导致安全事故。因此，有必要进行索夹节点抗滑移性能试验研究，确保其具备一定的抗滑移承载力，为结构安全性提供保障。

一般来说，索夹节点的抗滑移性能主要由索体与索夹之间的摩擦力决定，而影响该摩擦力的因素较多：索体与索夹材料类型、接触面镀层形式、孔道形状和精度、螺栓紧固力等。因此，仅进行理论分析难以将影响索夹抗滑移性能的各方面原因考虑全面，必须通过实际的试验研究才能对其进行较为精确的评定。

以上海浦东足球场为工程背景，通过专项试验对中置压环索承网格结构中的索夹抗滑移性能进行研究。试验主要由两部分内容组成：高强螺栓应力松弛试验和索夹抗滑移极限承载力试验。高强螺栓应力松弛试验是对索夹试件施加试验力并持载一段时间，从而掌握高强螺栓的应力随时间的变化情况。索夹抗滑移极限承载力试验即拉索张拉下的索夹顶推抗滑移试验，该部分试验通过模拟索夹实际工作环境，考虑高强螺栓预紧力损失的时间效应，研究在拉索张拉状态下索夹孔道抗滑移极限承载力及摩擦系数的大小。

5.2.1 试验研究对象

上海浦东足球场中置压环索承网格结构中拉索均采用全封闭索（断面形式示意如图5-13所示，拉索形式如图5-14所示），其中环索均为同一种规格（具体规格见表5-7，构造形式见表5-8），因此在索夹抗滑移性能试验研究中，试验索夹仅有一种类型。根据设计要求，取两个试件进行试验，其概况见表5-8。索夹主体与压板之间采用8.8级M20高强螺栓进行连接。索夹节点三维模型如图5-15所示，现场照片如图5-16所示。需要注意的是，每次试验之前索夹和拉索的接触摩擦面都必须是完好的原始状态。

表5-7　试验拉索规格

试　　件	拉索类型	直径 /mm	标称破断力 /kN	数　　量
拉索	全封闭钢绞线	100	10 100	1

表5-8　试验索夹概况

试　　件	材　　料	材　　质	孔道防腐	高强螺栓	数　　量
索夹	铸钢件	G20Mn5QT	热喷锌	8.8级M20	2

图5-13　全封闭索断面形式示意图

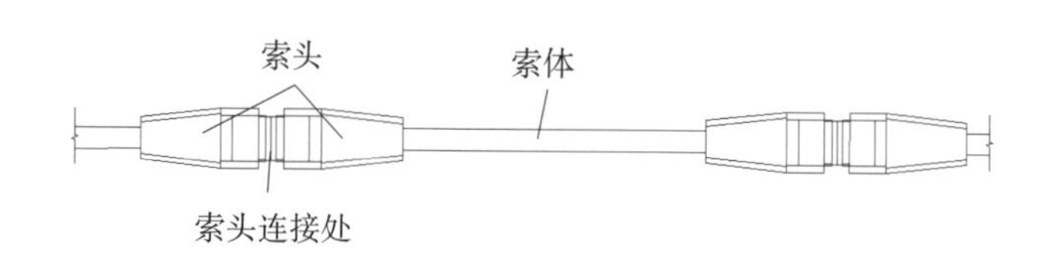

图5-14　试验拉索（环索）形式示意图

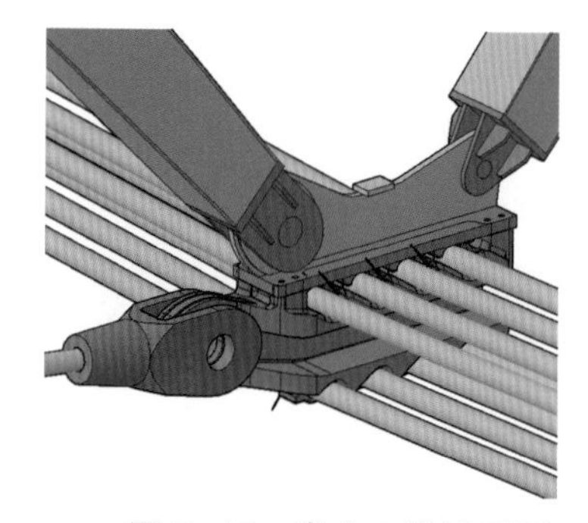

图5-15　索夹三维模型图

图5-16　索夹现场照片

索夹与抗滑移性能相关的部分主要是索孔、压板（图 5-17）和高强螺栓（图 5-18），因此试验的索夹试件仅取铸钢部分和压板。索夹主体铸钢部分构造示意图如图 5-19 和图 5-20 所示。

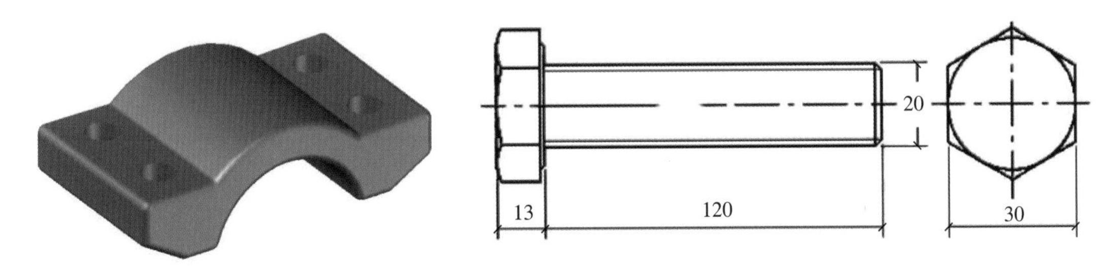

图 5-17　压板三维模型图

图 5-18　M20 高强螺栓规格示意图

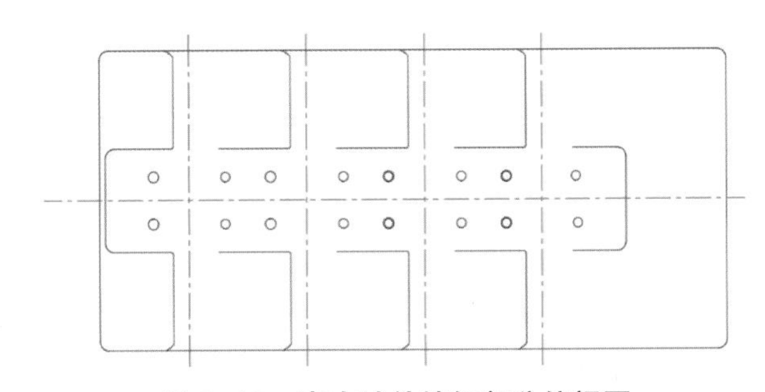

图 5-19　索夹试件铸钢部分俯视图

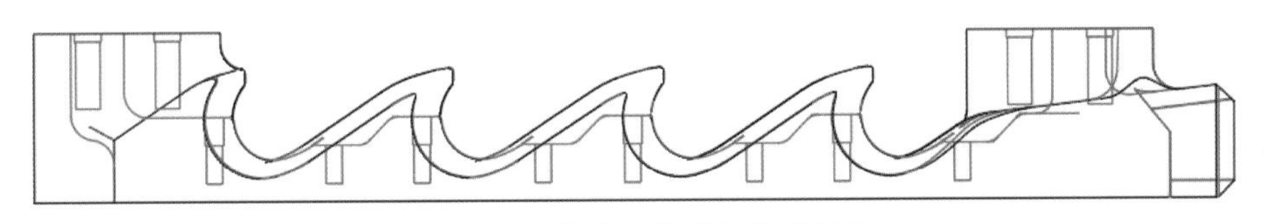

图 5-20　索夹试件铸钢部分侧视

5.2.2　试验系统

试验所用主要系统及其组成见表 5-9。

表 5-9　试验系统

系统构成	型号、规格	数　量	备　注
拉索—索夹试验组装件	D100 索体—索夹	1 套	含配套高强螺栓
拉索张拉设备	液压伺服张拉机	1 台	张拉拉索用
索夹顶推设备	YDC240QX 前卡千斤顶	2 台	顶推索夹用
	油泵	1 台	
	压力表、油管等	若干	

（续表）

系统构成	型号、规格	数　量	备　注
扭力扳手	电动扳手	1个	
压力传感器	ZBM-80	10个	监测高强螺栓紧固力和加载设备顶推力
垫板	合金钢材质垫板	若干	
位移计	长行程电子位移计	2个	监测滑移位移量
采集仪	DH3816N	1台	
台式机	Dell	1台	
分析软件	DH3816N静态应变测试系统	1套	

5.2.3 试验方法及步骤

索夹抗滑移试验方法采用东南大学罗斌等提出的授权发明专利“一种拉索——索夹组装件抗滑移承载力的试验方法”，其基本思路为：

（1）在索体上安装试验索夹和预紧高强螺栓（高强螺栓下需预先安设紧固压力传感器监测高强螺栓紧固力）。

（2）张拉拉索至试验设计索力，并持载至高强螺栓紧固力保持稳定。

（3）以制动索夹为反力架，用千斤顶对试验索夹进行顶推，在此过程中同步监测高强螺栓紧固力、千斤顶顶推力和索夹滑移量，直至索夹出现明显的滑移。

（4）综合各项试验数据进行分析计算，得到索夹抗滑移极限承载力。

该试验方法过程精细，符合拉索和索夹节点的实际施工过程，充分考虑了索力增加、高强螺栓应力松弛、索体蠕变及其时间效应对索夹抗滑移承载力的影响，并通过绘制顶推力-索夹滑移量曲线图来明确索夹抗滑移极限承载力，再结合高强螺栓的有效紧固力推算出索体和索夹间的综合摩擦系数。

本试验中，具体的试验步骤如下所述：

（1）在拉索无应力条件下，选择索夹孔道A和B安装索体（由于在正常使用状态下，同一索夹中的各孔道共同工作，不分主次，因此可任意选择孔道进行试验），实际试验中选择的孔道A位于索夹1上，孔道B位于索夹2上，如图5-21所示。

（2）在索体上组装索夹主体、压板、高强螺栓及紧固压力传感器，并安装采集仪、电脑等，并进行调试至一切就绪。

（3）用扭力扳手对高强螺栓的螺母施拧，即施加预紧力，在拉索无应力状态下螺栓紧固力逐渐松弛至稳定；自施拧高强螺栓开始，自动监测高强螺栓的紧固力，监测采集时间间隔为 60 s。

（4）分级张拉拉索至 0.5 倍标称破断力（约 5 050 kN）并持载至高强螺栓紧固力衰减稳定。

（5）安装止推索夹、顶推设备及顶推压力传感器和位移计。

（6）分级顶推索夹 1，记录荷载和滑移值，直至索夹与索体间出现明显大幅相对滑移，如图 5-22（a）所示。自顶推索夹开始，自动监测加载力值，监测采集时间间隔为 5 s，直至顶推加载结束。

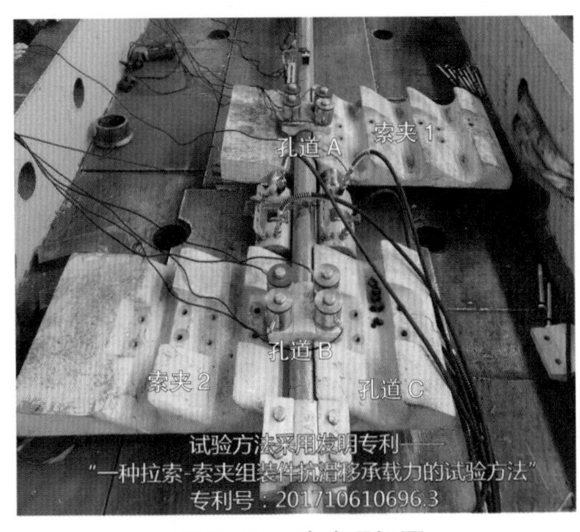

图 5-21　试验现场图

（7）复拧环索索夹 1 孔道 A 的高强螺栓，止推索夹换边，对索夹 2 的孔道 B 进行抗滑移顶推加载，如图 5-22（b）所示。

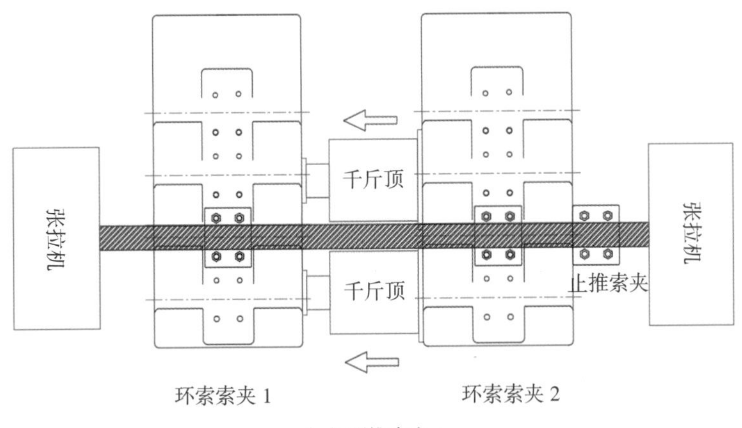

（a）顶推索夹 1

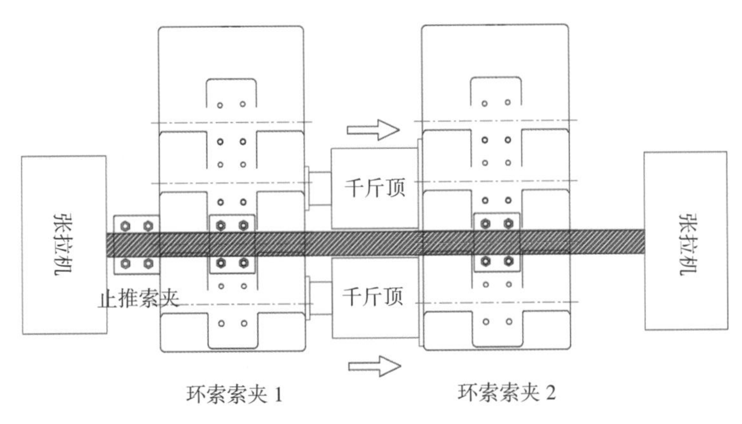

（b）顶推索夹 2

图 5-22　索夹抗滑移试验步骤示意图

（8）卸下索夹，选择孔道 C 安装索体（孔道 C 位于索夹 2 上）。

（9）于无应力状态下在孔道 C 中安装拉索，同时安装压板并预紧高强螺栓，然后立即张拉拉索。

（10）在拉索有应力状态下监测高强螺栓紧固力直至衰减至稳定。

（11）对环索索夹 2 的孔道 C 进行抗滑移顶推加载。

（12）试验结束，开始处理并分析试验数据。

5.2.4 试验研究结果

5.2.4.1 高强螺栓应力松弛试验研究结果

各孔道的高强螺栓紧固力随时间的变化情况如图 5-23 和表 5-10 至表 5-12 所示。

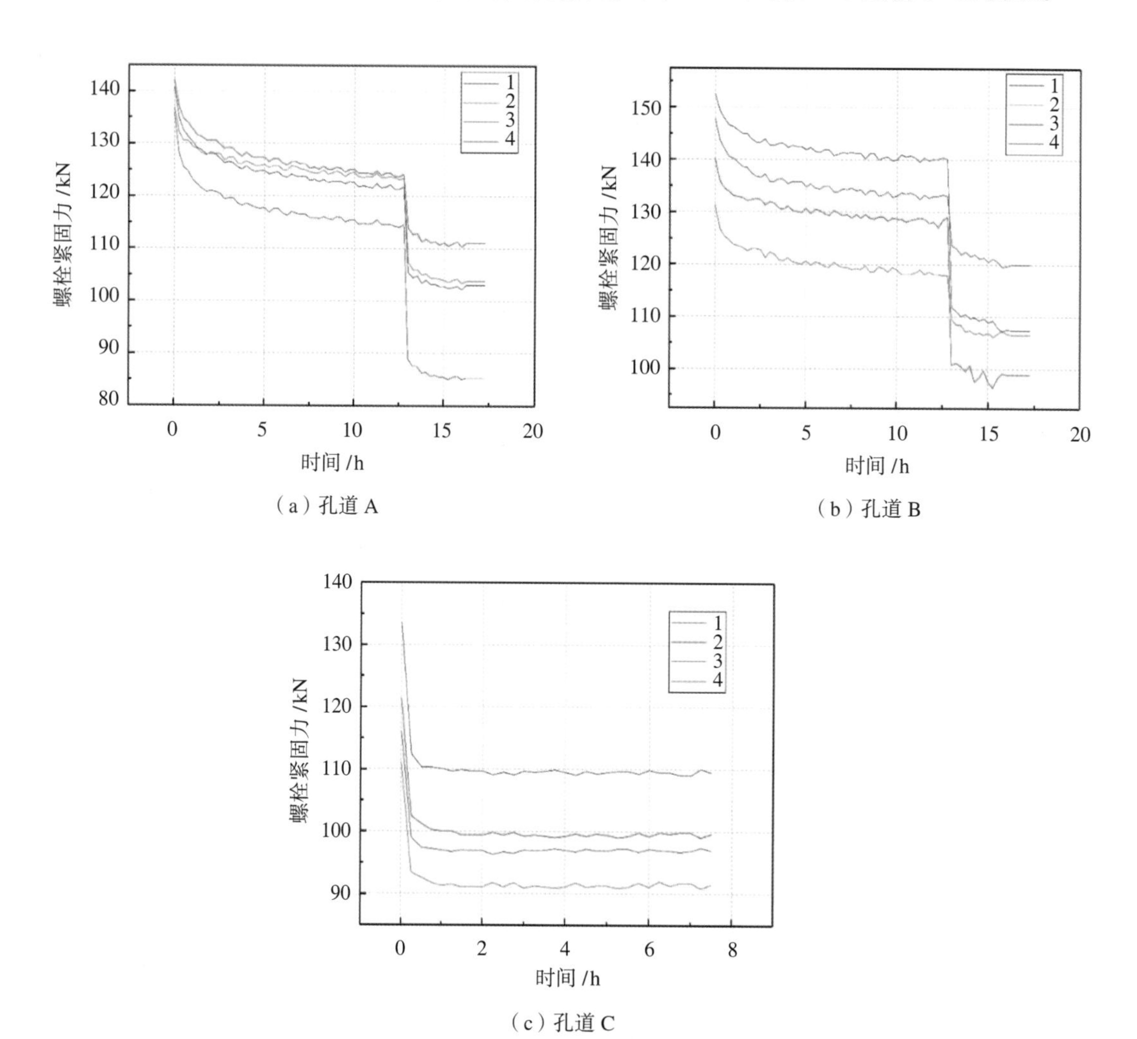

图 5-23 高强螺栓紧固力松弛曲线

表 5-10　孔道 A 高强螺栓紧固力变化

高强螺栓编号	A-1	A-2	A-3	A-4	平均值
初始紧固力 /kN	141.0	142.1	135.9	136.8	139.0
最终紧固力 /kN	103.0	111.1	85.3	103.8	100.8
松弛百分比	26.95%	21.82%	37.23%	24.12%	27.48%

表 5-11　孔道 B 高强螺栓紧固力变化

高强螺栓编号	B-1	B-2	B-3	B-4	平均值
初始紧固力 /kN	152.6	140.2	147.8	131.3	143.0
最终紧固力 /kN	107.4	99.0	119.9	106.6	108.2
松弛百分比	29.62%	29.39%	18.88%	18.81%	24.34%

表 5-12　孔道 C 高强螺栓紧固力变化

高强螺栓编号	C-1	C-2	C-3	C-4	平均值
初始紧固力 /kN	133.6	121.4	116.1	111.1	120.6
最终紧固力 /kN	109.5	99.6	97.0	91.5	99.4
松弛百分比	18.04%	17.96%	16.45%	17.64%	17.58%

由以上试验结果可见：

（1）索夹高强螺栓紧固力在预紧后迅速衰减，衰减速度逐渐减缓，直至紧固力稳定。

（2）在拉索张拉的过程中，索夹高强螺栓紧固力迅速衰减；张拉持载时，高强螺栓仍继续略有松弛。

（3）孔道 A 和 B 的高强螺栓紧固力经二次衰减，平均松弛量分别为 27.48% 和 24.34%，两者较为接近，基本一致。而孔道 C 中的拉索在安装完成后立即张拉，其张拉时机较早，因此高强螺栓初始和最终紧固力的整体水平较孔道 A 和 B 低，其平均衰减量也略低，为 17.58%。

5.2.4.2　索夹抗滑移极限承载力试验研究结果

本工程单根环索（单个孔道）相邻索力差设计值为 21.0 kN，单个索夹所受总环索相邻索力差为 21.0 kN × 8 = 168.0 kN。

为模拟索夹实际使用状态时的受力特点，试验时顶推力直接施加在索夹主体上。各孔道试验顶推过程中压板位移随顶推力的变化曲线如图 5-24 所示。

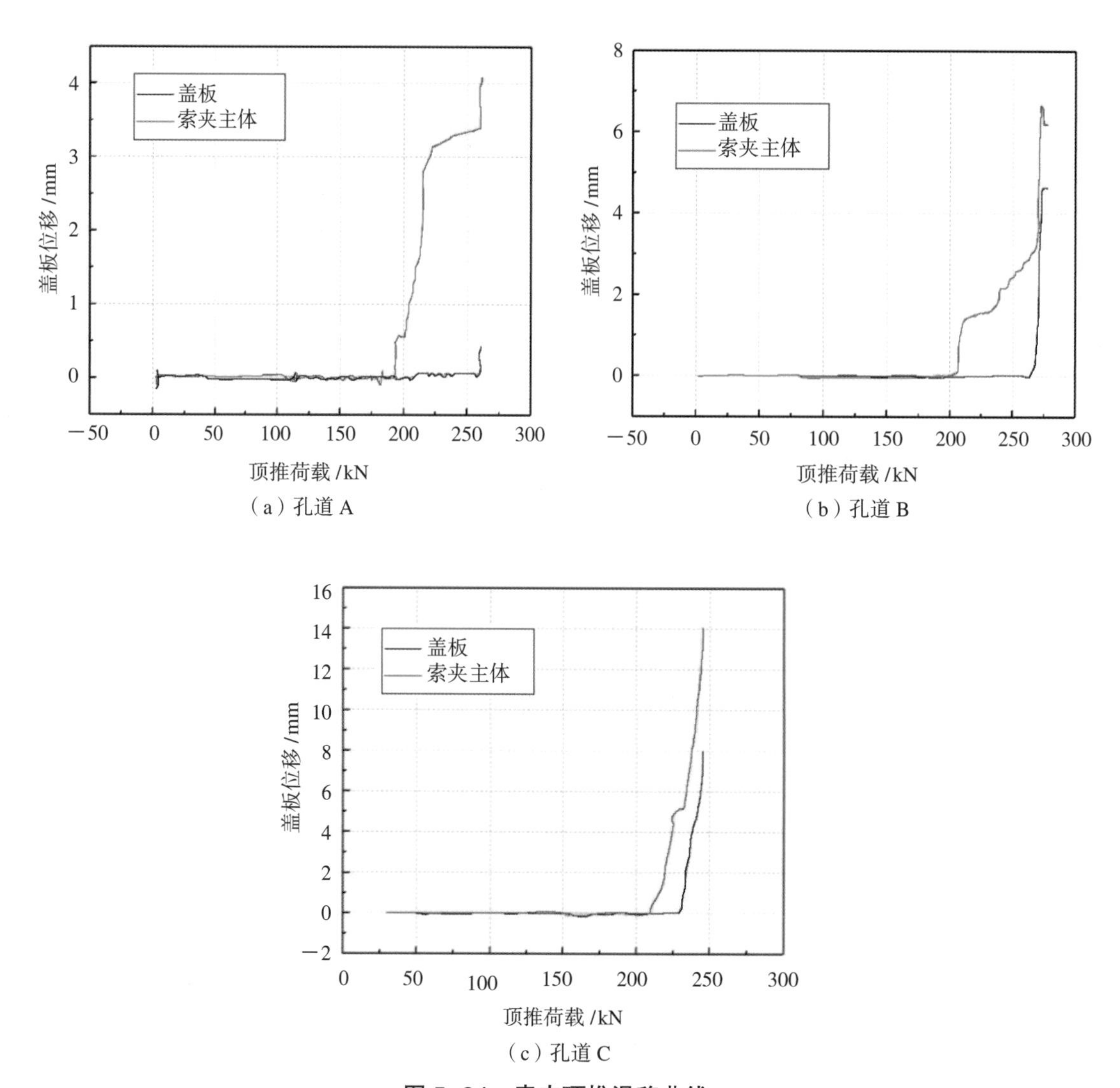

图 5-24 索夹顶推滑移曲线

根据顶推 - 位移曲线，可见：

（1）顶推初段，索夹主体与压板的滑移量均很小。

（2）由于索夹主体直接受顶推力，随顶推力增加，索夹主体先于压板发生滑移。

（3）随顶推力继续增加，索夹主体发生一定滑移后通过高强螺栓带动压板一起滑移。此后，尽管顶推力增加量少，但滑移量迅速增加。

（4）取索夹主体与压板都发生滑移时的顶推力作为索夹抗滑移极限承载力。孔道 A、B、C 的抗滑移极限承载力分别为 259.9 kN、260.9 kN 和 230.8 kN。其中，孔道 C 高强螺栓紧固力的整体水平较低，因此其抗滑移极限承载力相较孔道 A 和 B 也略低。

（5）单个孔道（单根环索）所受相邻索力差设计值 21.0 kN，孔道 A 和 B 的抗滑移极限承载力具有 12.4 倍的安全系数，孔道 C 则具有 11.0 倍的安全系数，见表 5-13。

表 5-13　索夹孔道抗滑移极限承载力

孔道编号	孔道抗滑移极限承载力 F_k/kN	单根环索相邻索力差设计值 /kN	安全系数
A	259.9	21.0	12.4
B	260.9		12.4
C	230.8		11.0

试验后索夹孔道表面情况如图 5-25 至图 5-27 所示：

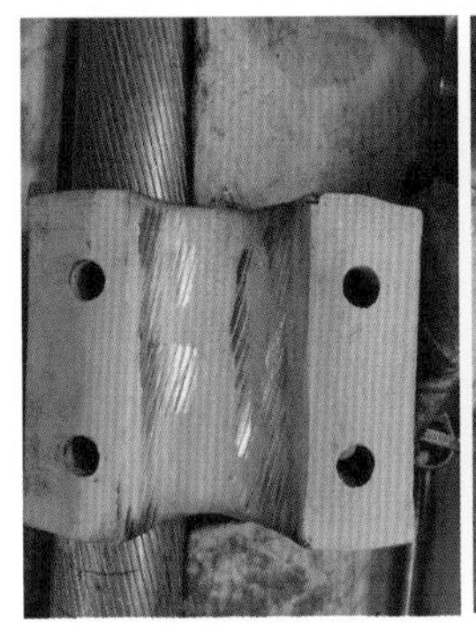
（a）压板

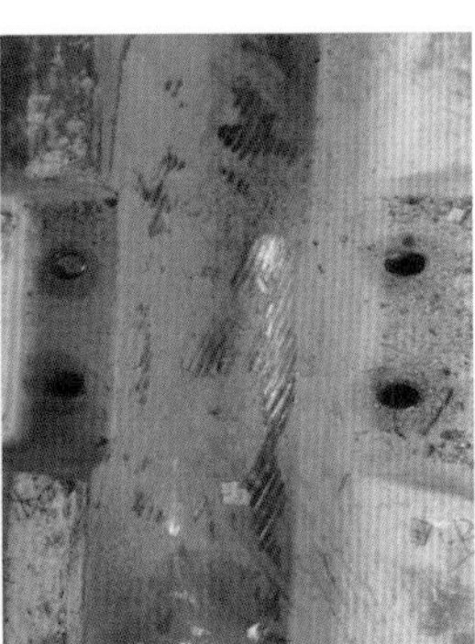
（b）索夹主体

图 5-25　孔道 A 试验结果照片

（a）压板

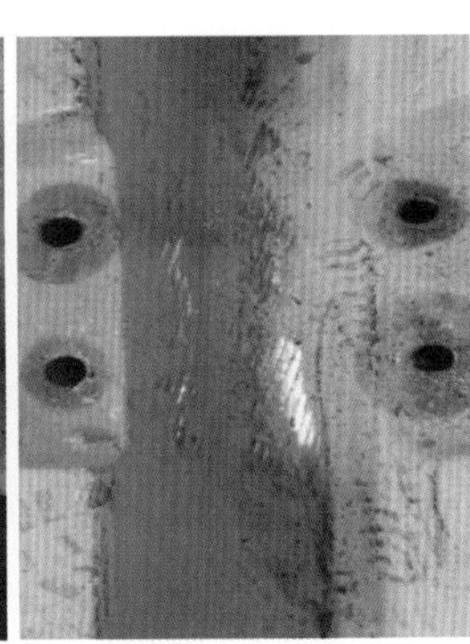
（b）索夹主体

图 5-26　孔道 B 试验结果照片

（a）压板

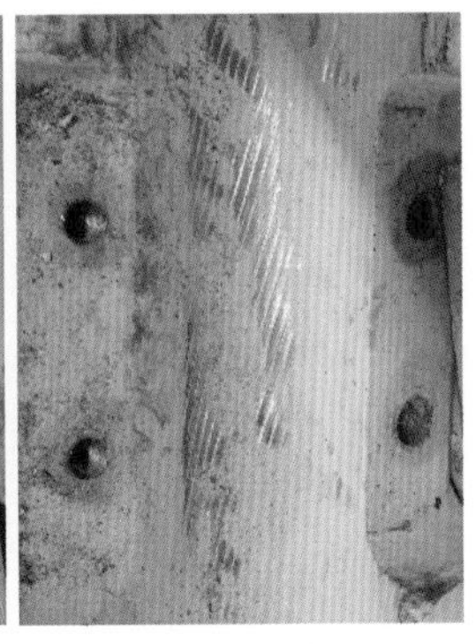
（b）索夹主体

图 5-27　孔道 C 试验结果照片

观察索夹孔道，可见：

（1）索夹孔道内壁和索体相互挤压，但孔道内壁热喷锌层的压痕不均匀。

（2）滑移主要发生在索体表面和孔道内壁热喷锌层之间的接触面上。

5.2.4.3　孔道综合摩擦系数试验研究结果

索夹与索体之间的综合摩擦系数计算公式如下：

$$\bar{\mu}=\frac{F_k}{m\times\sum_{i=1}^{n}P_e^{(i)}} \tag{5-12}$$

式中，$\bar{\mu}$——孔道综合摩擦系数；

F_k——索夹抗滑移极限承载力；

m——索夹与索体的摩擦面数量；压板、索夹主体与索体之间共有 2 个摩擦面 $m=2$；

$P_e^{(i)}$——第 i 个螺栓的有效紧固力（索夹滑移时的紧固力）；

n——螺栓数量，$n=4$。

表 5-14　孔道综合摩擦系数表

孔道编号	螺栓有效紧固力 $\sum_{i=1}^{n}P_e^{(i)}$/kN	索夹抗滑移承载力 F_k/kN	综合摩擦系数 $\bar{\mu}$	综合摩擦系数平均值
A	403.2	259.9	0.322	0.304
B	432.9	260.9	0.301	
C	397.6	230.8	0.290	

由表 5-14 可见，孔道 A、孔道 B 与孔道 C 的综合摩擦系数分别为 0.322、0.301 和 0.290。

第6章 结构施工精细化分析及误差分析

索网是索承网格结构预应力自平衡体系中的重要一环，索网的安装和张拉对于整体结构的成型和精度控制至关重要。第 3 章中已对索网的施工过程进行了整体的分析，对于中置压环索承网格结构的来说，环索提升和径向索张拉是一个具有超大位移的非线性过程，需要对其进行精细化的力学分析，掌握索网在此过程中结构的特性，为现场高效、安全的施工提供数据支撑。索承网格结构的拉索多采用定长索设计，可以大大减少现场施工时拉索的调节量，简化施工措施，提高整个结构的成型精度。定长索预应力建立受结构误差影响较大，索承网格结构施工误差通常由索长误差与钢结构安装误差两部分组成，本章考虑索长和外联节点坐标的随机耦合误差对结构关键响应的影响，对索承网格结构进行了施工误差影响分析，确定上海浦东足球场工程制索和外围钢结构安装的合理精度要求。

6.1 索网施工找形分析方法

6.1.1 基本方法

索网的结构刚度取决于预张力的分布及几何形状。在索网施工及张拉到位前，拉索处于松弛悬垂状态，结构存在超大机构位移，未形成预应力态，刚度很弱。

索结构的找形一般可以分为两类：①结构预张力分布已知，求解其几何位形；②结构几何位形已知，求解其预张力分布。现将这两类找形分别称为第一类问题找形分析和第二类问题找形分析。其中，第二类找形分析也常被称为找力分析。

一般来说，索网张拉到位后的初始预张力分布和几何位形已由设计成型态确定。而索网施工过程分析中，拉索的无应力长度（由预张力和模型长度决定）是已知的。因此，索网施工过程中的找形分析本质上为第一类找形分析，即已知结构预张力分布，求解其几何位形。

在力学概念上，第一类找形分析就是求解给定预张力分布下结构的平衡位形。对于该类找形问题，目前应用比较广泛的方法主要有三种：力密度法、动力松弛法和非线性有限元法。

6.1.2 非线性动力有限元找形法

确定索杆系静力平衡态的非线性动力有限元法（简称 NDFEM 法）基于非线性动力有限元理论，建立结构整体非线性运动方程，通过在虚拟动力过程中获得动能峰值点来更新位形，经多次迭代达到静力平衡。NDFEM 法对计算机硬件要求较高，但分析稳定，效率高。该方法已成功应用于郑州奥体中心体育场、苏州奥体体育场等工程中。

6.1.2.1 基本思路

NDFEM 法通过引入虚拟的惯性力和黏滞阻尼力建立起运动方程，将静力问题转化为动力问题，并通过迭代更新索杆系位形，使索杆系的动力平衡状态逐渐收敛于静力平衡状态。索杆系在分析前处于静力不平衡状态，在分析中处于动力平衡状态，在收敛后达到静力平衡状态。

NDFEM 法的总体分析思路为：①建立初始有限元模型；②进行非线性动力有限元分析，当总动能达到峰值时更新有限元模型，再次进行动力分析，重复以上过程直到位形迭代收敛；③对位形迭代收敛的有限元模型进行非线性静力分析，检验静力平衡状态。其分析思路流程图如图 6-1 所示。

需要注意的是，采用 NDFEM 法进行索承网格结构的牵引提升找形分析前，需要根据施工方案和施工条件，明确该施工阶段的关键施工控制项并予以严格控制。在分析结束后，须检验分析结果中相关控制项是否满足初始控制条件。

6.1.2.2 关键技术措施

非线性动力有限元法的关键步骤是非线性动力平衡迭代和位形更新迭代。此外，适时调整时间步长、确定动能峰值点和检验静力平衡态也是该方法的重要技术措施。

1）非线性动力平衡迭代

采用 Rayleigh 阻尼矩阵［式（6-2）］建立动力平衡方程［式（6-1）］，其中自振圆频率和阻尼比可进行虚拟设定。

$$[M]\{\ddot{U}\}+[C]\{\dot{U}\}+[K]\{U\}=\{F(t)\} \tag{6-1}$$

$$[C]=\alpha[M]+\beta[K] \tag{6-2}$$

$$\alpha=\frac{2\omega_i\omega_j(\xi_i\omega_j-\xi_j\omega_i)}{\omega_j^2-\omega_i^2} \tag{6-3}$$

$$\beta=\frac{2(\xi_j\omega_j-\xi_i\omega_i)}{\omega_j^2-\omega_i^2} \tag{6-4}$$

式中，$\{U\}$、$\{\dot{U}\}$、$\{\ddot{U}\}$ 分别为位移向量、速度向量和加速度向量；$\{F(t)\}$ 为荷载时程向量；$[C]$ 为 Rayleigh 阻尼矩阵；$[M]$ 为质量矩阵；$[K]$ 为刚度矩阵；α、β 为 Rayleigh 阻

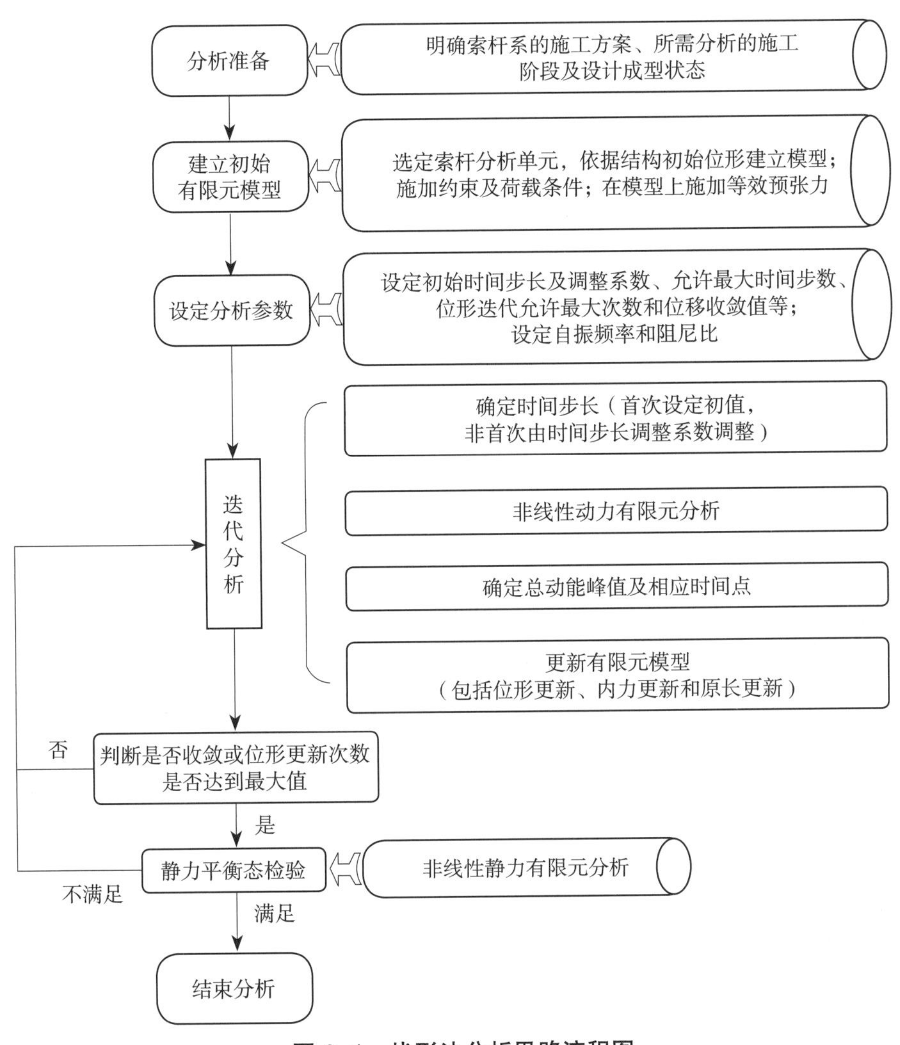

图 6–1　找形法分析思路流程图

尼系数；ω_i、ω_j 分别为第 i 阶和第 j 阶自振圆频率；ξ_i、ξ_j 分别为与 ω_i 和 ω_j 对应的阻尼比。若 $\xi_i=\xi_j=\xi$，则式（6–3）和式（6–4）可简化为：

$$\alpha=\frac{2\omega_i\omega_j\xi}{\omega_j+\omega_i} \tag{6-5}$$

$$\beta=\frac{2\xi}{\omega_j+\omega_i} \tag{6-6}$$

2）时间步长及其调整

时间步长ΔT_s是决定 NDFEM 法找形分析收敛速度的关键因素之一。ΔT_s越短，则动力分析越易收敛，但达到静力平衡的总时间步数 ΣN_{ts} 更多，分析效率越低。合理的ΔT_s应在保证动力分析收敛的前提下，在较少的时间步数 N_{ts} 内使总动能达到峰值。

NDFEM 法找形分析可分为三个阶段：

（1）在分析初期，索杆系运动剧烈，应设置较小的时间步长，使动力平衡迭代易于收敛。

（2）在分析中期，索杆系主位移方向明确，逐渐趋向静力平衡位形，应设置较大的时间步长，使结构在较少的时间步数内迅速接近静力平衡态。

（3）在分析后期，索杆系在静力平衡态附近振动，此时应设置更大的时间步长，最大程度加快位形迭代的收敛，使结构达到静力平衡状态。

鉴于时间步长对动力平衡迭代和分析效率有重要的影响，采用时间步长调整系数 C_{ts}（>1.0）对每一次动力分析的时间步长进行自动调整，调整策略为：①若进行第 $m-1$ 次动力分析时，其时间步数 $N_{ts}(m-1)=[N_{ts}]$，而总动能仍未降低，则第 m 次动力分析的时间步长将自动调整为：$\Delta T_s(m)=\Delta T_s(m-1)\times C_{ts}$；②若第 $m-1$ 次动力分析不收敛，则 $\Delta T_s(m)=\Delta T_s(m-1)/C_{ts}$。

3）确定总动能峰值 $E(p)$ 及对应时间点 $T(p)$

动力分析中第 k 时间步的结构总动能 $E_{(k)}$ 见式（6-7）。

$$E_{(k)}=\frac{1}{2}\{\dot{U}\}_{(k)}^{T}[M]\{\dot{U}\}_{(k)} \tag{6-7}$$

式中，$\{\dot{U}\}_{(k)}$ 为第 k 时间步的速度向量。

确定总动能峰值及其时间点的策略为：

（1）设 $E(0)=0$。

（2）当第 k 时间步动力平衡迭代收敛，若 $k>[N_{ts}]$，$E_{(k)}>E_{(k-1)}$，则总动能未达到峰值，继续本次动力分析，进入第 $k+1$ 时间步；若 $k\leqslant[N_{ts}]$，$E_{(k)}<E_{(k-1)}$，则将三个连续时间步的总动能 $E_{(k)}$、$E_{(k-1)}$、$E_{(k-2)}$ 进行二次抛物线曲线拟合，计算总动能曲线的峰值 $E_{(p)}$ 及其时间点 $T_{s(p)}$（图 6-2）；若 $k=[N_{ts}]$，$E_{(k)}\geqslant E_{(k-1)}$，则 $E_{(p)}=E_{(k)}$，$T_{s(p)}=T_{s(k)}$。

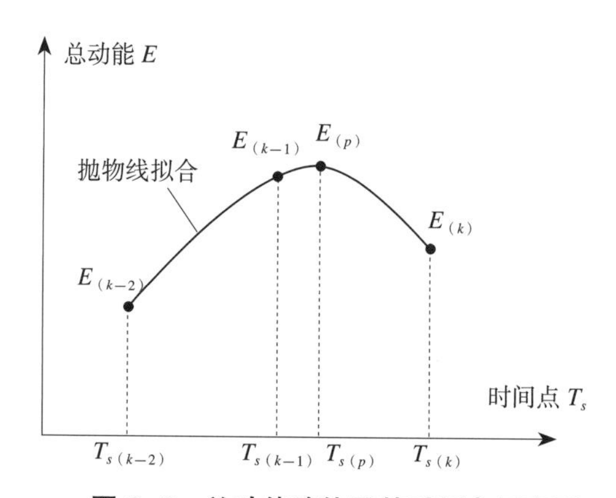

图 6-2　总动能峰值及其时间点示意图

（3）当第 k 时间步动力平衡迭代不收敛，若 $k=1$，则不更新位形，在调整时间步长后进入下次动力分析；若 $1<k\leqslant[N_{ts}]$，则 $E_{(p)}=E_{(k-1)}$，$T_{s(p)}=T_{s(k-1)}$。

4）有限元模型更新迭代

模型更新包括位形更新、内力更新和长度更新。采用非线性动力有限元分析位移更新模型后，其构件长度也随之改变，且更新后的构件处于无应力状态。但模型更新前构件中存在应力应变，更新模型后需重新施加。

5）检验静力平衡态

若时间步长 ΔT_s 或允许最大时间步数 $[N_{ts}]$ 取值过小，则可能出现动力分析位移过小，满足位形更新迭代收敛标准，却不满足静力平衡的情况。为避免上述类型的“假平衡”，须对满足收敛条件的更新位形进行静力平衡态的检验。检验方法为对更新位形后的结构进行非线性静力求解，若分析易收敛且结构位移满足精度要求，则该静力平衡态可取。

6.2　环索提升分析

上海浦东足球场工程环索采用提升方法进行安装，基于前述既定的施工方法，在胎架上安装径向主梁、中置压环和 V 形撑外肢后提升环索，提升环索的精细化工序为：①在地面看台上搭设环索铺展平台；②铺展环索和安装索夹；③在径向主梁的悬挑端安装提升千斤顶设备，并将提升工装索连接索夹；④整体提升环索至高空，与V形撑外肢销接；⑤提升索卸载，拆除提升设备和工装索。

环索提升完成后，环索和撑杆外肢处于自由悬挂状态，然后进行径向索的安装和张拉。上述环索提升工序中，有三个关键工况：环索铺展、连接 V 形撑外肢和提升索卸载。由于未张拉的环索处于松弛悬垂状态，上述三个关键工况下的环索位形差异较大，且相较设计位形也存在着一定的差异，如图 6-3 所示。因此，有必要通过针对性的精细化分析确定各工况下的环索位形，为现场施工提供数值依据。

6.2.1　环索铺展位形分析

环索铺展是环索提升的重要前置施工步序。环索铺展位形直接确定了环索铺索平台在地面看台上的平面位置和标高以及所需的提升工装索长度。

6.2.1.1　环索铺展找形分析方法

根据本工程的看台位置标高、场内地面标高以及环索索夹节点尺寸，在环索铺设找形分析中初步确定铺设环索索夹节点的目标标高，并采用竖向位移约束来模拟铺展平台对索夹的支撑作用，总体分析流程图如图 6-4 所示。

找形迭代过程中可能会出现四种情形：①索夹节点标高大于目标标高；②索夹节点标

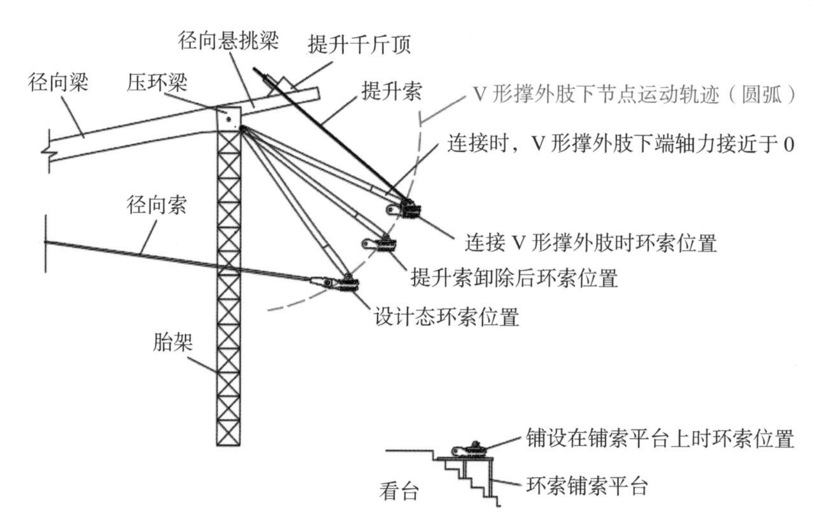

图 6-3　提升过程中环索位置变化示意图

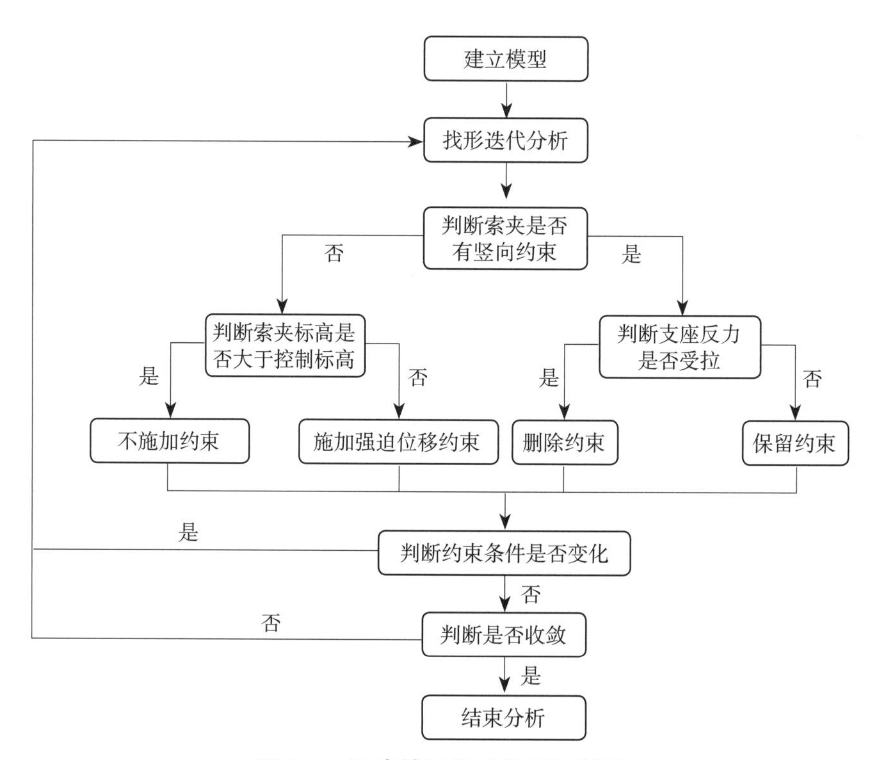

图 6-4　环索铺展找形分析流程图

高小于目标标高；③索夹节点标高等于目标标高，且竖向位移约束反力向下（支架受拉）；④索夹节点标高等于目标标高，且竖向位移约束反力向上（支架受压）。显然第四种情况与实际施工状态一致，满足分析收敛条件。针对上述四种情况，在迭代找形分析过程中采用相应的技术措施进行处理，见表 6-1。

表 6-1　索夹标高控制方法

序号	情　　形	分析处理措施
1	索夹节点标高＞目标标高	无须处理
2	索夹节点标高＜目标标高	施加强迫位移使其回到目标标高
3	索夹节点标高＝目标标高，且竖向位移约束受拉（支架受拉）	删除竖向位移约束
4	索夹节点标高＝控制标高，且竖向位移约束受压（支架受压）	无须处理

6.2.1.2　分析模型

设置提升工装索对环索进行斜向提升，提升索下端与索夹中耳板连接，上端由架设在悬挑 2.5 m 的径向梁上的千斤顶进行提升。由于环索提升过程中结构应力水平不高，因此可适当对模型进行简化，删除不必要的构件，以提高分析效率。分析模型包含：环索、索夹、提升索和径向悬挑梁，如图 6-5（a）所示。其中，索夹由刚性梁单元构成，环索由 8 根索并列构成。为精确模拟环索悬垂时的位形，将各段环索（相邻两个索夹之间为一段）划分为 10 个单元，如图 6-5（b）所示。径向悬挑梁外端设置固定支座约束。

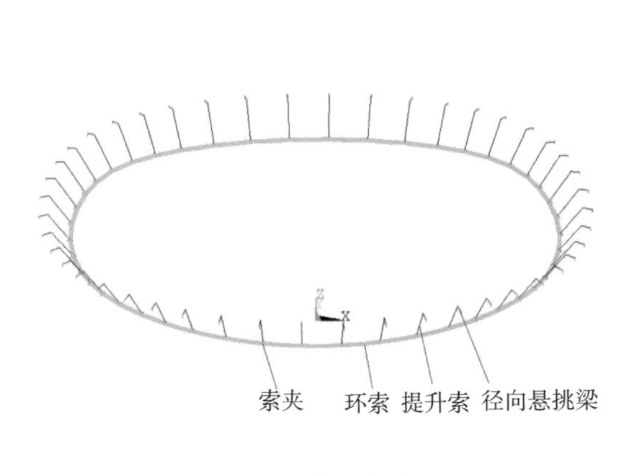

（a）整体三维图

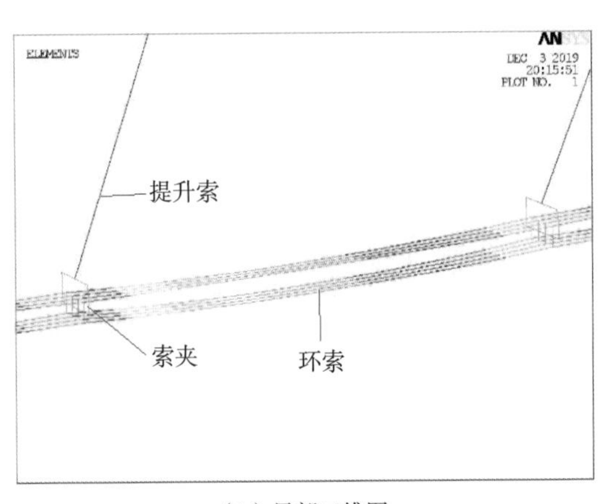

（b）局部三维图

图 6-5　环索铺展分析模型三维图

6.2.1.3 分析结果

如图 6-6 和图 6-7 所示分别为环索铺展位形相对于设计态的竖向位移云图和径向位移云图，图 6-8 为铺展完成后的提升索力（提升索初始预紧力）云图，可见：

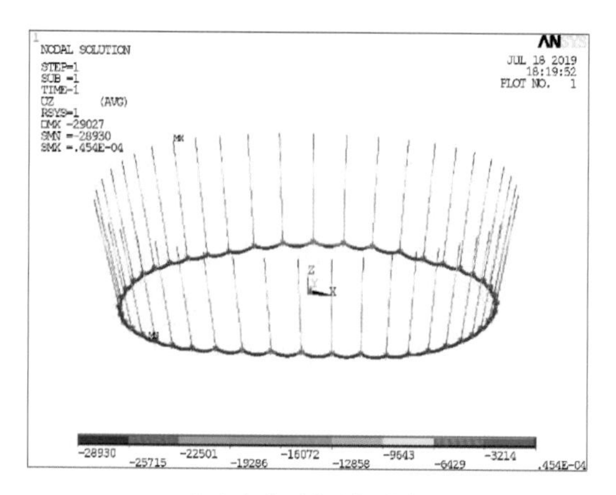

（a）包含环索和提升索

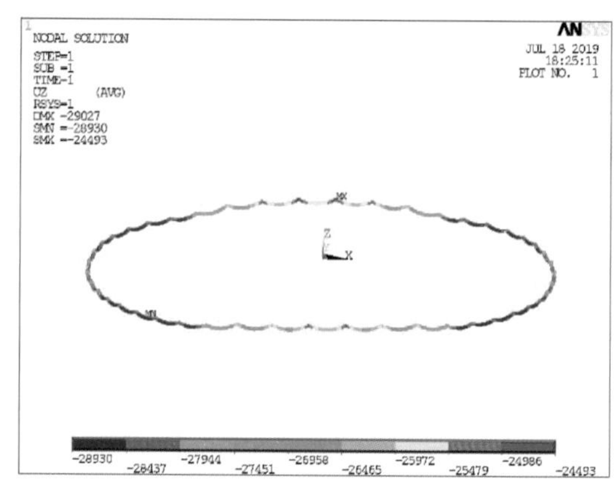

（b）仅环索

图 6-6 铺展环索相对于设计态的竖向位移 /mm

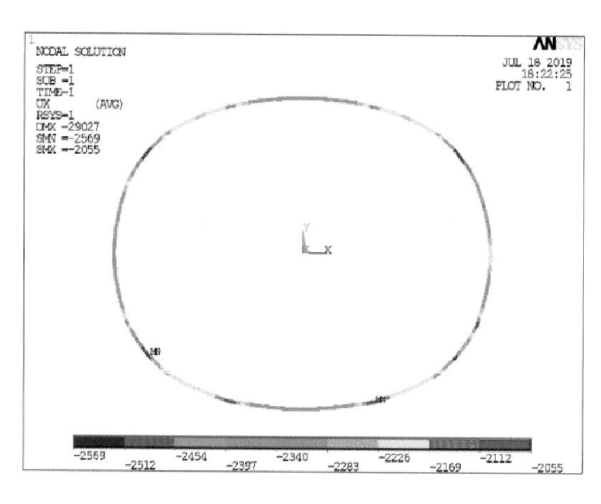

图 6-7 铺展环索相对于设计态的径向位移 /mm

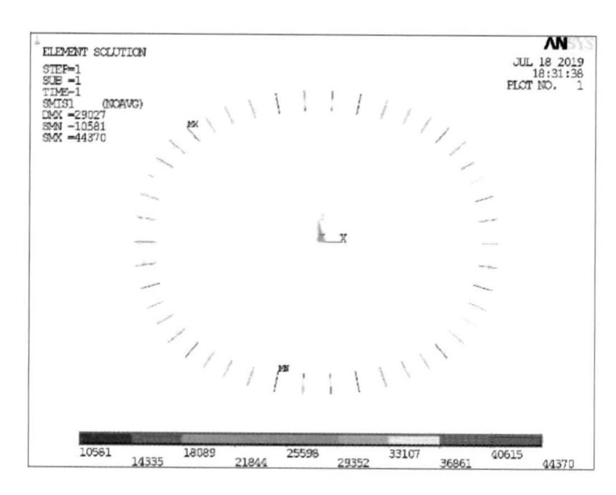

图 6-8 提升索初始预紧力 /N

（1）短轴处环索标高相较于长轴处较高，与土建看台标高分布规律一致。

（2）索体有适度悬垂，符合实际状态。

（3）环索平面位形相较设计态整体内收了 2.0 ~ 2.5 m，主要原因为环索未张拉，处于松弛状态。

（4）提升索力最大不超过 45 kN，附加的环索索夹节点竖向位移约束均处于受压状态，与实际施工状态一致。

通过环索铺展位形分析，为现场施工提供了搭设在地面看台上的铺索平台的平面位置和标高以及提升工装索的长度和初始预紧力。

6.2.2　环索与 V 形撑外肢连接的位形分析

由图 6-3 可见，当提升环索至与 V 形撑外肢连接时，环索索夹节点的位置必然位于 V 形撑外肢下端绕上端铰节点旋转的圆弧线上。另外，为便于 V 形撑外肢下端与环索索夹之间的耳板销接，此时环索及其索夹自重应完全由提升索承担，而 V 形撑外肢的自重应由自身承担，因此该工况下的分析目标为：调整提升索长度，实现 V 形撑外肢下端轴力接近于 0。

6.2.2.1 分析模型

环索与 V 形撑外肢连接分析模型包含：环索、索夹、提升索、V 形撑外肢和径向悬挑梁，如图 6-9（a）所示。其中 V 形撑外肢为上、下端铰接的变截面构件，由上下两个变截面梁单元组成，如图 6-9（b）所示。同样于径向悬挑梁外端设置固定支座约束。

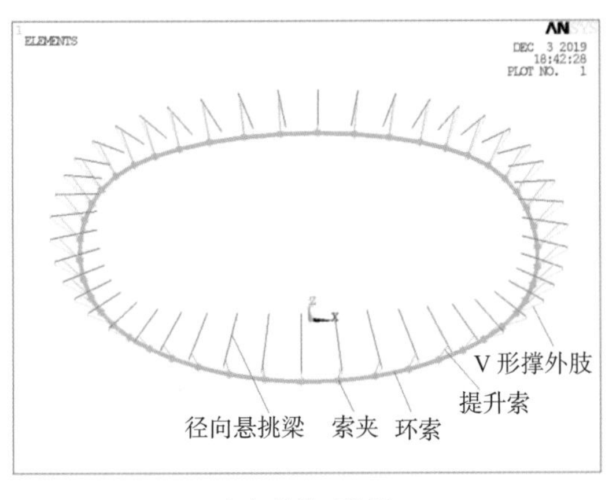

（a）整体三维图

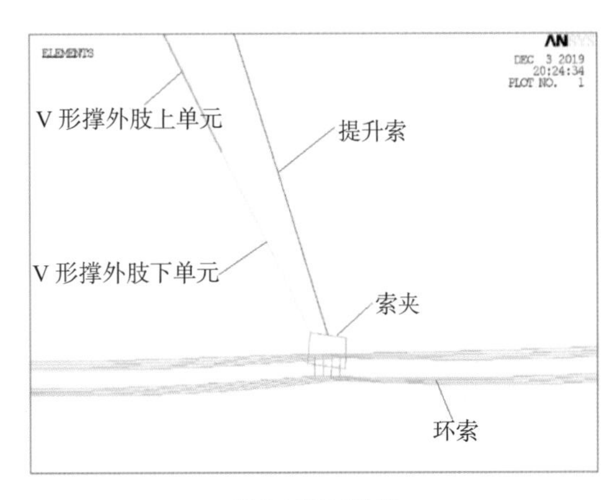

（b）局部三维图

图 6-9　环索与 V 形撑外肢连接分析模型三维图

6.2.2.2　分析结果

如图 6-10（a）和（b）所示分别为与 V 形撑连接时环索相对于设计态的竖向和径向位移云图，图 6-11 为 V 形撑外肢轴力云图，图 6-12 为提升索力云图。可见：

（1）环索仍处于悬垂状态，于长短轴处下沉而 45° 角处上抬，其竖向位移范围为 －0.54 ~ 1.45 m。

（2）环索于长短轴处外扩而 45° 角处内收，径向位移范围为－ 0.72 ~ 1.03 m。

（3）V 形撑外肢的上端轴拉力值约为 5.4 ~ 8.3 kN，而下端最大轴力仅－0.4kN，说明此时 V 形撑外肢下端与索夹连接基本处于无应力状态。

（4）提升索力为 64.2 ~ 82.0 kN，说明此时环索与索夹自重基本全部由提升索承担。

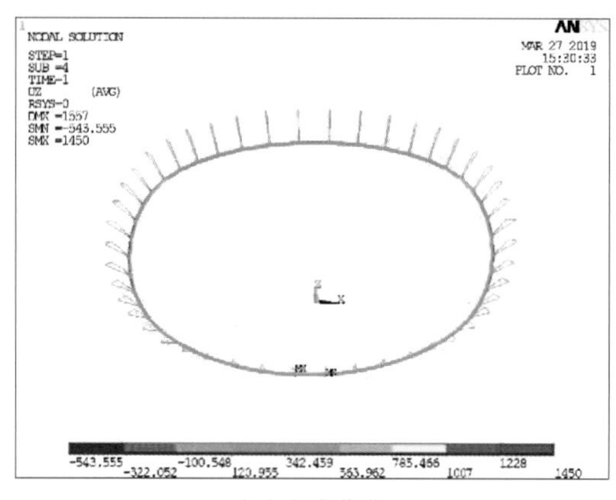

（a）竖向位移

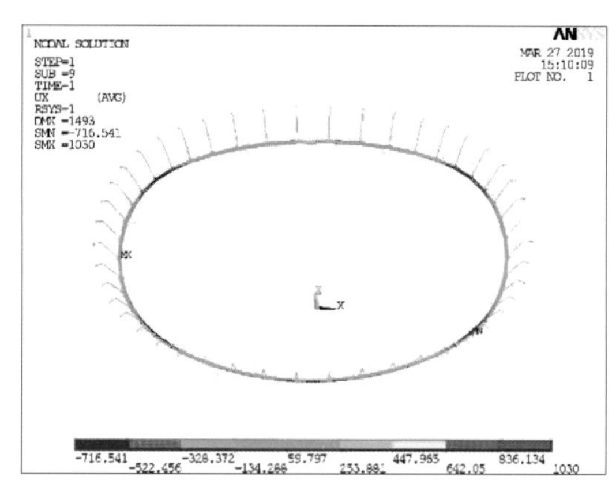

（b）径向位移

图 6-10 连接 V 形撑外肢时环索相对于设计态的位移 /mm

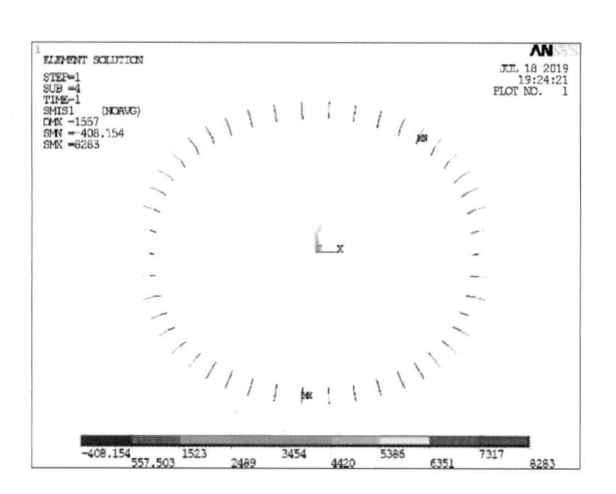

图 6-11 连接 V 形撑外肢时 V 形撑外肢轴力 /N

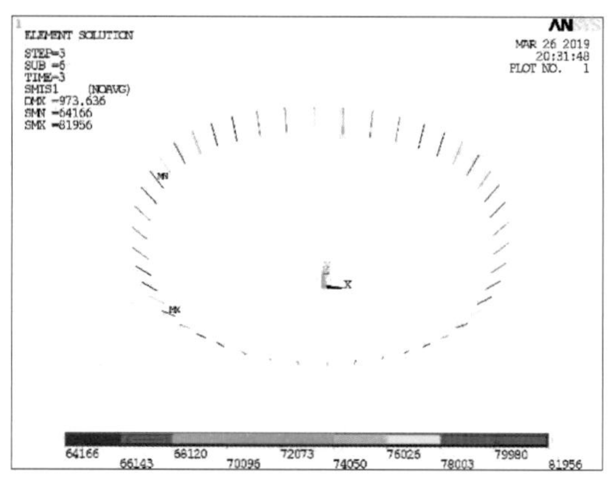

图 6-12 连接 V 形撑外肢时提升索力 /N

总之，通过环索与 V 形撑外肢连接分析，为现场施工提供了环索提升就位时的提升索长度、提升力以及 V 形撑外肢角度调整值，从而实现了 V 形撑外肢与环索索夹间无应力对接。

6.2.3 提升索卸载分析

环索与 V 形撑外肢连接完成后，即可卸除提升索，此时环索及其索夹重量转由 V 形撑外肢承担。基于环索与 V 形撑外肢连接分析结果，删除提升索后求解平衡态。

6.2.3.1 分析模型

分析模型包含：环索、索夹、V 形撑外肢、径向悬挑梁。实际上，提升索卸载工况的分析是在 V 形撑外肢连接完成的基础上，采用生死单元法杀死提升索再次进行找形分析。

6.2.3.2 分析结果

如图 6-13（a）和（b）所示分别为提升索卸除后环索相对于设计态的竖向与径向位移云图，图 6-14 为 V 形撑外肢轴力云图，可见：

（1）环索在长轴处高于设计标高，而在短轴处则相反，总体竖向位移量为－765 ~ 672 mm，相比连接 V 形撑外肢时环索整体产生了不均匀的下移。

（2）环索于长轴处内收而在短轴处外扩，径向位移量为－652 ~ 645 mm。

（3）V 形撑外肢轴拉力为 78.4 ~ 127. 0 kN。

通过提升卸载分析，为现场施工提供了卸载时基于前步骤的提升索放长量以及环索位形，为后续径向索的安装和张拉提供了可靠依据。

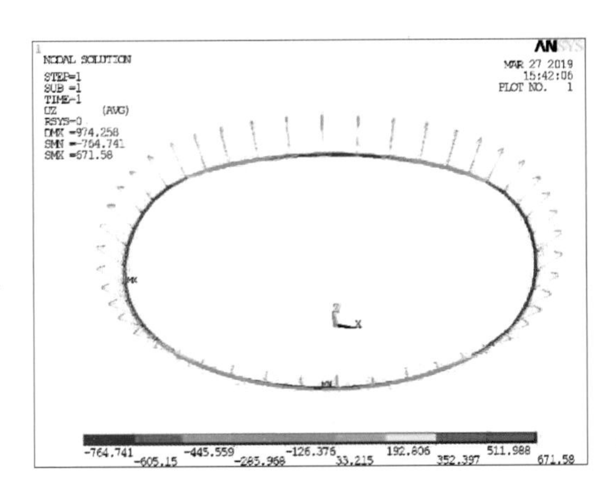

（a）竖向位移

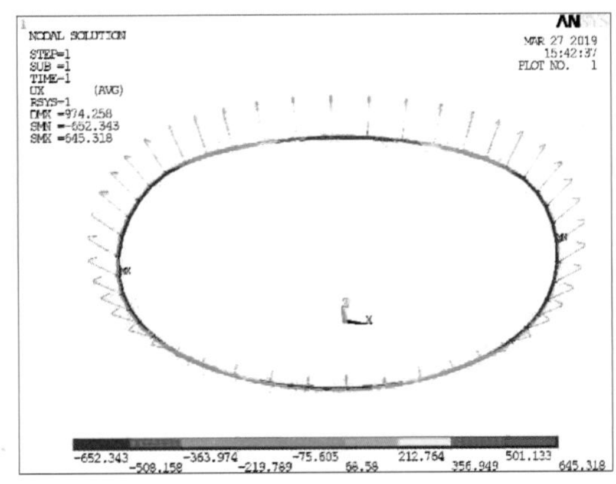

（b）径向位移

图 6-13　提升索卸除后环索相对于设计态的位移 /mm

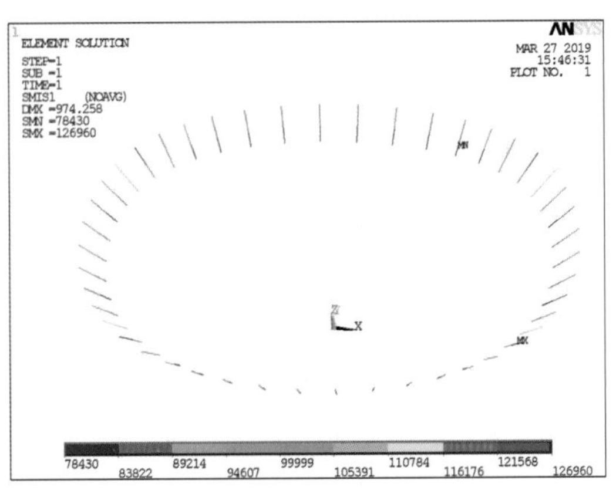

图 6-14　提升索卸除后 V 形撑外肢轴力 /N

6.2.4 分析结果汇总

本节以上海浦东足球场中置压环索承网格结构为工程背景，针对环索提升中的三个关键工况展开了精细化分析研究，包括：环索铺展分析、环索与V形撑外肢连接分析和提升索卸载分析。基于NDFEM找形分析法和各提升工况下的控制目标，提出了环索提升分析方法，确定了上述三个关键状态的施工参数和结构响应，见表6-2。

表6-2 环索提升关键工况结构响应

工况	环索相对于设计态的位移 /m		提升索力 /kN	V形撑外肢轴力 /kN
	竖向位移 /m	径向位移 /m		
环索铺展	−28.93 ~ −24.49	−2.57 ~ −2.06	10.6 ~ 44.4	—
连接V形撑外肢	−0.54 ~ 1.45	−0.72 ~ 1.03	64.2 ~ 82.0	−0.4 ~ 8.3
提升索卸载	−0.77 ~ 0.67	−0.65 ~ 0.65	—	78.4 ~ 127.0

分析结果表明：①提升过程中环索位形与设计态差异较大；②环索铺展时向场内偏移；③连接V形撑外肢和提升卸载时环索存在明显的空间双向偏移，即各环索索段在平面上分别向场内和场外偏离，在标高上分别高于和低于设计标高。

6.3 径向索张拉分析

环索提升安装完成（提升索卸除完成）后，即可进行径向索的安装与张拉。径向索的张拉是建立起结构预应力自平衡体系的关键施工步骤，在该过程中，结构应力水平显著增大，同时将产生较大的位移，结构的预应力分布和位形开始趋向于设计态。因此，必须进行径向索张拉精细化分析，从而确定合理的径向索张拉方案，保证张拉过程中结构的稳定性，并为实际施工提供理论依据。

6.3.1 分析模型及方法

在径向索外侧索头与压环梁耳板间设置牵引工装索进行张拉。根据本工程索网施工方案，环索提升完成后，将径向索内侧索头与悬挂在空中的索夹连接，接着缩短牵引索使径向索外侧索头不断靠近压环梁结构耳板，实施张拉。径向索张拉示意图如图6-15所示。

为保持径向索张拉过程中结构的稳定性，采用增强支撑组合方案，即在索网张拉前安装结构柱间支撑、临时柱间支撑（张拉完成后卸除）、外圈斜撑和屋面钢拉杆。因此，径向索张拉分析模型包含：立柱、中置压环梁、部分径向梁、部分圈梁、结构柱间支撑、临时柱间支撑、外圈斜撑、屋面钢拉杆、环索、索夹、V 形撑外肢、径向索和牵引工装索，如图 6-16 所示。其中，径向索和环索索段均被划分为 10 个单元，用以更好地模拟拉索的几何非线性状态。柱底设置球铰支座约束，压环梁节点下设置竖向支座以模拟胎架。

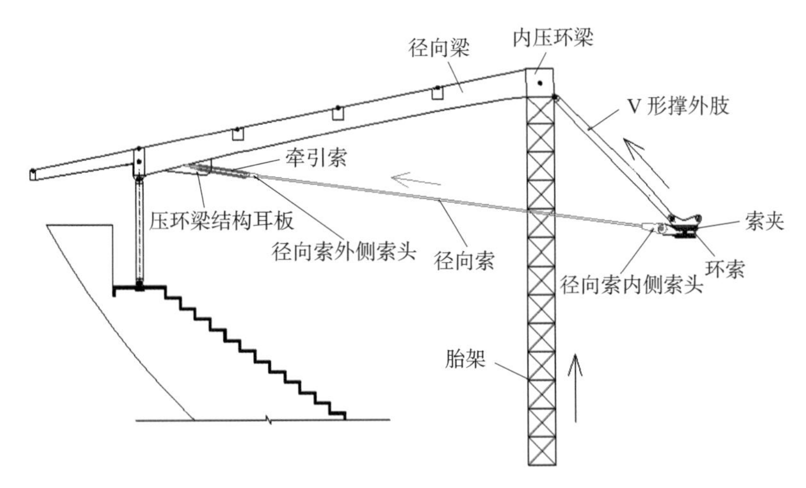

图 6-15　径向索张拉示意图

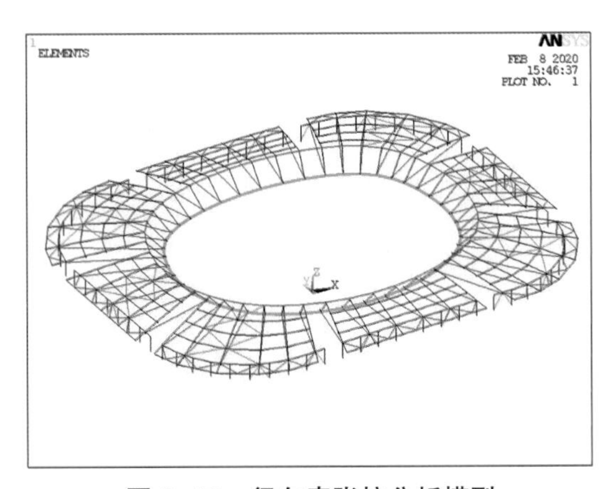

图 6-16　径向索张拉分析模型

6.3.2　径向索分级张拉工况设置

对于径向索张拉现场施工而言，索力并不是能够精确控制的施工参数，相比之下，径向索外侧索头与压环梁结构耳板间的距离能够通过牵引索长度进行便捷且精确的控制，同时又可以反映准确的张拉量与张拉进程。因此，初步设置如表 6-3 所示的整体同步分级张拉方案，每一级张拉 0.1 m。

表 6-3　径向索分级张拉工况设置

工况号	张拉进程	牵引索长度 /m
1	径向索外侧索头与牵引索连接到位，准备开始张拉	0.5（初始长度）
2	张拉 0.1 m	0.4
3	张拉 0.1 m	0.3
4	张拉 0.1 m	0.2
5	张拉 0.1 m	0.1
6	张拉 0.1 m，此时径向索外侧索头与压环梁结构耳板连接到位，张拉完成	0.0

上表中，“张拉 0.5 m”即通过穿心式千斤顶将牵引索缩短 0.5 m，当牵引索长度缩短至 0 则径向索外侧索头与压环梁结构耳板距离为 0，此时可以安装销轴，张拉完成。

6.3.3　分析结果

6.3.3.1　索力

径向索整体同步分级张拉过程中，各工况下的径向索索力与环索索力情况如表 6-4 和图 6-17、图 6-18 所示。索力变化折线图如图 6-19 和图 6-20 所示。

表 6-4　径向索分级张拉过程中的索力

工况号	牵引索长度 /m	径向索索力 /kN		环索索力 /kN	
		Min	Max	Min	Max
1	0.5	38.8	118.2	32.9	398.0
2	0.4	67.3	167.3	37.6	449.0
3	0.3	241.8	509.5	91.1	696.6
4	0.2	640.5	1 220.0	468.6	1 130.0
5	0.1	1 890.0	3 470.0	1 930.0	2 560.0
6	0.0	2 780.0	5 000.0	2 930.0	3 590.0

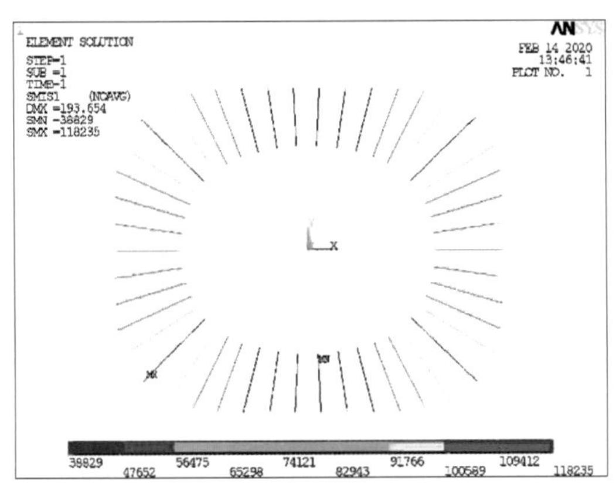

工况 1

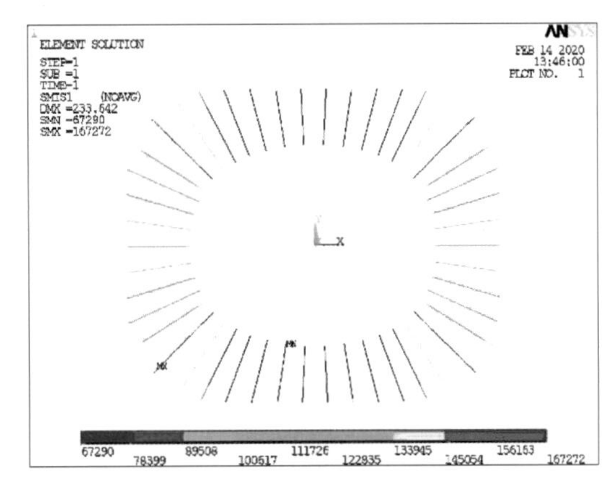

工况 2

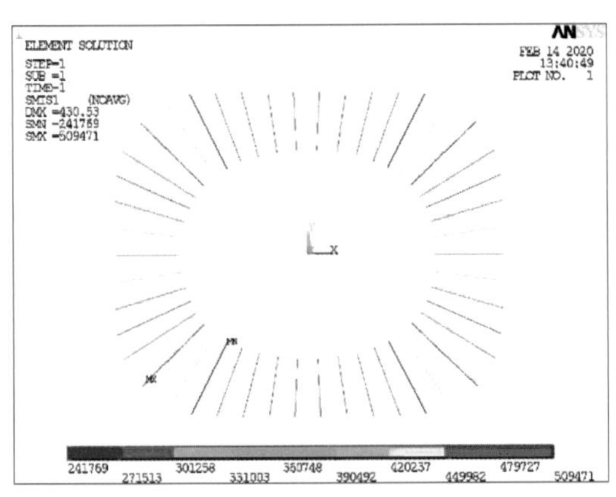

工况 3

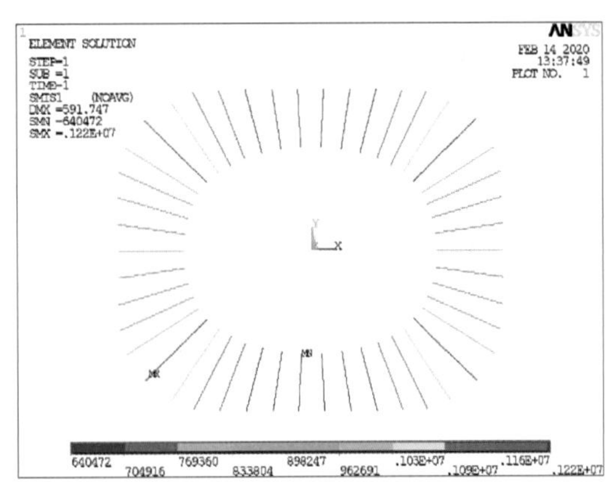

工况 4

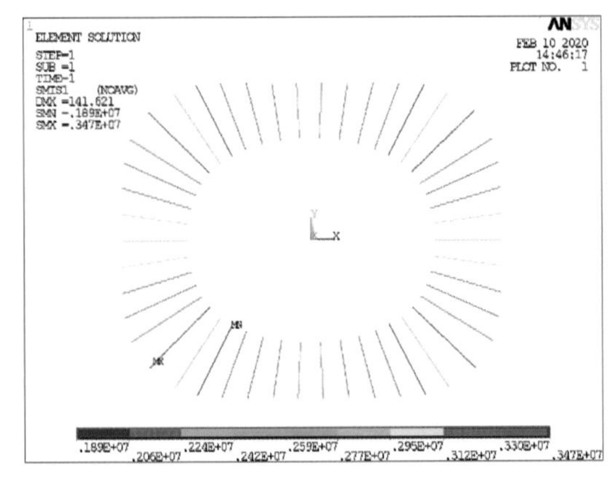

工况 5

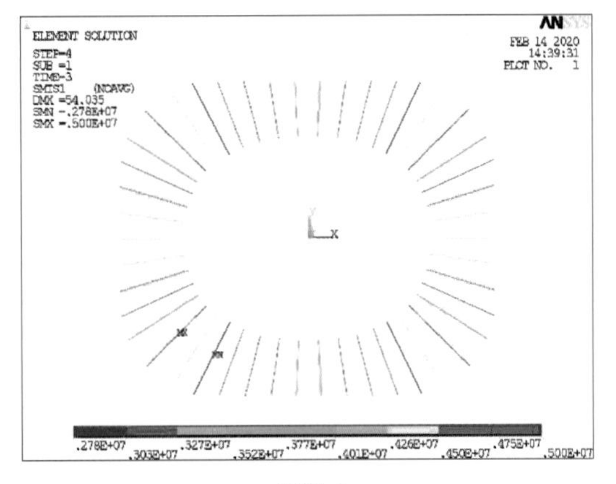

工况 6

图 6–17　各张拉工况下的径向索索力 /N

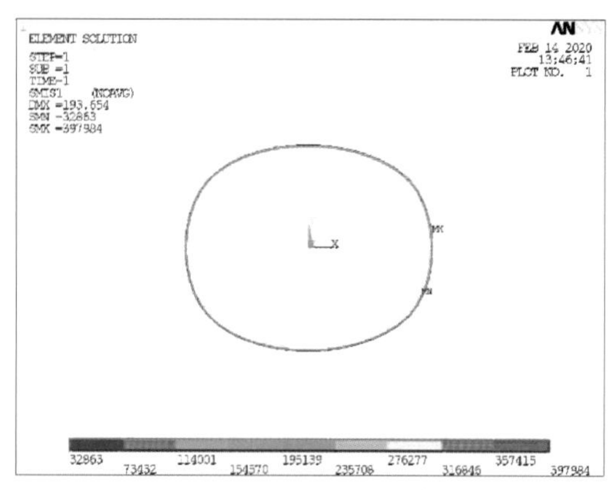

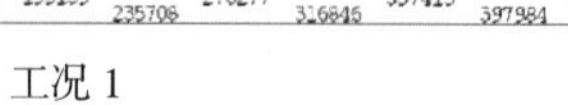

工况 1

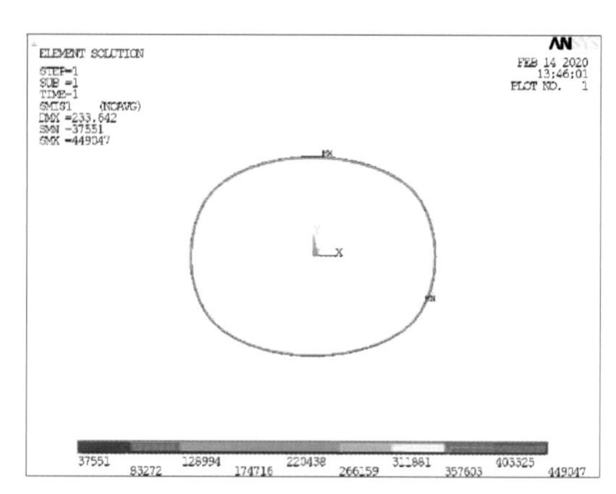

工况 2

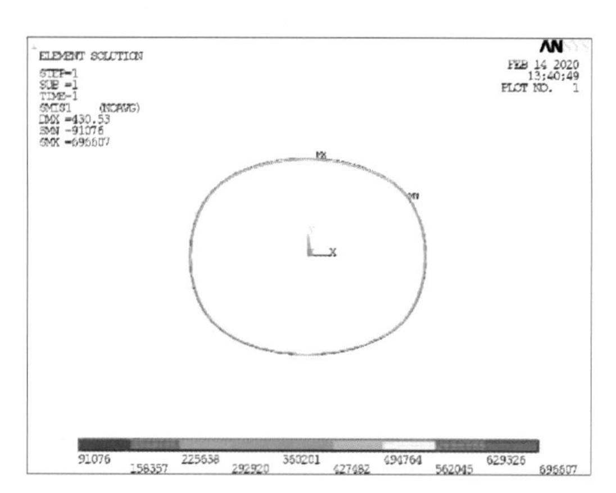

工况 3

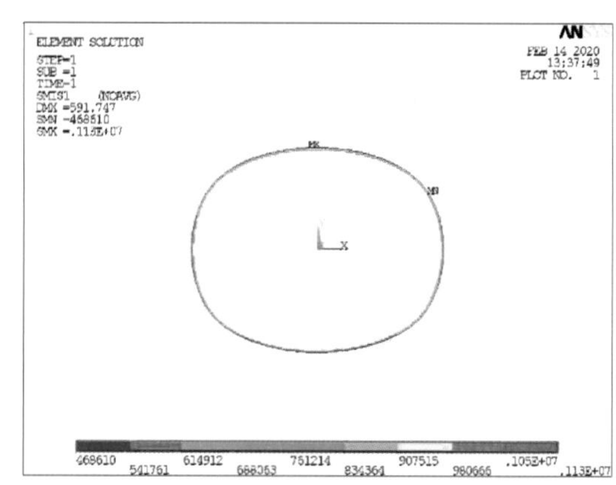

工况 4

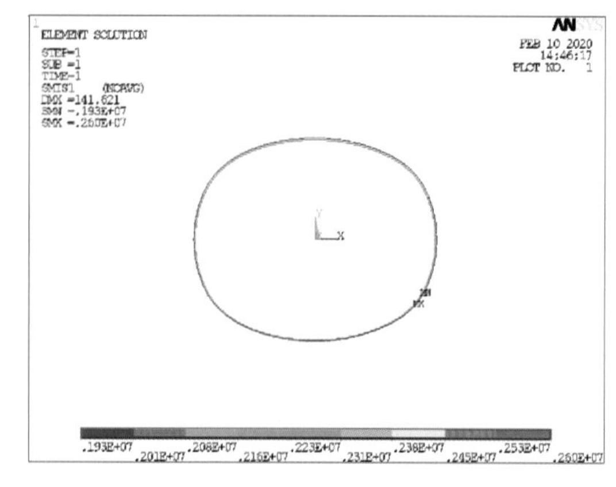

工况 5

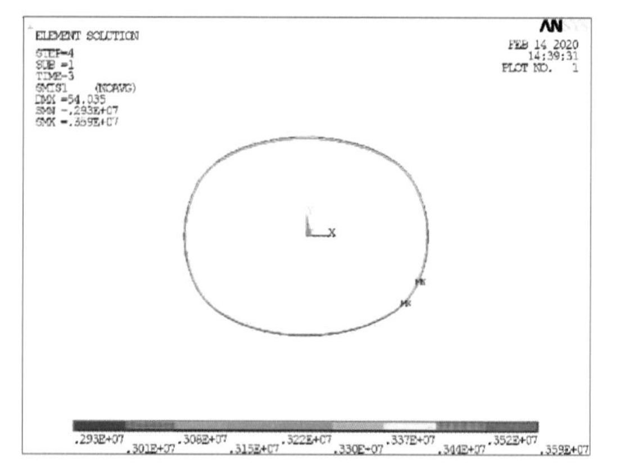

工况 6

图 6–18　各张拉工况下的环索索力 /N

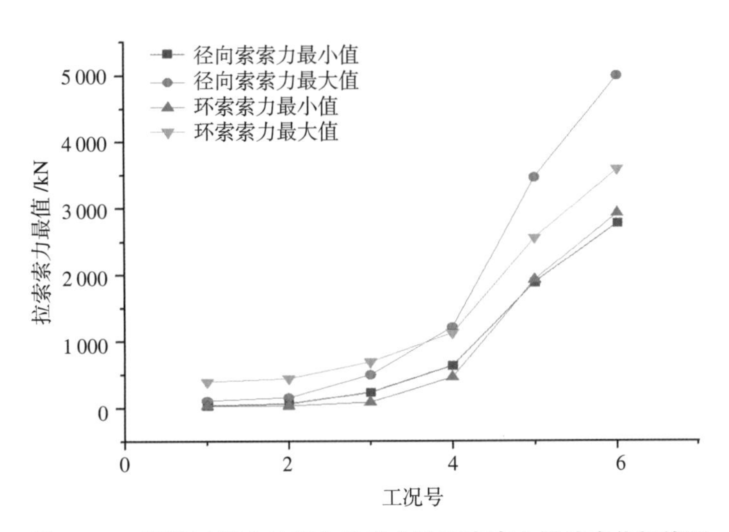

图 6-19　张拉过程中的径向索索力及环索索力最值变化折线图

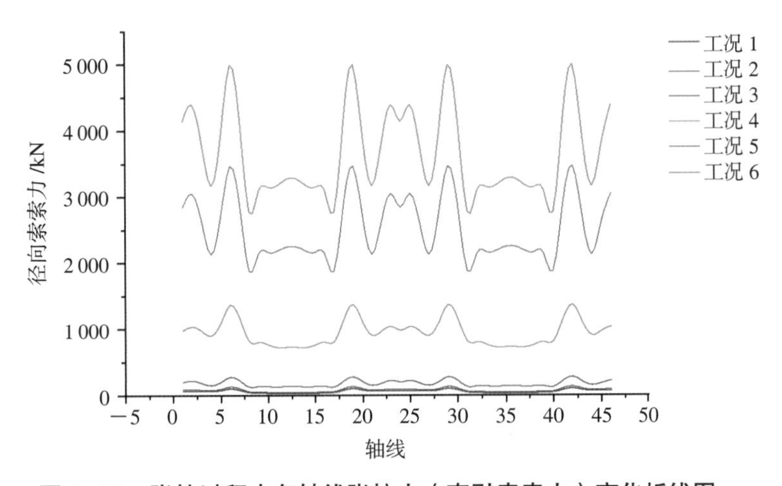

图 6-20　张拉过程中各轴线张拉力（牵引索索力）变化折线图

由以上分析结果可得：①随着张拉的进行，径向索索力和环索索力呈不断增大的趋势，索力在张拉初期增长较缓而后期迅速增长；②径向索索力在短轴处最小而在 45° 角处达到峰值，其平面分布基本呈 1/4 对称。

6.3.3.2　中置压环梁及 V 形撑外肢轴力

径向索整体同步分级张拉过程中，各工况下的中置压环梁及 V 形撑外肢轴力情况如表 6-5 和图 6-21、图 6-22 所示，其变化折线图如图 6-23 和图 6-24 所示。

表 6–5　径向索分级张拉过程中中置压环梁和 V 形撑外肢的轴力

工况号	牵引索长度 /m	中置压环梁轴压力 /（$\times 10^7$N）		V 形撑外肢轴力 /kN	
		Min	Max	Min	Max
1	0.5	0.17	0.27	91.0	159.3
2	0.4	0.19	0.29	79.1	161.4
3	0.3	0.35	0.44	2.1	209.6
4	0.2	0.60	0.63	9.8	244.3
5	0.1	1.83	1.86	−598.4	692.5
6	0.0	2.57	2.61	−900.7	950.4

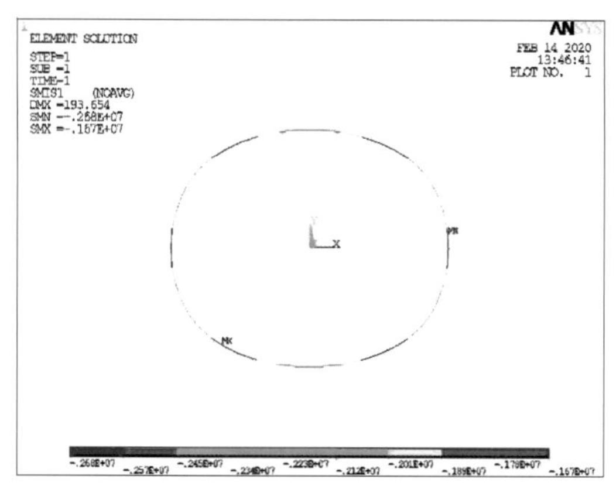

工况 1

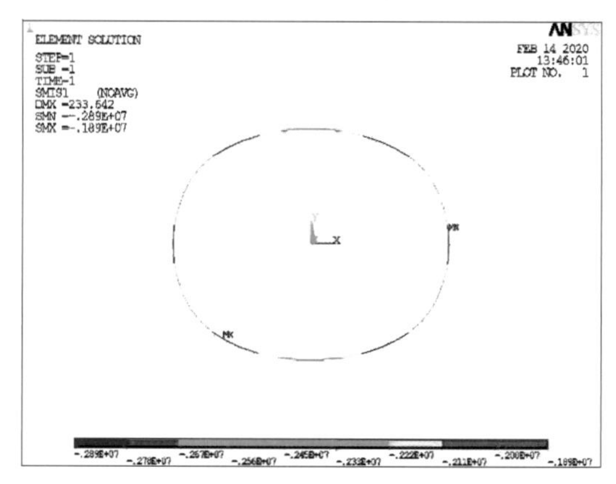

工况 2

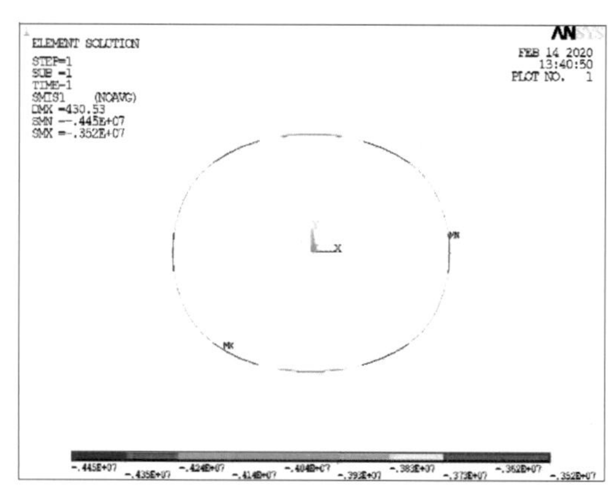

工况 3

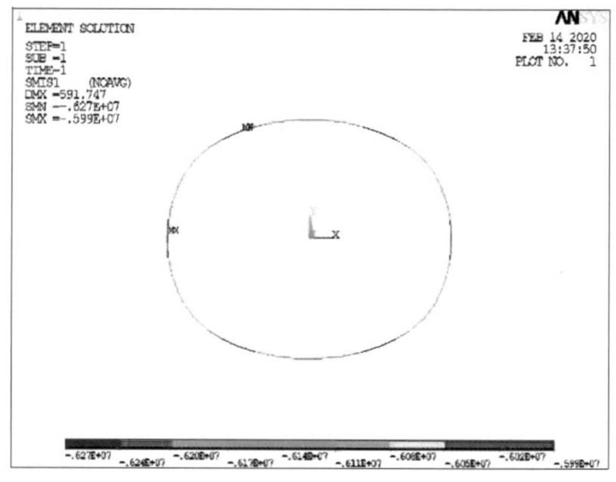

工况 4

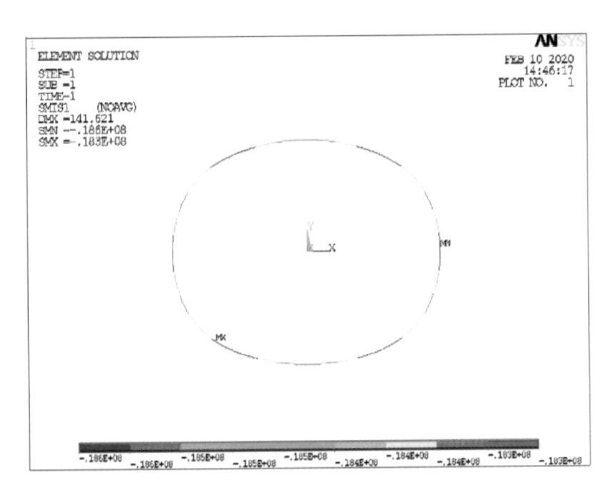

工况 5

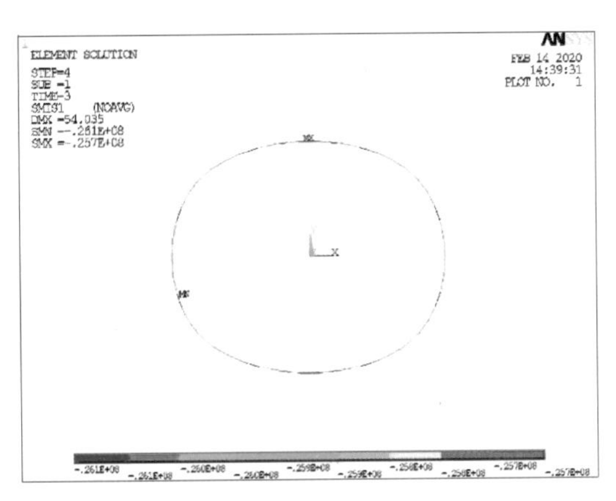

工况 6

图 6-21　各张拉工况下的中置压环梁轴力 /N

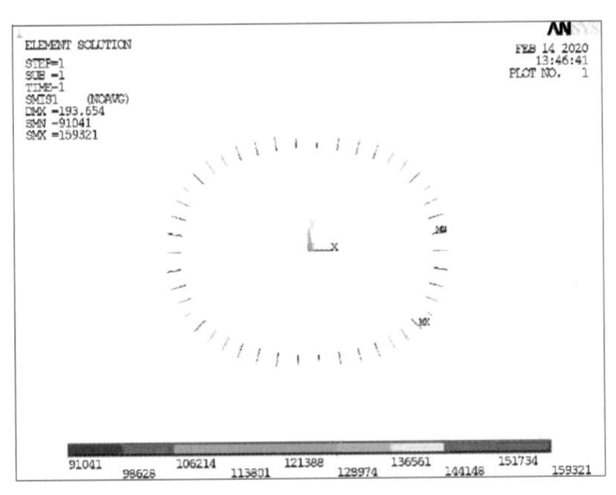

工况 1

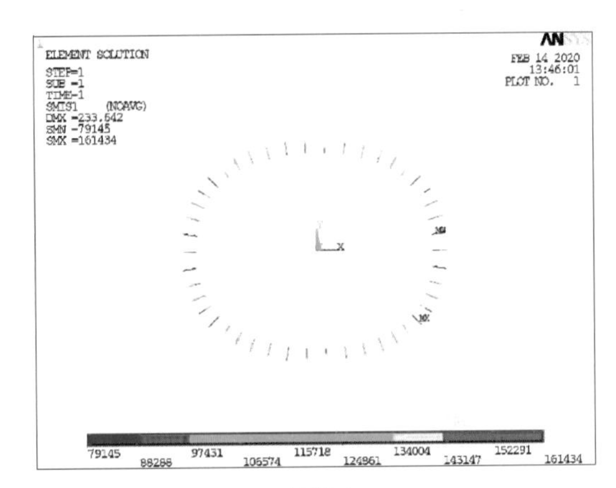

工况 2

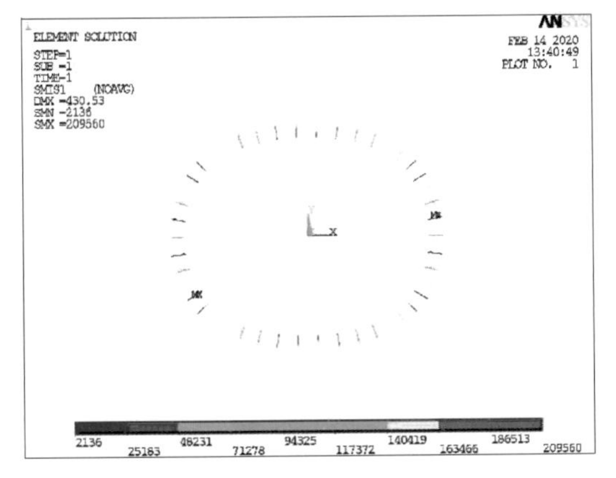

工况 3

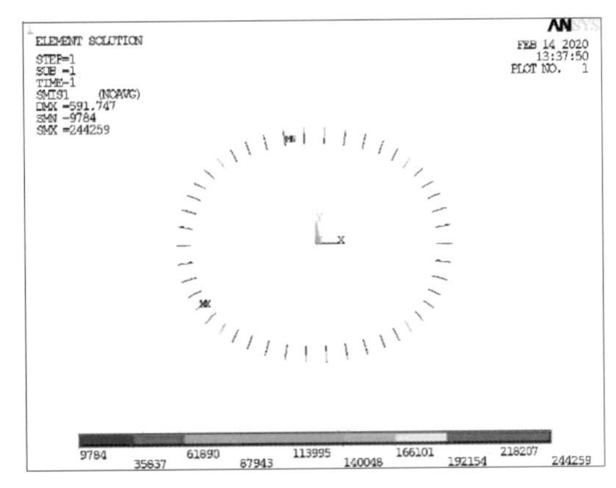

工况 4

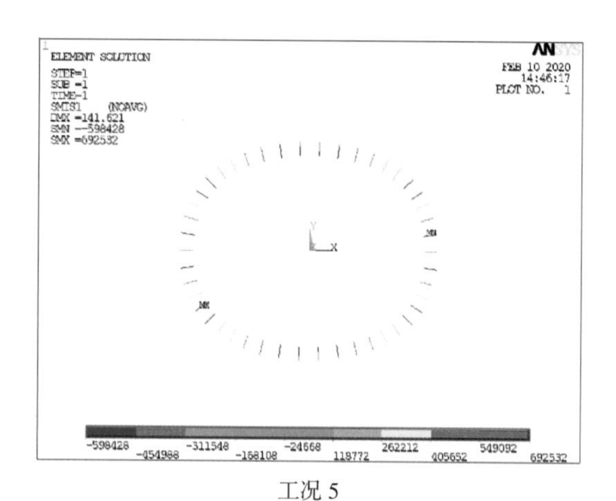

工况 5

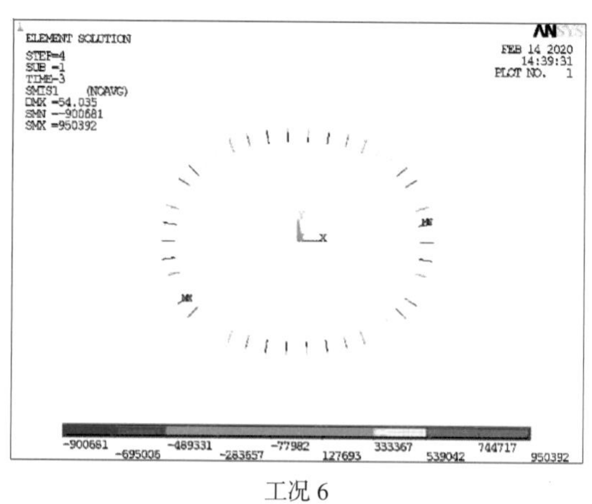

工况 6

图 6-22 各张拉工况下的 V 形撑外肢轴力 /N

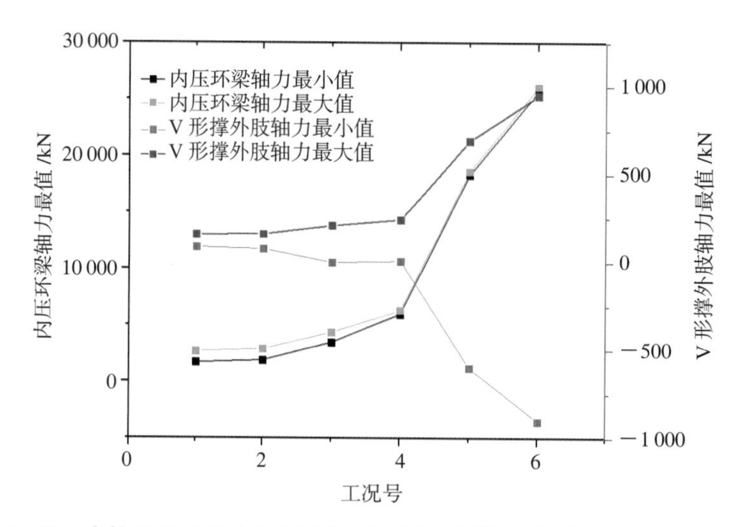

图 6-23 张拉过程中的中置压环轴压力及 V 形撑外肢轴力最值变化折线图

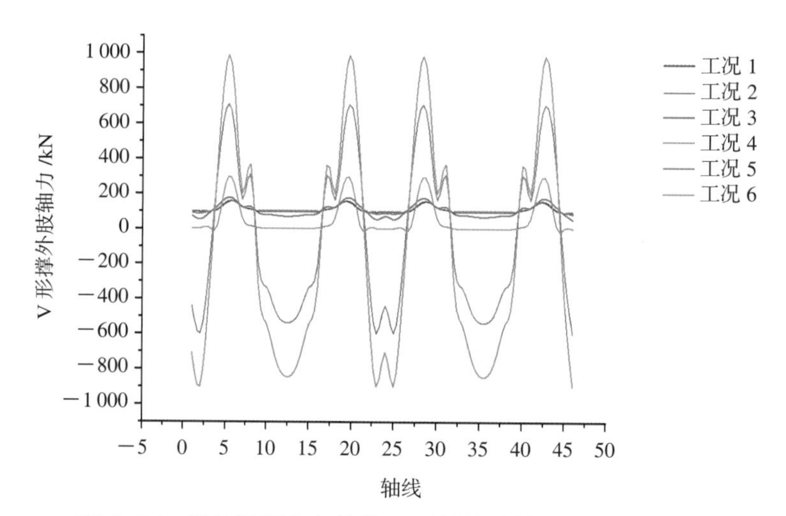

图 6-24 张拉过程中各轴线 V 形撑外肢轴力变化折线图

由以上分析结果可得：①随着张拉的进行，中置压环梁和 V 形撑外肢轴力均呈不断增大的趋势，轴力在张拉初期增长较缓而后期迅速增长；② V 形撑外肢在长短轴处受压而在 45° 角处受拉，其平面分布基本呈 1/4 对称。

6.3.3.3 **位移**

径向索整体同步分级张拉过程中，各工况下结构关键性位移情况如表 6-6、表 6-7 和图 6-25 至图 6-28 所示，其变化折线图如图 6-29 至图 6-33 所示。

图表中的位移值均为相对于设计态位形的位移量。

表 6-6　径向索分级张拉过程中的环索位移

工况号	牵引索长度 /m	环索径向位移 /mm		环索竖向位移 /mm	
		Min	Max	Min	Max
1	0.5	−278.8	−121.1	98.9	332.1
2	0.4	−276.1	−125.2	96.4	315.6
3	0.3	−225.6	−139.7	124.8	263.9
4	0.2	−192.2	−103.8	100.9	200.0
5	0.1	−86.4	−50.3	59.3	107.5
6	0.0	−39.4	8.3	4.7	32.4

表 6-7　径向索分级张拉过程中的中置压环梁及柱顶径向位移

工况号	牵引索长度 /m	中置压环梁径向位移 /mm		柱顶径向位移 /mm	
		Min	Max	Min	Max
1	0.5	12.6	59.8	0.0	68.9
2	0.4	12.4	59.0	0.0	68.0
3	0.3	11.7	54.6	0.0	62.8
4	0.2	−9.2	6.7	−19.2	0.0
5	0.1	5.3	17.3	0.0	15.4
6	0.0	−13.5	17.5	−20.5	12.7

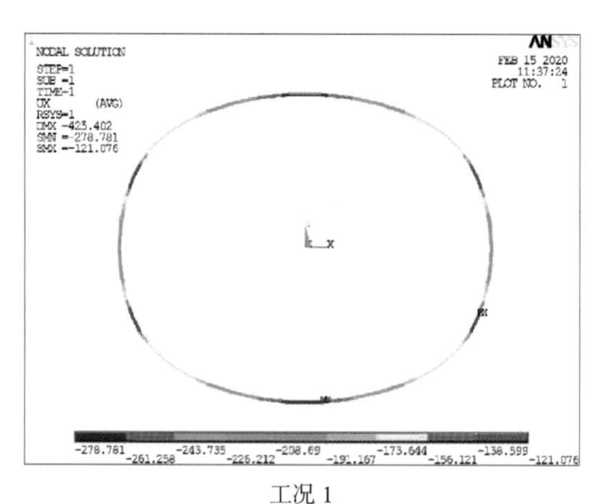

工况 1

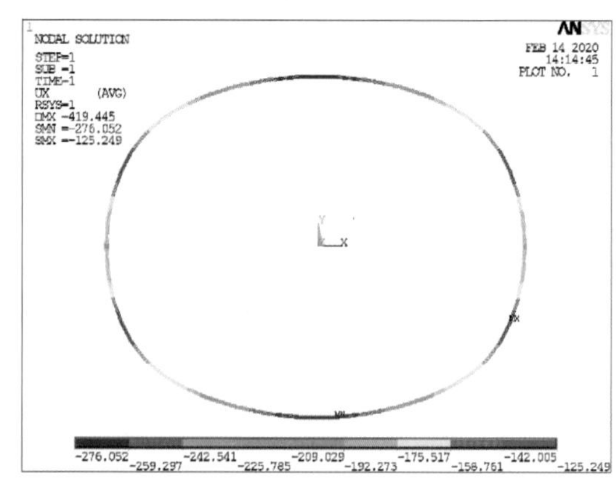

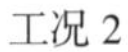
工况 2

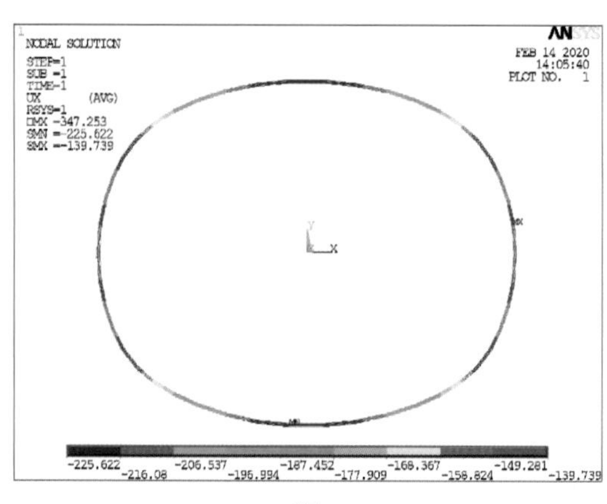

工况 3

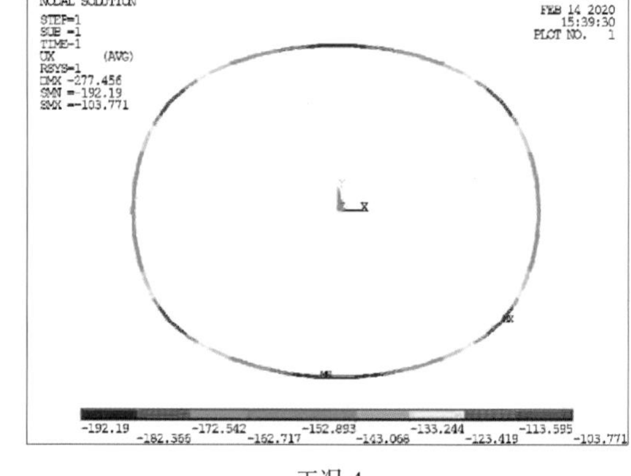

工况 4

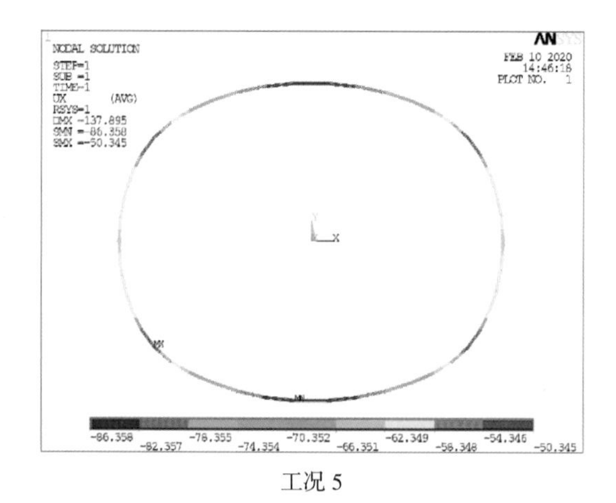

工况 5

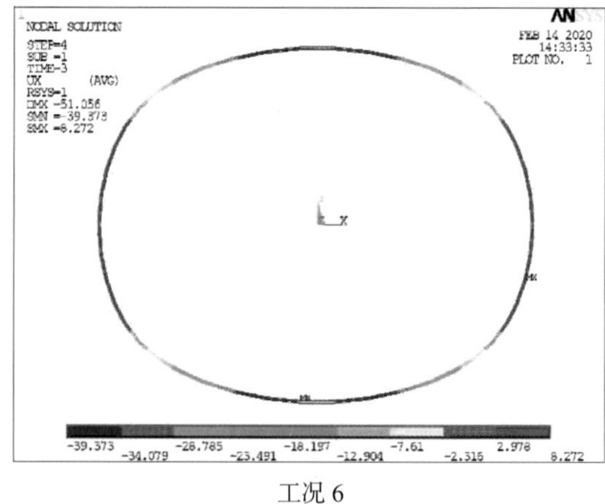

工况 6

图 6-25 各张拉工况下的环索径向位移 /mm

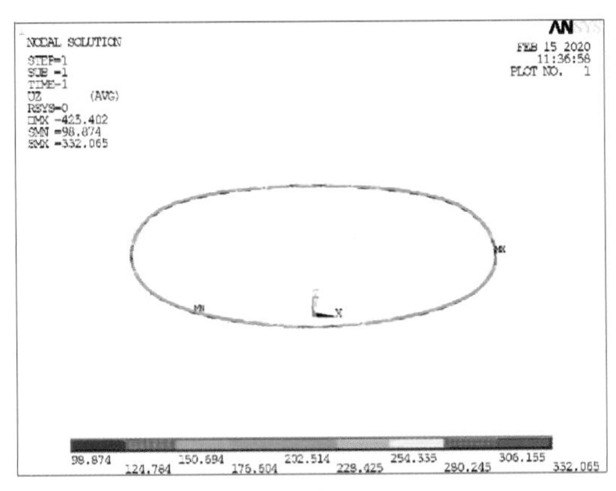

工况 1

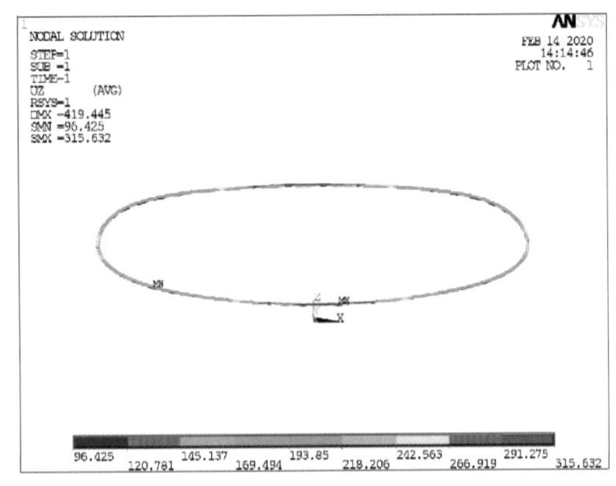

工况 2

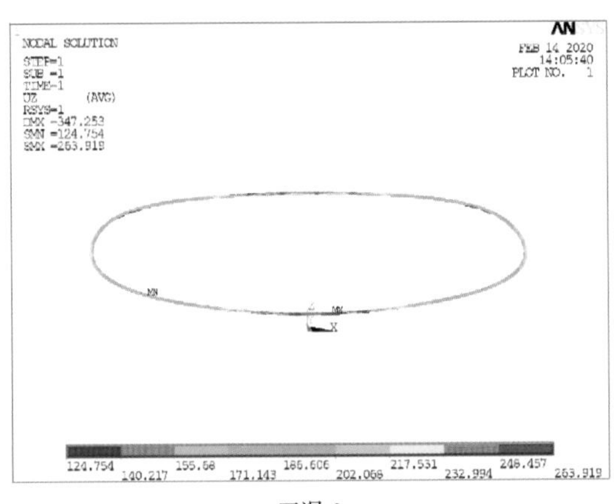

工况 3

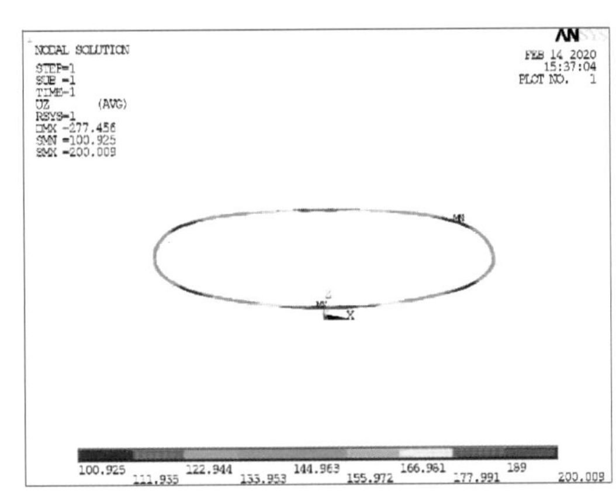

工况 4

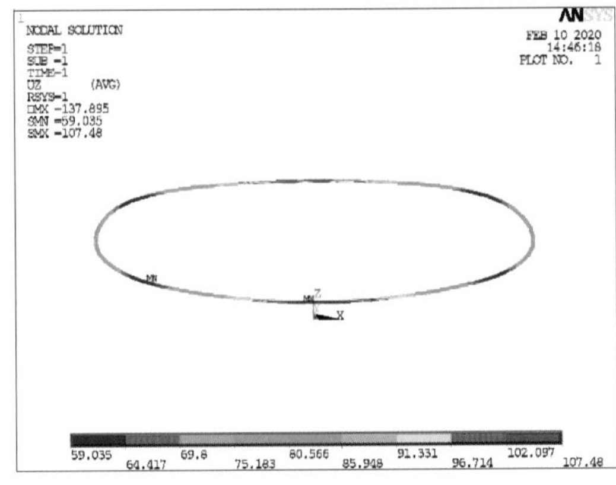

工况 5

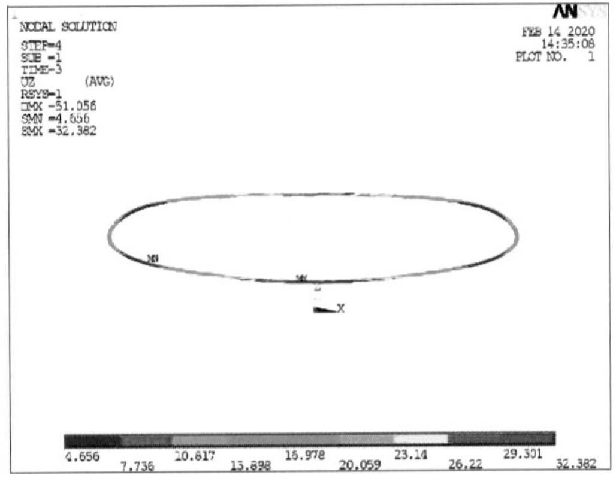

工况 6

图 6–26　各张拉工况下的环索竖向位移 /mm

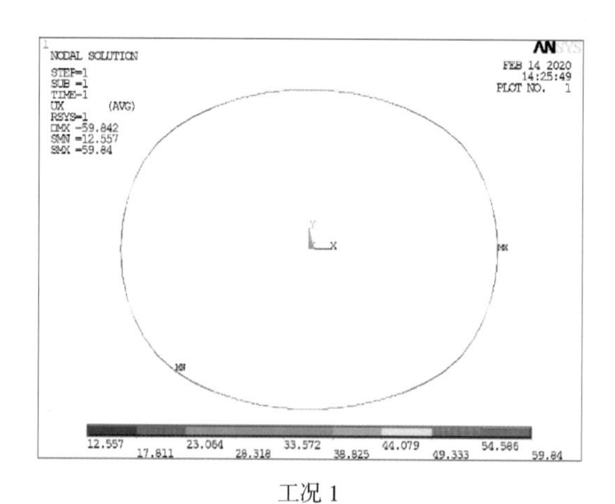

工况 1

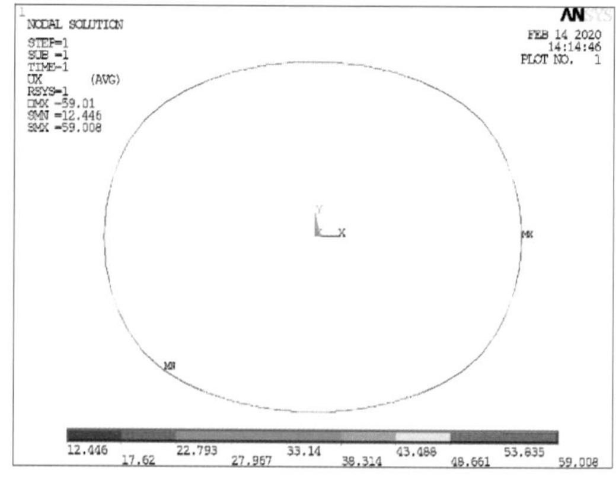

工况 2

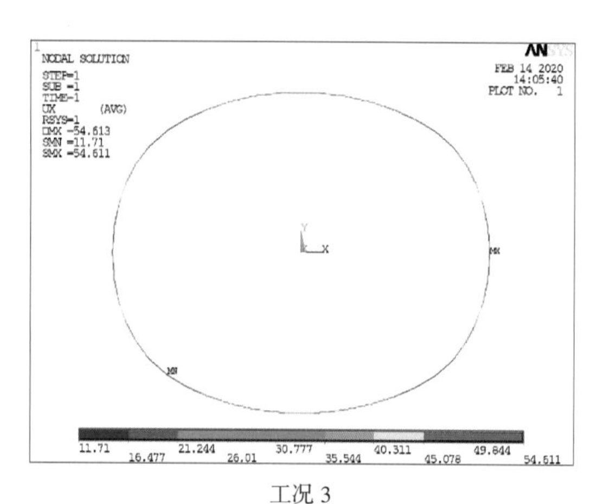

工况 3

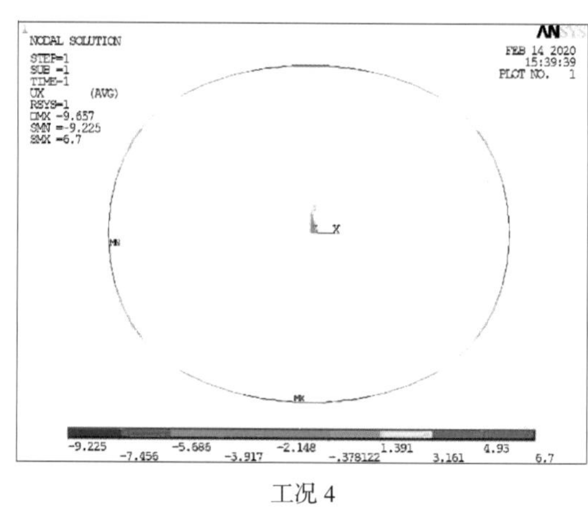

工况 4

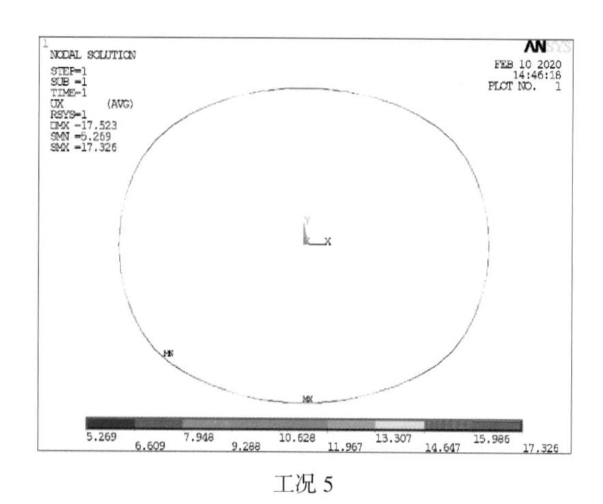

工况 5

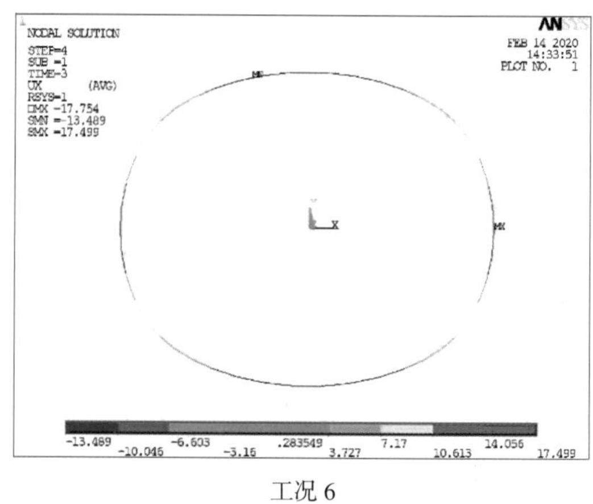

工况 6

图 6-27　各张拉工况下的中置压环梁径向位移 /mm

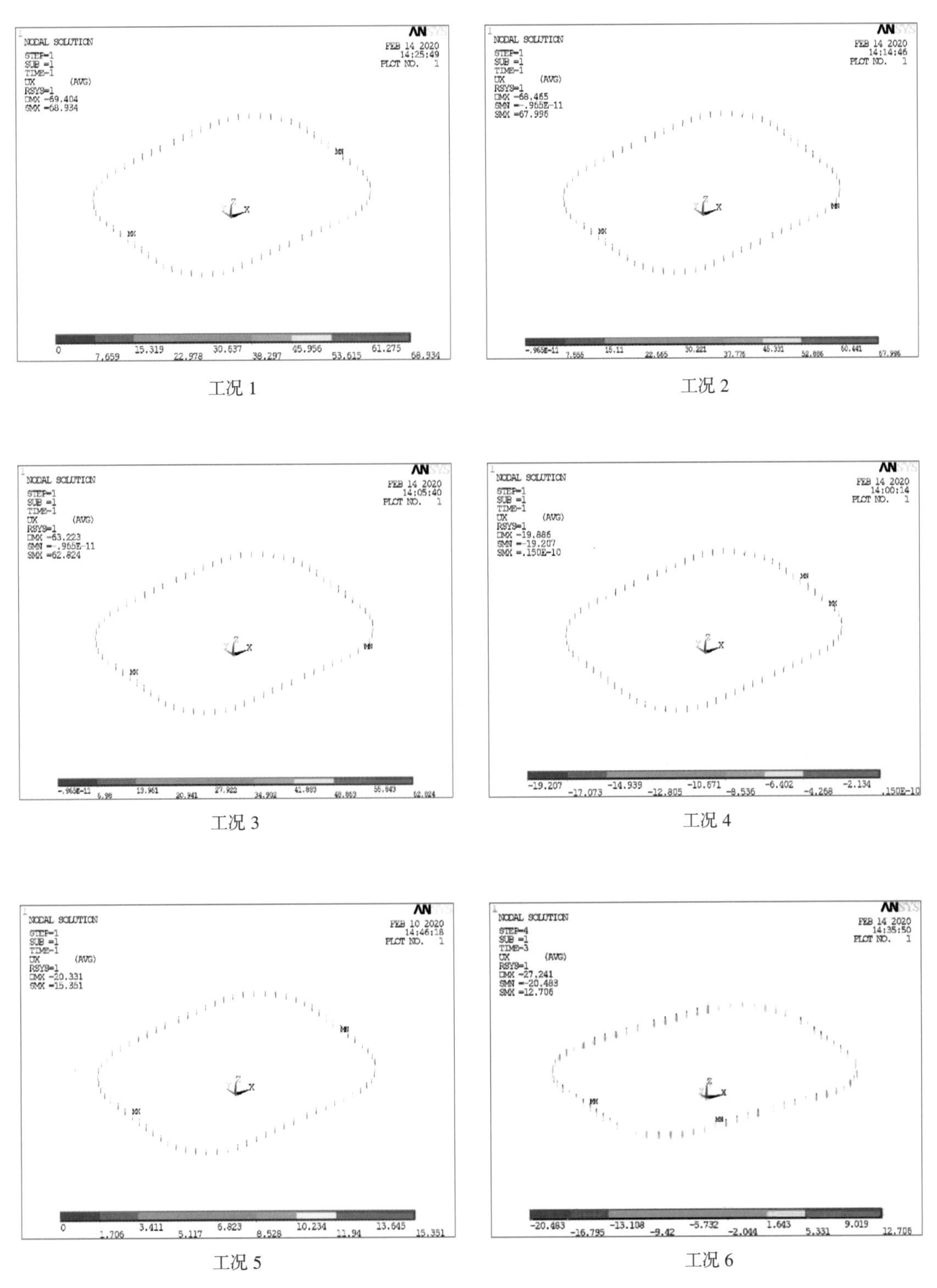

工况 1　工况 2　工况 3　工况 4　工况 5　工况 6

图 6–28　各张拉工况下的柱顶径向位移 /mm

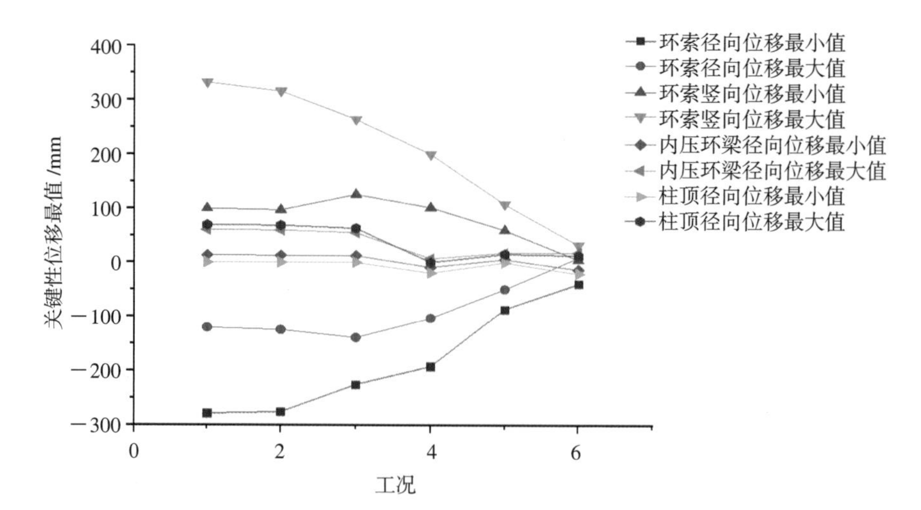

图 6-29 张拉过程中结构关键性位移最值变化折线图

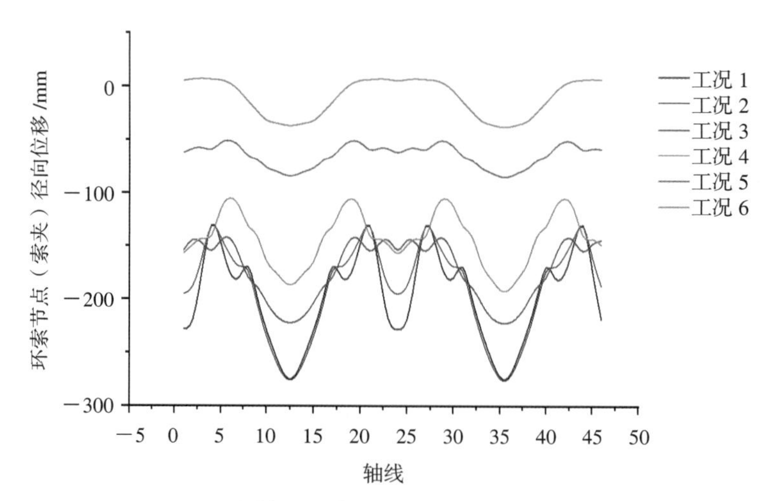

图 6-30 各轴线环索节点径向位移变化折线图

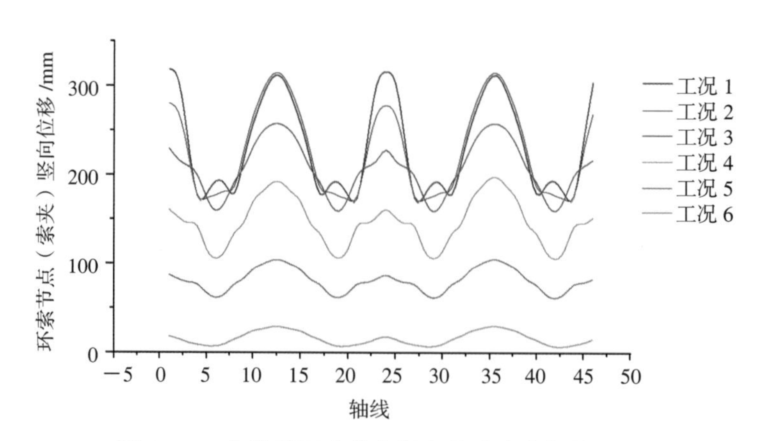

图 6-31 各轴线环索节点竖向位移变化折线图

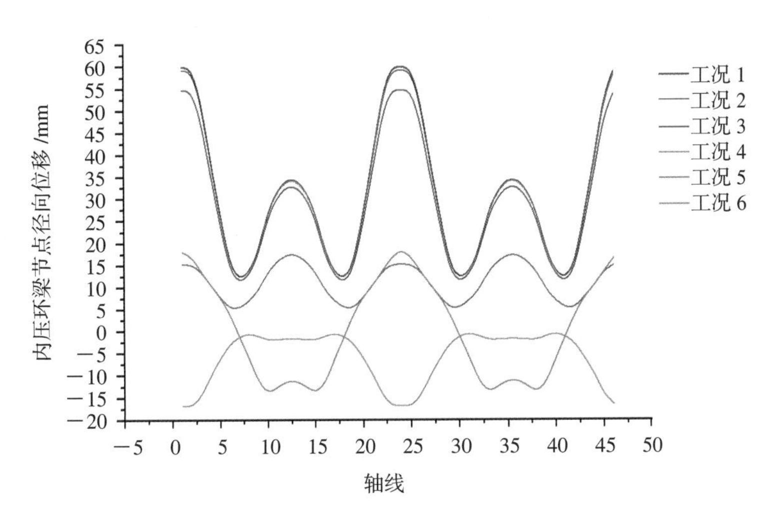

图 6-32　各轴线中置压环梁节点径向位移变化折线图

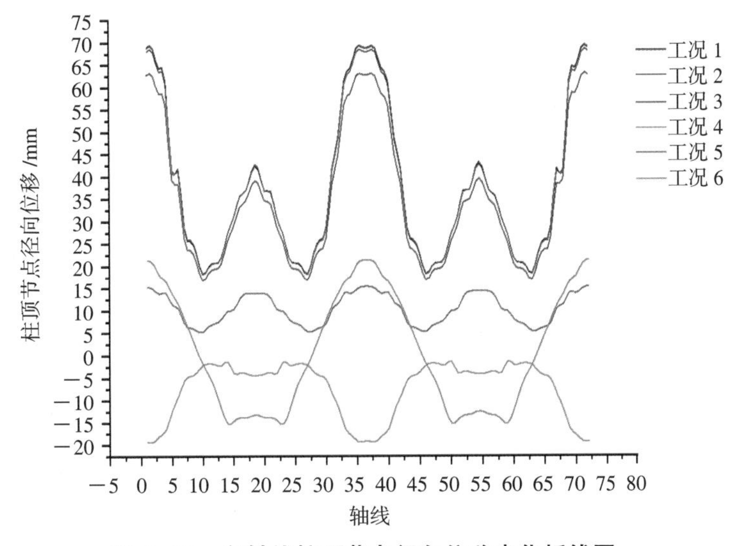

图 6-33　各轴线柱顶节点径向位移变化折线图

由以上分析结果可得：

（1）随着张拉的进行，结构各关键性位移总体均呈不断减小的趋势，结构的张拉完成态位形与设计位形较为接近。

（2）各关键性位移均呈现出在长短轴处较大而在 45° 角处较小的平面分布规律，且基本呈 1/4 对称。

（3）随着张拉的进行，环索节点（索夹）不同轴线间的位移量差距逐渐缩小，位移分布愈发均匀。

（4）中置压环梁和柱顶节点径向位移的平面分布规律在工况 3 ~ 5（牵引索长度为 0.3 ~ 0.1 m）出现了两次反转，原因在于此时索力和中置压环梁轴力正处于增长爆发期，同时 V 形撑外肢轴力也开始由拉转压，各轴线的预应力变化速度出现了明显的差异。张拉进行到工况 5 之后，整个结构的预应力分布和变形模态基本确定，结构渐趋稳定。在上述张拉过程中，增强支撑起到了至关重要的作用，若未设置增强支撑，则结构极有可能在张拉进行至工况 3 ~ 5 时出现整体失稳。

6.3.3.4 钢构等效应力

径向索整体同步分级张拉过程中，各工况下的钢构等效应力情况如表 6-8 和图 6-34 所示，其变化折线图如图 6-35 所示。

表 6-8 径向索分级张拉过程中的钢构等效应力

工况号	牵引索长度 /m	钢构等效应力 /MPa	
		Min	Max
1	0.5	0.0	91.7
2	0.4	0.0	90.7
3	0.3	0.0	88.2
4	0.2	0.0	54.0
5	0.1	0.0	76.5
6	0.0	0.0	111.6

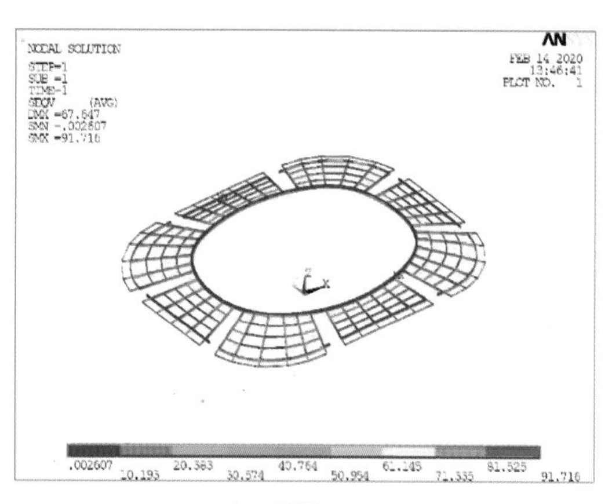

工况 1

工况 2

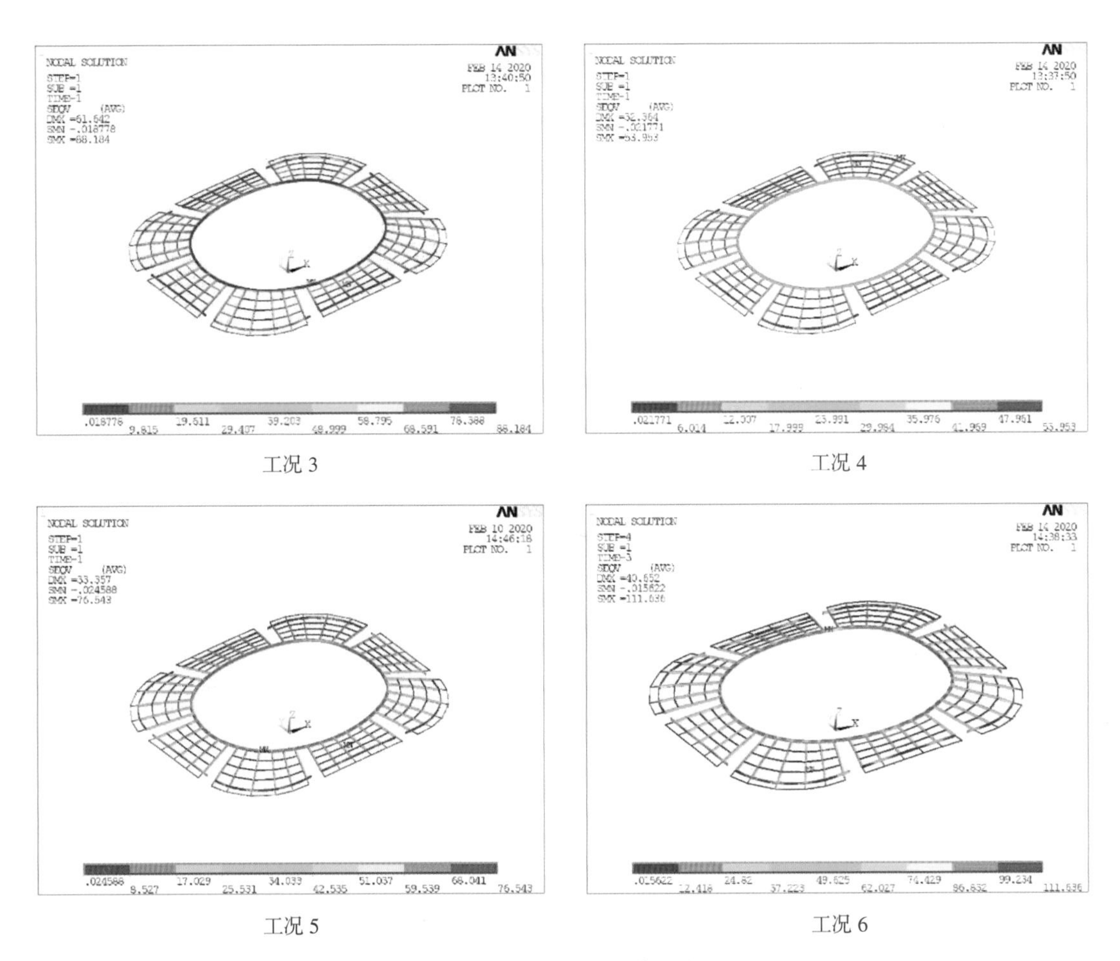

图 6–34　各张拉工况下的钢构等效应力云图 /MPa

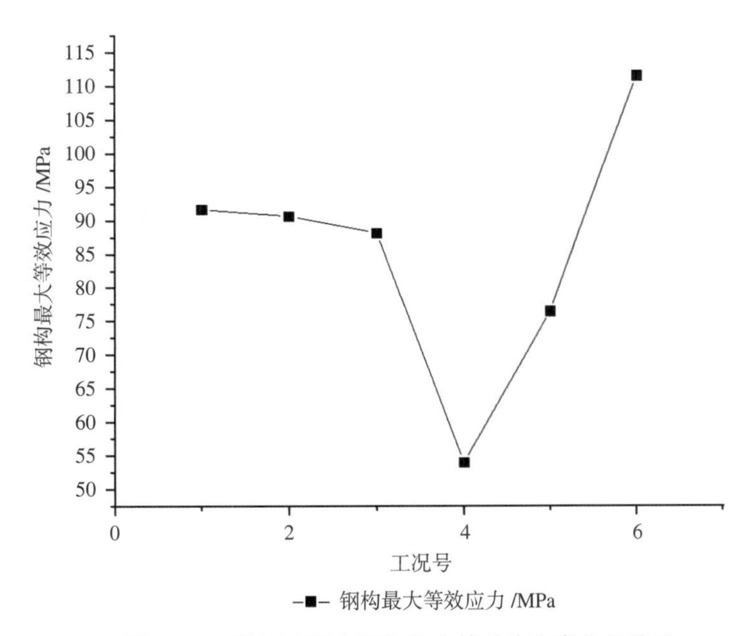

图 6–35　张拉过程中钢构最大等效应力变化折线图

可见在整个张拉过程中，钢构最大等效应力不超过 111.6 MPa，结构始终处于线弹性状态。

6.3.3.5 结论

由以上分析结果，可以总结得到如下结论：

（1）结构各关键响应在平面分布上基本呈 1/4 对称。

（2）径向索张拉过程中拉索索力、中置压环轴压力和 V 形撑外肢轴力总体均呈不断增大的趋势，张拉初期增长速度较为平缓而之后则增长迅速。

（3）相对于设计位形，索网、中置压环梁和柱顶节点位移总体均呈不断减小的趋势，张拉完成时基本接近于 0，可见结构位形随着张拉的进行不断接近于设计位形。

（4）由于结构各轴线预应力变化速度的差异，中置压环梁和柱顶节点径向位移在工况 3~5 出现了反转；在此之后，结构的预应力分布明确，变形模态稳定。上述现象体现出中置压环索承网格结构形和力的一体性。

（5）钢构最大等效应力有小幅度波动，但总体保持在 120 MPa 以下，构件均处于弹性状态。

总体而言，结构应力水平不断增长而结构保持着良好的整体稳定性，同时各项关键响应呈现出一定的变化规律，处于可控范围内，整个结构的形与力始终能够严格对应。因此，表 6-3 所示的径向索整体同步张拉方案是合理、可行的。

6.4 中置压环索承网格结构拉索施工误差影响分析

6.4.1 误差分析方法及基本理论

随着结构设计理念与施工技术的不断发展，如今索承网格结构的拉索多采用定长索设计，该设计可以大大减少现场施工时拉索的张拉量和调节量，简化施工措施，进而提高整个结构的成型精度。但拉索的不可调节也同时对其生产精度提出了更高的要求。对于中置压环索承网格结构，其施工误差通常由索长误差与钢结构安装误差两部分组成，其中，钢结构安装误差又称为外联节点坐标误差。因此，进行索承网格结构的施工误差影响分析，必须要考虑索长和外联节点坐标的随机耦合误差对结构关键响应的影响。

6.4.1.1 随机抽样——蒙特卡罗法

蒙特卡罗法（Monte Carlo Method），也称统计模拟方法，是 20 世纪 40 年代由约翰 · 冯 · 诺依曼提出的一种以概率统计理论为基础的数值模拟计算方法。它的基本思想是使用随机数（或更常见的伪随机数）进行大量的数值抽样模拟，逼近事件的真实发生概率，进而解决一系列的计算问题。蒙特卡罗法在金融工程学、宏观经济学、计算物理学等领域均有着广泛的应用。

蒙特卡罗法数学形式简单，可以更好地求解非线性问题，在该方法下的收敛是指概率上的收敛，因此收敛速度快。该方法的缺点在于，由于样本数量通常较大，因此抽样模拟计算的时间长。当事件发生概率较小时，需要极大的抽样模拟次数（样本数量）才能达到问题求解的精度。

6.4.1.2　**索长及外联节点坐标耦合随机误差影响分析基本方法**

对于采用定长索设计的结构而言，所有拉索均为被动张拉索。根据拉索是否直接与外围钢结构连接，可将其分为外联索（径向索）和内联索（环索），则索长误差和外联节点坐标误差可表示为矩阵形式，如式（6-8）所示。

$$
\begin{aligned}
\boldsymbol{E}_i &= \begin{bmatrix} \boldsymbol{E}_{\mathrm{L},i}^{\mathrm{OP}} & \boldsymbol{E}_{\mathrm{L},i}^{\mathrm{IP}} \\ \boldsymbol{E}_{\mathrm{C},i}^{\mathrm{OP}} & 0 \end{bmatrix}^{\mathrm{T}} \\
&= \begin{bmatrix} e_{\mathrm{L},i,1}^{\mathrm{OP}} & e_{\mathrm{L},i,2}^{\mathrm{OP}} & \cdots & e_{\mathrm{L},i,k}^{\mathrm{OP}} & e_{\mathrm{L},i,1}^{\mathrm{IP}} & e_{\mathrm{L},i,2}^{\mathrm{IP}} & \cdots & e_{\mathrm{L},i,m}^{\mathrm{IP}} \\ e_{\mathrm{C},i,1}^{\mathrm{OP}} & e_{\mathrm{C},i,2}^{\mathrm{OP}} & \cdots & e_{\mathrm{C},i,k}^{\mathrm{OP}} & 0 & 0 & \cdots & 0 \end{bmatrix}^{\mathrm{T}}
\end{aligned}
\tag{6-8}
$$

式中，$\boldsymbol{E}_i$ 为第 i 个误差工况的误差矩阵；$\boldsymbol{E}_{\mathrm{L},i}^{\mathrm{OP}}$，$\boldsymbol{E}_{\mathrm{C},i}^{\mathrm{OP}}$，$\boldsymbol{E}_{\mathrm{L},i}^{\mathrm{IP}}$分别为第 i 个误差工况的外联被动索索长误差列向量、外联被动索节点安装坐标误差列向量和内联被动索索长误差列向量；k，m 分别为外联被动索和内联被动索的数量；$e_{\mathrm{L},i,j}^{\mathrm{OP}}$，$e_{\mathrm{C},i,j}^{\mathrm{OP}}$，$e_{\mathrm{L},i,j}^{\mathrm{IP}}$分别为第 i 个误差工况的第 j 个外联被动索索长误差值、外联被动索节点安装坐标误差值和内联被动索索长误差值。

在考虑外联节点坐标误差（钢结构安装误差）时，可根据结构特性，将其转化为与钢结构直接连接的拉索（外联索）的长度误差，即附加的外联索索长误差。因此，外联索索长总误差可记为：

$$
e_{\mathrm{LC},i,j}^{\mathrm{OP}} = e_{\mathrm{L},i,j}^{\mathrm{OP}} + e_{\mathrm{C},i,j}^{\mathrm{OP}} \tag{6-9}
$$

式中，$e_{\mathrm{LC},i,j}^{\mathrm{OP}}$ 为第 i 个误差工况的第 j 个外联被动索索长总误差值。式（6-10）可改写为（$k+m$）行向量，即

$$
\begin{aligned}
\boldsymbol{E}_i &= \begin{bmatrix} \boldsymbol{E}_{\mathrm{LC},i}^{\mathrm{OP}} & \boldsymbol{E}_{\mathrm{L},i}^{\mathrm{IP}} \end{bmatrix}^{\mathrm{T}} = \begin{bmatrix} \boldsymbol{E}_{\mathrm{L},i}^{\mathrm{OP}} + \boldsymbol{E}_{\mathrm{C},i}^{\mathrm{OP}} & \boldsymbol{E}_{\mathrm{L},i}^{\mathrm{IP}} \end{bmatrix}^{\mathrm{T}} \\
&= \begin{bmatrix} e_{\mathrm{L},i,1}^{\mathrm{OP}} + e_{\mathrm{C},i,1}^{\mathrm{OP}} & e_{\mathrm{L},i,2}^{\mathrm{OP}} + e_{\mathrm{C},i,2}^{\mathrm{OP}} & \cdots & e_{\mathrm{L},i,k}^{\mathrm{OP}} + e_{\mathrm{C},i,k}^{\mathrm{OP}} & e_{\mathrm{L},i,1}^{\mathrm{IP}} & e_{\mathrm{L},i,2}^{\mathrm{IP}} & \cdots & e_{\mathrm{L},i,m}^{\mathrm{IP}} \end{bmatrix}^{\mathrm{T}}
\end{aligned}
\tag{6-10}
$$

6.4.1.3　**误差分布模型**

误差分布模型一般有定值分布、均匀分布和正态分布三种。实际上，索长和外联节点坐标误差可正可负且概率相当，因此，正态分布最符合其误差分布特点。在下文的误

差影响分析中，均认为各误差项符合正态分布且有不小于 99.7% 的保证率。

正态分布模型曲线如图 6-36 所示，其概率密度函数如式（6-11）所示，其中，μ 为平均值，σ 为标准偏差。对于索长和外联节点误差的正态分布，通常 μ 为 0，此时 σ 等于最大允许误差的 1/3。

$$f(x)=\frac{1}{\sqrt{2\pi}\sigma}\exp\left[-\frac{(x-\mu)^2}{2\sigma^2}\right] \tag{6-11}$$

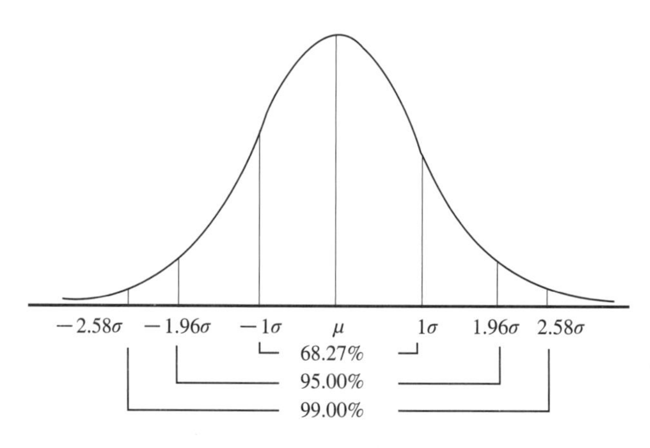

图 6-36 正态分布模型曲线示意图

6.4.1.4 **误差限值**

国内各规范对拉索长度及其允许偏差均给出了技术要求。《斜拉桥用热挤聚乙烯高强钢丝拉索》（GB/T 18365—2018）对拉索允许误差的规定见表 6-9。

表 6-9 索长误差限值规范 1

拉索长度 L_0/m	≤ 100	> 100
允许偏差 Δ/mm	±20	L_0/5 000

《索结构技术规程》（JGJ 257—2012）和《建筑工程用锌−5% 铝 - 混合稀土合金镀层拉索》（YB/T 4543—2016）对于索长误差的限值要求见表 6-10。

表 6-10 索长误差限值规范 2

拉索长度 L_0/m	≤ 50	（50，100］	> 100
允许偏差 Δ/mm	±15	±20	L_0/5 000

可见《索结构技术规程》对于拉索长度允许误差的规定更为严格，因此，采用表 6-10 所示的索长误差规范进行分析计算。

上海浦东足球场采用了中置压环索承网格结构，其结构形式新颖，施工难度大，且采用定长索，对精度要求高。因此，必须通过施工误差影响分析，评估各误差项对于结构施工成型态的影响，进而确定制索与钢结构安装的精度要求。

6.4.2 基本思路

根据蒙特卡罗法的基本原理，施工误差影响分析的基本分析思路为：

（1）建立完善模型（未施加误差）作为误差分析的基础模型，并进行分析计算，求得结构完善状态下的关键响应。

（2）确定结构的误差项（索长误差和外联节点坐标误差）及其分布特性（采用正态分布，且保证率不低于 99.7%）。

（3）根据（2）中的误差项及其分布特性，随机生成一组误差（独立误差或耦合误差组合），并将其施加到结构模型中，形成一个带有误差的缺陷结构。

（4）对该缺陷结构进行分析，并与完善状态结果进行对比，得到在该缺陷结构关键响应的误差值。

（5）重复上述模拟 N 次，得到 N 个缺陷结构及其关键响应的误差值。根据蒙特卡罗法基本原理，当 N 足够大时，结构各响应的误差分布接近于其真实概率分布。上海浦东足球场工程中，取 $N=500$。

6.4.3 分析模型

由于分析的目标参数为结构施工成型态关键响应的误差，因此须建立起完整的 ANSYS 有限元分析模型，模型中包含：立柱、中置压环梁、径向梁、环索、径向索、圈梁、V 形撑、柱间支撑、屋面支撑、屋面钢拉杆和屋面，如图 6-37 所示。

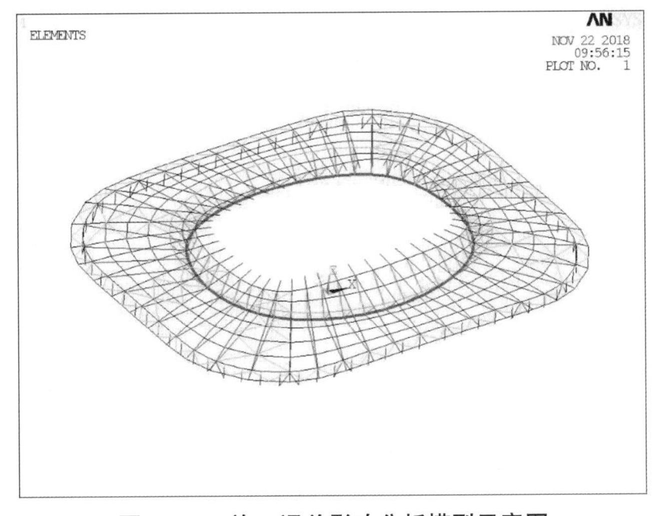

图 6-37 施工误差影响分析模型示意图

荷载条件为：1.0× 结构自重+1.0× 恒荷载+1.0× 预应力。其中，恒荷载由屋面恒载和马道恒载两部分组成。预应力分为拉索预应力和钢构预应力，作用于径向索、环索、压环梁、部分径向梁和 V 形撑中。

6.4.4 误差组合方案设置

上海浦东足球场工程中，单根径向索原长为 28.615 ~ 44.571 m（共 46 根），单根环索的原长为 186.376 ~ 188.824 m（每圈环索被等分为 2 根，共 16 根）。根据《索结构技术规程》（JGJ 257—2012）给出的索长误差限值（表 6-10），径向索长度偏差不得超过 ±15 mm，环索长度偏差不得超过其原长的 ±1/5 000（2‰）。

根据本工程拉索具体情况和规范要求，设置如表 6-11 所示的 6 种误差组合方案。其中，组合 1 ~ 3 主要针对独立误差效应，而组合 4 ~ 6 则考虑耦合误差效应。在以下 6 种误差组合方案中，径向索索长误差最大值为 13.4 mm（3‰），环索索长误差最大比率为 2‰，均符合规范要求。另外，结合本工程钢结构施工单位的生产水平（安装偏差可控制在 ±20 mm 以内），外联节点坐标误差取 ±20 mm。

表 6-11 误差组合方案

误差组合编号	径向索索长误差 /‰	环索索长误差 /‰	外联节点坐标误差 /mm
1	±3	/	/
2	/	±2	/
3	/	/	±20
4	±3	±2	±20
5	±2	±1.5	±20
6	±1	±1	±20

其中，误差组合 4 将组合 1 ~ 3 中的各独立误差项耦合，立足于规范要求，其径向索与环索的误差限值均已接近规范给定的限值。组合 5 ~ 6 则考虑到中置压环索承网格结构的高精度施工要求和本工程制索单位的生产能力，在组合 4 的基础上对索长误差提出了更高的要求。

6.4.5 独立误差影响分析

基于 6.4.4 小节中误差组合 1 ~ 3，分别针对径向索索长、环索索长和外联节点坐标进行独立误差影响分析。为直观地反映误差影响下缺陷结构的索力情况，分别选取一根径向索和环索单元（以 45° 角处的拉索单元为例），绘制其应力分布直方图如图 6-38 所示。

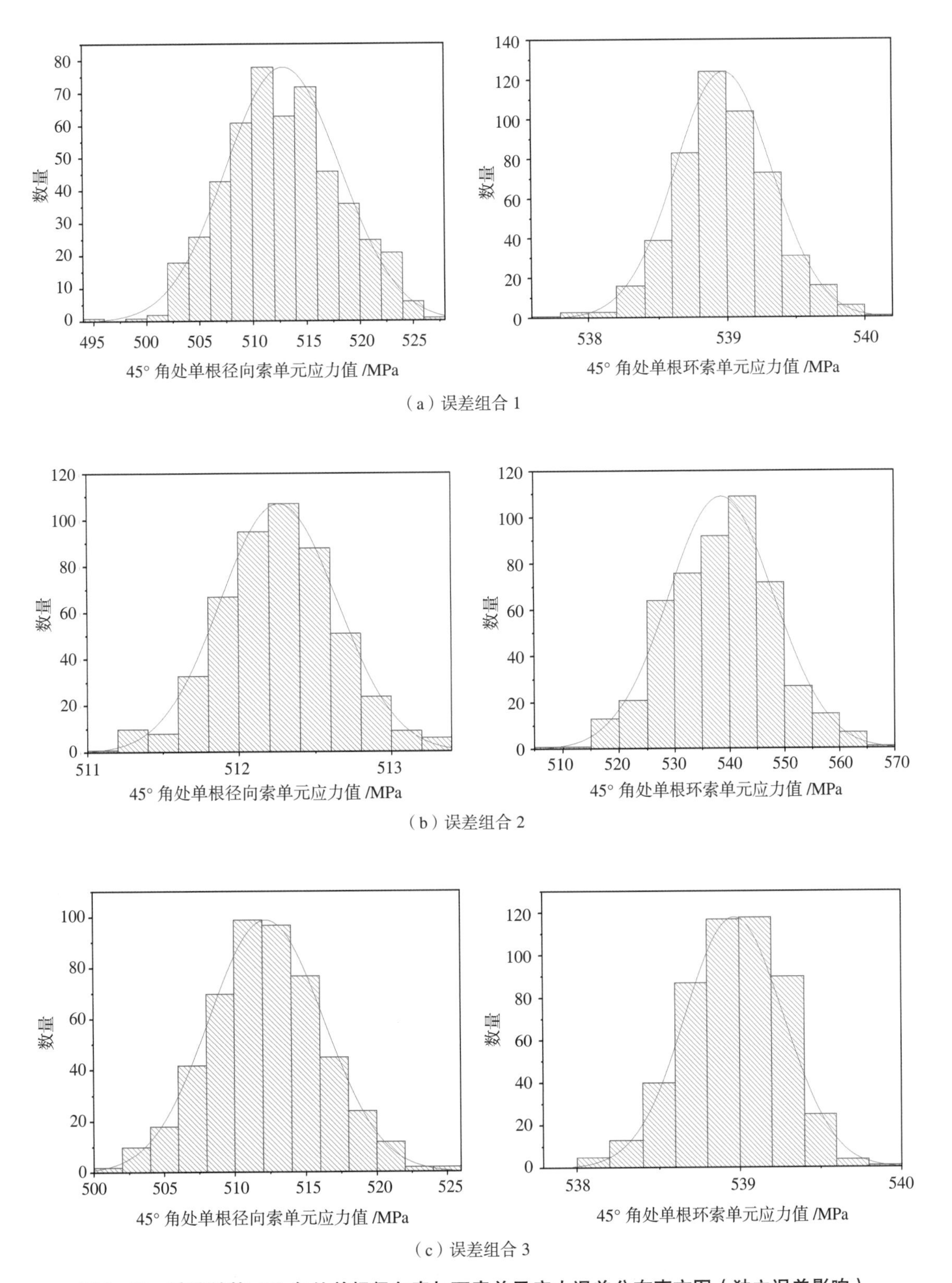

图 6–38　缺陷结构 45° 角处单根径向索与环索单元应力误差分布直方图（独立误差影响）

独立误差影响下，径向索与环索应力误差比绝对值分析结果如表 6-12 和图 6-39、图 6-40 所示。

表 6-12　径向索与环索应力误差比绝对值（独立误差影响）

（%）

误差组合	径向索应力误差比绝对值		环索应力误差比绝对值	
	Min	Max	Min	Max
1	2.87	5.24	0.19	0.22
2	0.22	0.29	4.65	6.30
3	4.64	8.60	0.35	0.42

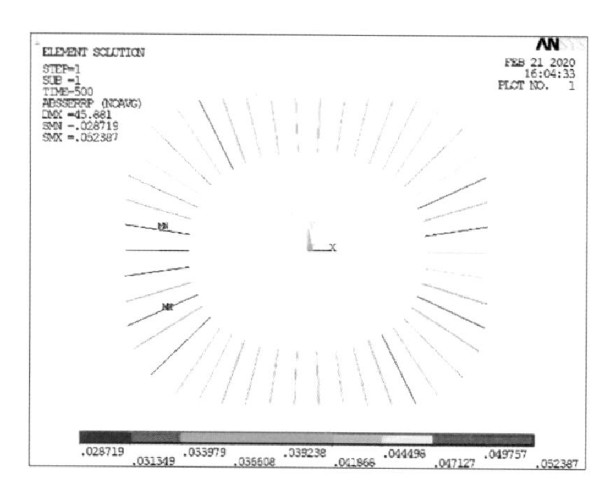

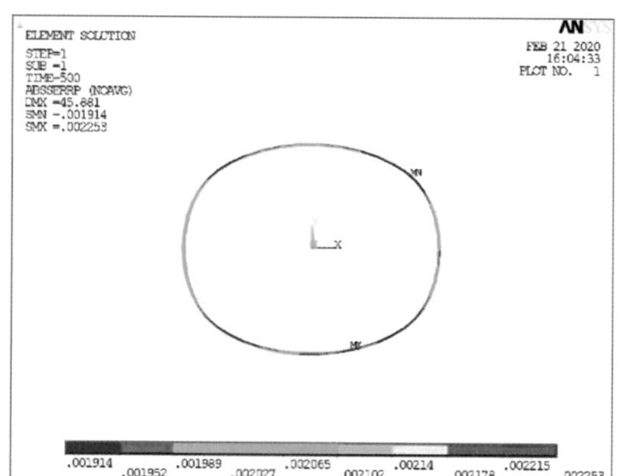

（a）误差组合 1

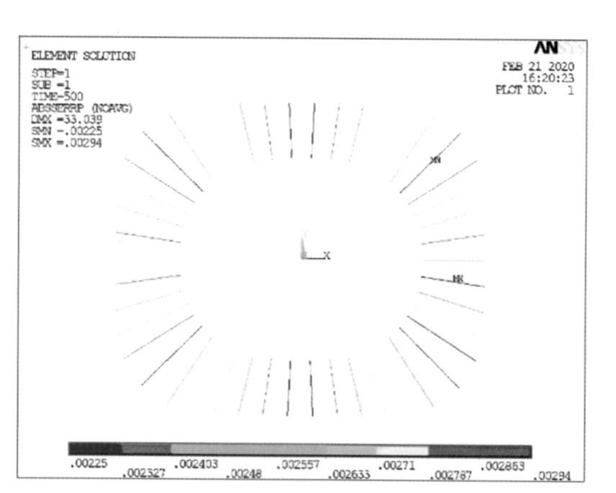

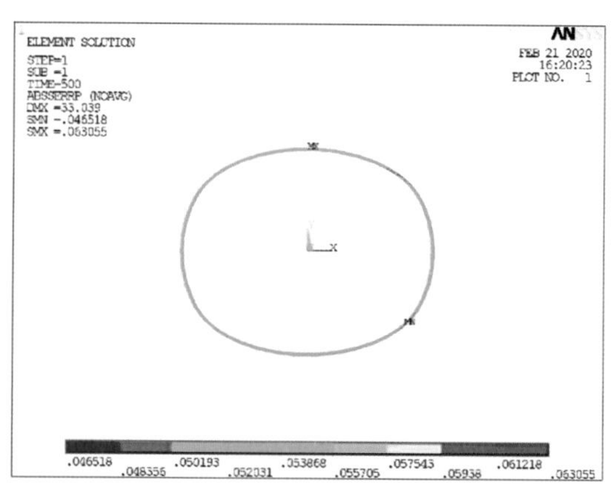

（b）误差组合 2

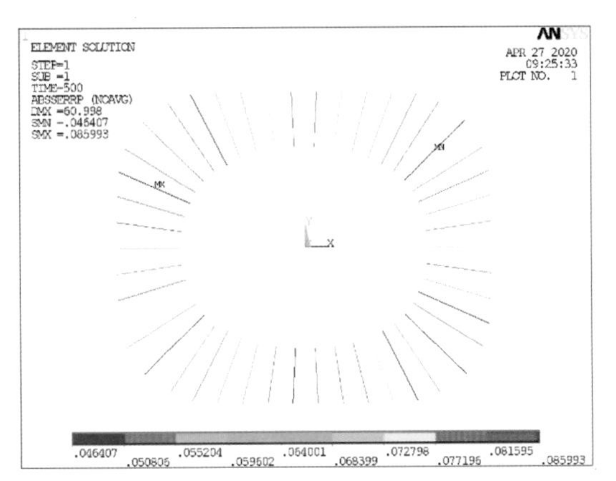

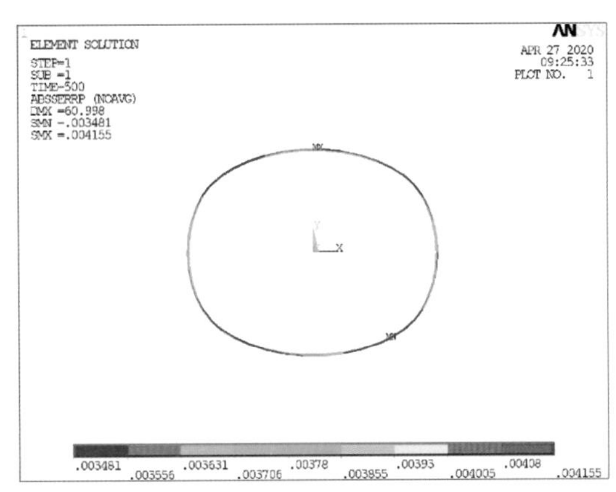

（c）误差组合 3

图 6-39 径向索与环索应力误差比绝对值云图（独立误差影响）

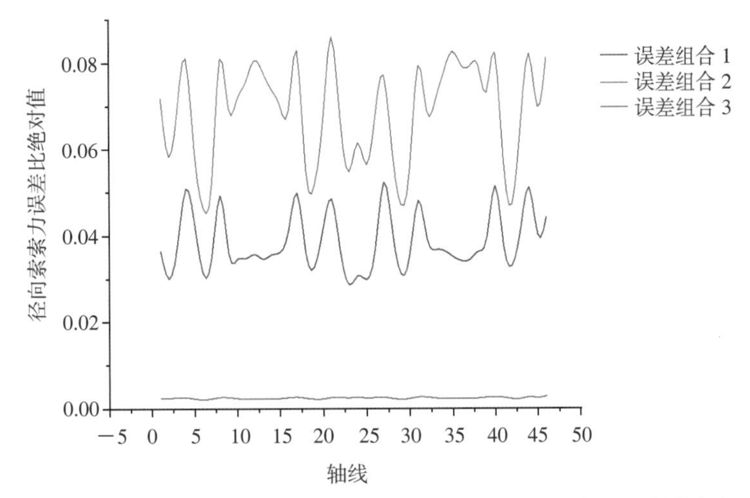

图 6-40 各轴线径向索索力误差比绝对值变化折线图（独立误差影响）

由以上分析结果可得：

（1）在独立误差影响下，当索长或外联节点坐标误差样本服从正态分布时，分析得到的缺陷结构拉索应力也符合正态分布。

（2）径向索索力对各误差项影响的敏感程度：径向索索长≈外联节点坐标>环索索长。

（3）环索索力对各误差项影响的敏感程度：环索索长>径向索索长≈外联节点坐标。

（4）在独立误差影响下，拉索应力误差比绝对值不超过 8.6%，满足规范要求的 10%。

（5）在独立误差影响分析下，径向索索力误差比绝对值在平面上总体呈不均匀分布。

6.4.6 耦合误差影响分析

基于 6.4.4 小节中误差组合 4 ~ 6，对径向索索长、环索索长和外联节点坐标进行耦合误差影响分析。同样分别选取一根径向索和环索单元（以 45° 角处的拉索单元为例），绘制其应力分布直方图如图 6-41 所示。

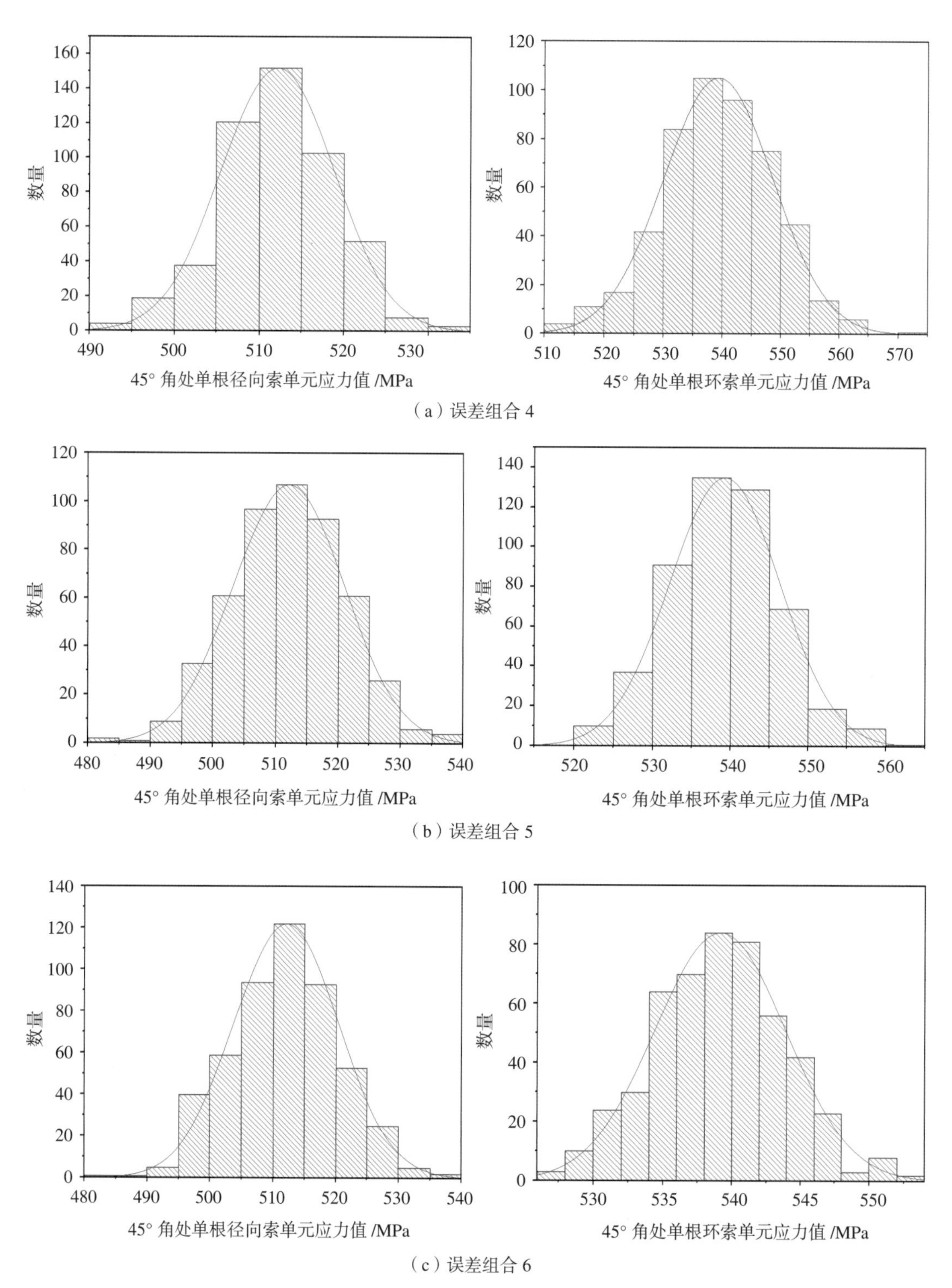

图 6-41　缺陷结构 45° 角处单根径向索与环索单元应力误差分布直方图（耦合误差影响）

径向索与环索应力误差比绝对值分析结果如表 6-13 和图 6-42、图 6-43 所示。

表 6-13　径向索与环索应力误差比绝对值（耦合误差影响）

（%）

误差组合	径向索应力误差比绝对值		环索应力误差比绝对值	
	Min	Max	Min	Max
4	5.57	9.77	4.63	6.37
5	5.02	9.29	3.46	4.70
6	4.70	8.97	2.32	3.15

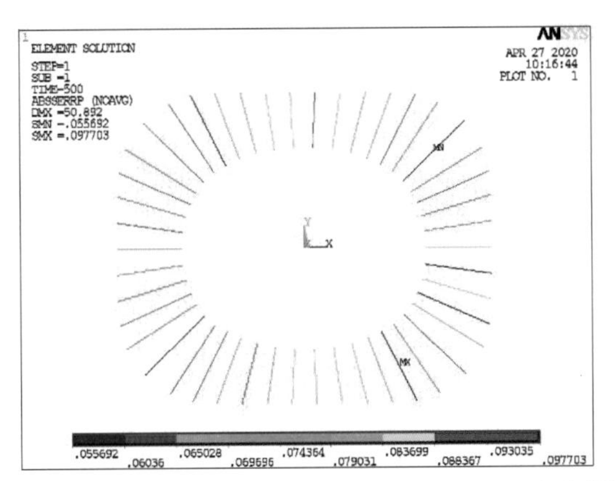

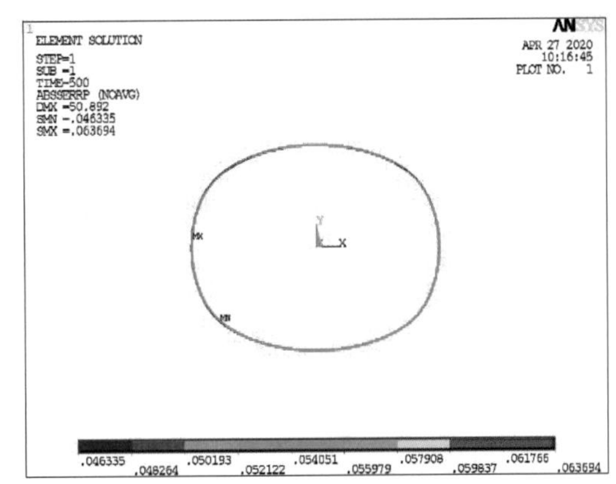

（a）误差组合 4

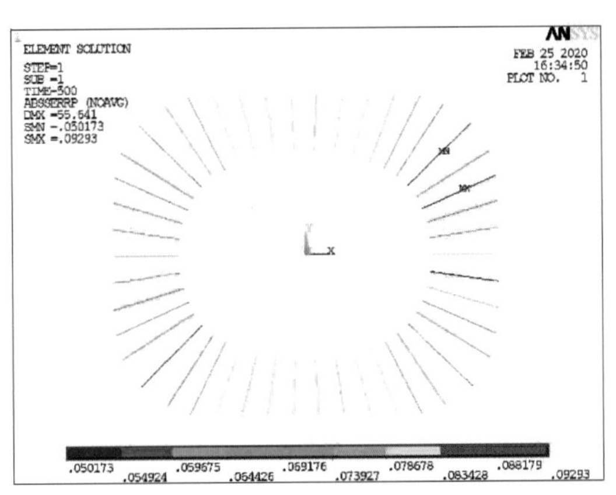

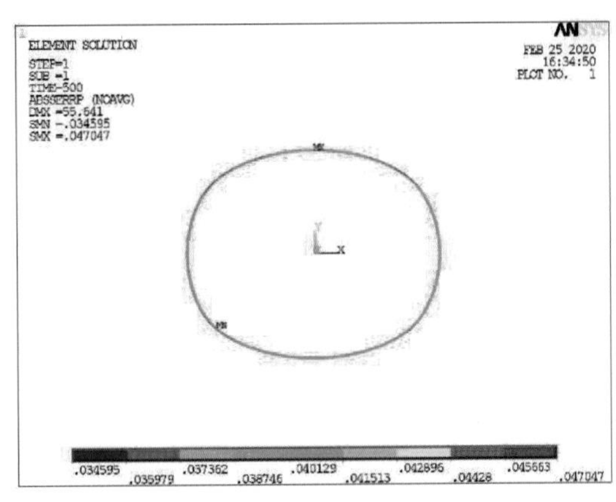

（b）误差组合 5

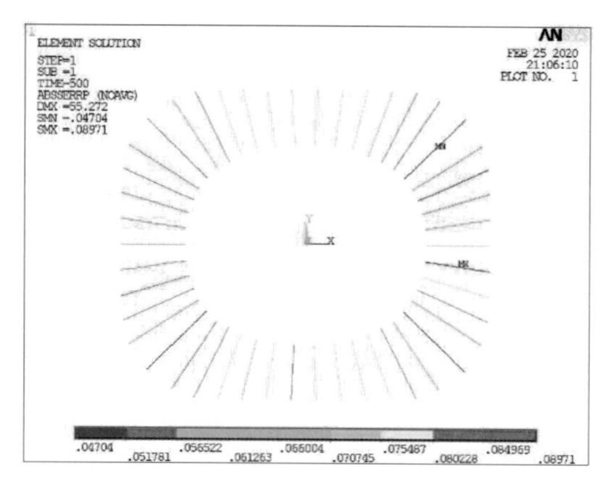

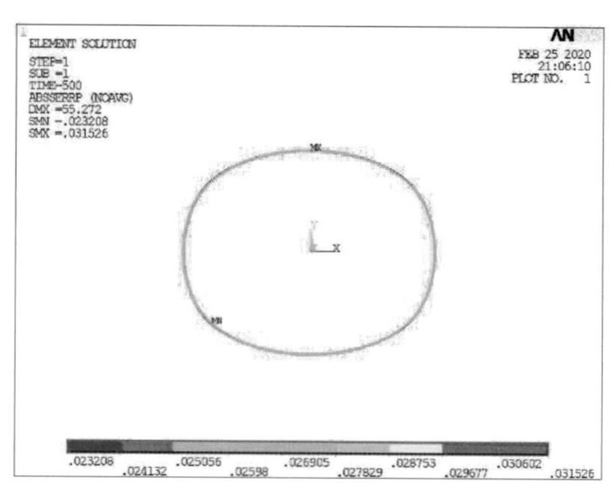

（c）误差组合 6

图 6–42　径向索与环索应力误差比绝对值云图（耦合误差影响）

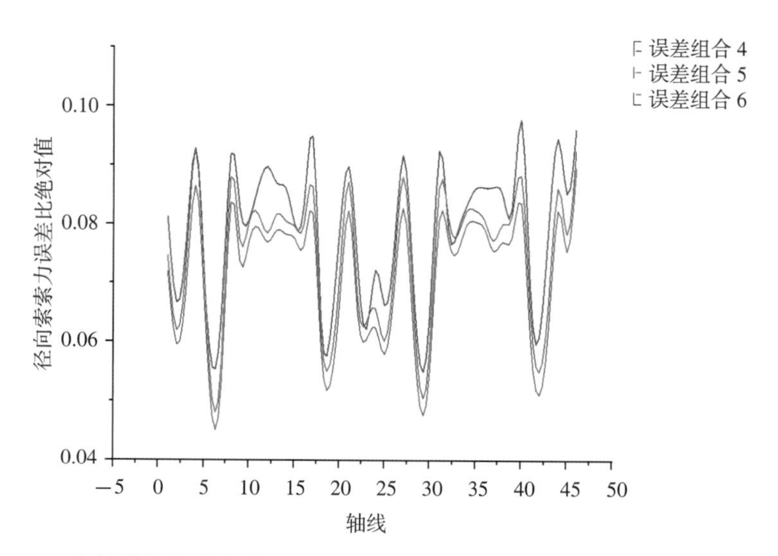

图 6–43　各轴线径向索索力误差比绝对值变化折线图（耦合误差影响）

由以上分析结果可得：

（1）在索长和外联节点坐标耦合误差影响下，当误差样本服从正态分布时，分析得到的缺陷结构拉索应力也符合正态分布。

（2）误差组合 4 将误差组合 1 ~ 3 中的独立误差项进行耦合，立足于规范要求，各项误差值均已接近规范给定的限值（径向索索长 ±3‱，环索索长 ±2‱，外联节点坐标 ±20 mm），分析得到的拉索应力误差比绝对值不超过 9.77%，满足规范要求的 10%。

（3）误差组合 5 相较组合 4 提出了更高的精度要求，将径向索索长和环索索长误差值分别缩小至 ±2‱ 和 ±1.5‱，分析得到的径向索和环索应力误差比绝对值分别不超过 9.29% 和 4.70%，满足规范要求的 10%。

（4）误差组合 6 进一步缩小径向索索长和环索索长误差值至本工程制索单位的生产最高精度（±1‱），得到的径向索和环索应力误差比绝对值分别不超过 8.97% 和 3.15%，满足规范要求的 10%。

（5）在相同类型的耦合误差影响下，分别以 1‱ 和 0.5‱ 的级差逐渐缩小径向索和环索的索长误差限值，分析得到的径向索索力误差比降低不明显，而环索索力误差比水平则有显著的降低。

（6）在耦合误差影响下，径向索索力误差比绝对值在平面上总体呈不均匀分布。

总体而言，根据上述分析结果，结合本工程制索单位和钢结构施工单位的生产能力，可基本确定本工程制索和外围钢结构安装的合理精度要求，即径向索索长和环索索长误差值分别不应超过其原长的 ±2‱ 和 ±1.5‱，外围钢结构安装偏差值不应超过 ±20 mm。

参考文献

[1] 施马尔·弗拉格,英格博格·弗拉格,安妮特·博格勒,等. 轻·远:德国约格·施莱希和鲁道夫·贝格曼的轻型结构[M]北京:中国建筑工业出版社,2004.

[2] Bergermann R, Göppert K. Das Speichenrad-Ein konstruktionsprinzip für weitgespannte dachkonstruktionen[J]. Stahlbau, 2000, 69(8): 595-604.

[3] 德国DETAIL杂志社. 施莱希·贝格曼及合伙人工程设计事务所[M]. 大连:大连理工大学出版社,2012.

[4] 郭彦林,田广宇. 索结构体系、设计原理与施工控制[M]. 北京:科学出版社,2014.

[5] 冯远,向新岸,王恒,等. 大开口车辐式索承网格结构构建及其受力机制和找形研究[J]. 建筑结构学报,2019,40(3):69-80.

[6] 冯远,向新岸,王立维,等. 郑州奥体中心体育场钢结构设计研究[J]. 建筑结构学报,2020,41(5):11-22.

[7] 徐晓明,陈伟,史炜洲,等. 上海浦东足球场钢屋盖结构设计[J]. 建筑结构,2023,53(1):36-42.

[8] 钱若军,杨联萍. 张力结构的分析·设计·施工[M]. 南京:东南大学出版社,2003.

[9] Liddell I. Frei Otto and the development of gridshells[J]. Case Studies in Structural Engineering, 2015, 4: 39-49.

[10] Day A S, Bunce J H. Analysis of cable networks by dynamic relaxation[J]. Civil Eng.&Public Works Review, 1970, 4: 383-386.

[11] Barnes M R. Form-finding and analysis of prestressed nets and membranes[J]. Computers &Structures, 1988, 30(3): 685-695.

[12] 叶继红,李爱群,刘先明. 动力松弛法在索网结构形状确定中的应用[J]. 土木工程学报,2002(6):14-19.

[13] Schek H J. The force density method for form finding and computation of general networks[J]. Computer Methods in Applied Mechanics and Engineering, 1973, 3(1): 115-134.

[14] 陈志华,王小盾,刘锡良. 张拉整体结构的力密度法找形分析[J]. 建筑结构学报,1999(5):29-35.

[15] 向新岸,赵阳,董石麟. 张拉结构找形的多坐标系力密度法[J]. 工程力学,2010,27(12):64-71.

[16] Argyris J H, Angelopoulos T, Bichat B.A general method for the shape finding of lightweight tension structures[J]. Computer Methods in Applied Mechanics and Engineering, 1974, 3(1): 135-149.

[17] 罗斌.确定索杆系静力平衡状态的非线性动力有限元法[P]. 中国专利:101582095,2009-11-18.

[18] Pellegrino S, Calladine C R. Matrix analysis of statically and kinematically indeterminate frameworks. International Journal of Solids and Structures, 1986, 22(4): 409-428.

[19] Pellegrino S. Structural computations with the singular value decomposition of the equilibrium matrix[J]. International Journal of Solids Structures, 1993, 30(21): 3025-3035.
[20] 曹喜,刘锡良. 张拉整体结构的预应力优化设计[J]. 空间结构,1998(1): 32-36.
[21] 罗尧治,董石麟. 索杆张力结构初始预应力分布计算[J]. 建筑结构学报,2000(5): 59-64.
[22] 董智力,郭春雨,惠跃荣. 空间张拉整体结构的预应力优化设计研究[C]//中国土木工程学会. 土木工程与高新技术——中国土木工程学会第十届年会论文集. 北京:中国土木工程学会,2002: 31-35.
[23] 蔺军,董石麟,王寅大,等 大跨度索杆张力结构的预应力分布计算[J]. 土木工程学报,2006(5): 16-22.
[24] 冯全敢,厉林海. 复位平衡法在索网结构找力分析中的应用[J]. 山西建筑,2011,37(16): 44-45.
[25] 阚远,叶继红. 索穹顶结构的找力分析方法——不平衡力迭代法[J]. 应用力学学报,2006(2): 250-254,335-336.
[26] 张爱林,胡洋. 索杆张力结构找力分析新方法——整体顶升法[C]//中国钢结构协会,中国建筑金属协会. 第九届全国现代结构工程学术研讨会论文集. 天津: 全国现代结构工程学术研讨会学术委员会,2009: 726-731.
[27] 向新岸,冯远,董石麟. 一种索穹顶结构初始预应力分布确定的新方法——预载回弹法[J]. 工程力学,2019,36(2): 45-52.
[28] Krishna P. Cable-suspended roofs[M]. USA: McGraw-Hill Companies, 1978: 55-65.
[29] 冯庆兴,董石麟,邓华. 大跨度环形空腹索桁结构体系[J]. 空间结构,2003(1): 55-59.
[30] 王昆. 车辐式张拉结构的体型研究与设计[D]. 北京: 清华大学,2011.
[31] 田广宇. 车辐式张拉结构设计理论与施工控制关键技术研究[D]. 北京: 清华大学,2012.
[32] 郭彦林,王昆,田广宇,等. 车辐式张拉结构体型研究与设计[J]. 建筑结构学报,2013,34(5): 1-10.
[33] 罗斌,郭正兴. 大跨空间钢结构预应力施工技术研究与应用——大跨空间钢结构预应力施工技术分析[J]. 施工技术,2011,40(10): 101-106.
[34] 朱峰. 基于无支架施工的环形索承网格结构设计与施工一体化研究[D]. 南京: 东南大学,2018.
[35] 李仁佩. 索网结构的非线性有限元分析[D]. 重庆: 重庆大学,2006.
[36] 魏程峰. 轮辐式马鞍形单层索网结构整体提升施工关键技术研究[D]. 南京: 东南大学,2016.
[37] 刘锡良,林彦. 铸钢节点的工程应用与研究[J]. 建筑钢结构进展,2004(1): 12-19.
[38] 范重,杨苏,栾海强. 空间结构节点设计研究进展与实践[J]. 建筑结构学报,2011,32(12): 1-15.
[39] 中华人民共和国住房和城乡建设部. 钢结构设计标准: GB 50017—2017[S]. 北京: 中国建筑工业出版社,2017.
[40] 中交公路规划设计院有限公司. 公路悬索桥设计规范: JGJ/T D65-05—2015[S]. 北京: 人民交通出版社股份有限公司,2015.
[41] 中交公路规划设计院有限公司. 索结构技术规程: JGJ 257—2012[S]. 北京: 中国建筑工业出版社,2012.

[42] 张毅刚，陈志华，刘枫．建筑索结构节点设计技术指南[M]．北京：中国建筑工业出版社，2019.
[43] Steel castings for general engineering uses: DIN EN 10293[S]. Europe, BSI Standards Publication, 2015.
[44] 郭正兴，罗斌．大跨空间钢结构预应力施工技术研究与应用——大跨空间钢结构预应力施工成套技术[J]．施工技术，2011，40(13)：96-102.
[45] 汤荣伟，钱基宏，宋涛，等．张拉结构找形分析理论研究进展[J]．建筑科学，2013，29(1)：107-110.
[46] 张旭乔，郭彦林．采用定长索设计的索网玻璃幕墙结构索长误差控制理论[J]．工程力学，2017，34(6)：28-40.
[47] 郭彦林，张旭乔．温度作用和索长误差对采用定长索设计的张拉结构影响研究[J]．土木工程学报，2017，50(6)：11-22+61.
[48] 张祥．单层轮辐式索结构制作安装误差影响分析[D]．北京：北京工业大学，2018.
[49] 孙思奥．结构可靠度分析方法及相关理论研究[D]．北京：清华大学，2007.
[50] Luo B, Sun Y, Guo Z, et al. Multiple random-error effect analysis of cable length and tension of cable-strut tensile structure[J]. Advances in Structural Engineering, 2016, 19(8): 1289-1301.
[51] Deng H, Song R. Pretensioning analysis of cable-strut tensile structures for controlling effect of random cable length errors[J]. Journal of Building Structures, 2012, 33(5): 71-78.
[52] 阮杨捷，罗斌，魏程峰，等．轮辐式马鞍形单层索网结构索长和外联节点坐标组合随机误差影响分析[J]．东南大学学报(自然科学版)，2018，48(2)：310-315.
[53] 李晓通，张国军，张爱林，等．整体张拉索膜结构索长误差分析及控制限值研究[J]．建筑结构，2018，48(9)：55-61.
[54] 罗晓群，吕颂晨，刘文锐．体育场结构索长误差敏感性分析[J]．建筑结构，2018，48(S2)：515-521.
[55] 李金飞．高应力全封闭索——索夹抗滑移性能分析和试验研究[D]．南京：东南大学，2017.
[56] 晏国泰，胡先朋，刘水长．斜拉索索夹抗滑移性能试验研究[J]．施工技术，2018，47(S4)：701-704.
[57] 王国庆，刘红波，于敬海，等．预应力拉索抗滑移节点类型及应用[C]．天津大学.第十九届全国现代结构工程学术研讨会论文集．天津：天津大学出版社，2019：165-168.
[58] 张晨辉．建筑索结构关键节点设计与构造研究[D]．南京：东南大学，2018.
[59] 田伟．Galfan拉索索夹抗滑移性能研究[D]．南京：东南大学，2015.
[60] 王永泉，冯远，郭正兴，等．常州体育馆索承单层网壳屋盖低摩阻可滑动铸钢索夹试验研究[J]．建筑结构，2010，40(9)：45-48.
[61] 罗斌，阮杨捷，李金飞，等．一种拉索——索夹组装件抗滑移承载力的试验方法：201710610696.3[P]．2018-02-02.